金枪鱼渔业资源与
养护措施丛书

金枪鱼

渔业资源与养护措施

——太平洋

宋利明 / 主编

中国农业出版社

北 京

内 容 提 要

　　本书由上、下两篇组成。上篇为太平洋主要金枪鱼渔业资源与养护概况，包括3章，第一章为太平洋主要种群，第二章为东太平洋主要种群，第三章为中西太平洋主要种群；下篇为太平洋金枪鱼渔业养护与管理措施，包括2章，第四章为美洲间热带金枪鱼委员会（IATTC，东太平洋）决议及养护措施，第五章为中西太平洋渔业委员会（WCPFC，中西太平洋）决议及养护和管理措施。

　　本书主要介绍了太平洋海域与我国远洋金枪鱼渔业有较大关系的鲣、大眼金枪鱼、长鳍金枪鱼、黄鳍金枪鱼的渔业、资源与养护概况；截至2020年2月依然有效的、影响我国金枪鱼渔业的IATTC和WCPFC金枪鱼渔业养护与管理措施。

　　本书可供我国各级远洋渔业管理部门工作人员，从事捕捞学、渔业资源学和国际渔业管理等研究的科研人员，海洋渔业科学与技术等专业的本科生、研究生以及从事远洋金枪鱼渔业生产的企业参考使用。

本书得到下列项目的资助：

1. 2020 年科学技术部国家重点研发项目（2020YFD0901205）

2. 2015—2016 年农业部远洋渔业资源调查和探捕项目（D8006150049）；

3. 2012 年科学技术部 863 计划项目（2012AA092302）；

4. 2012 年、2013 年农业部远洋渔业资源调查和探捕项目（D8006128005）；

5. 2011 年上海市教育委员会科研创新项目（12ZZ168）；

6. 2011 年高等学校博士学科点专项科研基金联合资助项目（20113104110004）；

7. 2009 年、2010 年农业部公海渔业资源探捕项目（D8006090066）；

8. 2007 年、2008 年农业部公海渔业资源探捕项目（D8006070054）；

9. 2007 年科学技术部 863 计划项目（2007AA092202）；

10. 2005 年、2006 年农业部公海渔业资源探捕项目（D8006050030）；

11. 2003 年上海高校优秀青年教师后备人选项目（03YQHB125）；

12. 2003 年农业部公海渔业资源探捕项目（D8006030039）；

13. 2000 年科学技术部 863 计划项目（8181103）。

丛书编审委员会

本书编写委员会

丛书序

我国大陆金枪鱼延绳钓渔业始于 1988 年在南太平洋探索开展的冰鲜金枪鱼延绳钓渔业。由于各种因素影响，初期有过一段曲折的历程，但并未阻止我国大陆金枪鱼延绳钓渔业向前发展。1993 年 7 月，中国水产总公司在大西洋开拓了我国大陆超低温金枪鱼延绳钓渔业，并很快取得成功。成功的秘诀之一是与上海海洋大学紧密合作，走生产与科技相结合的道路，依托强有力的应用科研为支撑，在较短时间内掌握了超低温金枪鱼延绳钓渔业的理论技术和捕捞技能。如今，我国已经成为世界上捕捞规模最大、作业方式最全、渔场范围最广的金枪鱼延绳钓大国。在全国 40 多家远洋金枪鱼渔业企业中，中水集团远洋股份有限公司是其中最大的远洋金枪鱼延绳钓渔业企业，公司确立了走专业化金枪鱼企业的发展道路。在总结汲取我国远洋金枪鱼渔业企业成长壮大经验教训的基础上，为了更好地培育和积聚可持续发展的新动力，2019 年，中水集团远洋股份有限公司与上海海洋大学共同成立了国家远洋渔业工程技术研究中心中水渔业分中心，分中心的任务之一是对世界主要金枪鱼类的渔业状况、资源状况和养护措施开展研究。

金枪鱼渔业涉及捕捞技术、渔业资源、渔场渔具和国际渔业管理等领域，其中渔业资源是最重要的基础领域。本丛书聚焦我国在三大洋区主捕的鲣、大眼金枪鱼、黄鳍金枪鱼、长鳍金枪鱼和北方蓝鳍金枪鱼，就美洲间热带金枪鱼委员会（IATTC，东太平洋）、中西太平洋渔业委员会（WCPFC，中西太平洋）、养护大西洋金枪鱼国际委员会（ICCAT）和印度洋金枪鱼委员会（IOTC）4 个国际金枪鱼渔业管理组织，在它们各自管辖的海域内，本丛书编者收集了大量上述捕捞对象的渔业状况、资源状况和养护管理措施的文献及资料，对其进行编写而形成此丛书。读者从此丛书中可以了解国际金枪鱼渔业管理的丰富内容、管理理念、发展趋势和最新要求。

本书主编宋利明教授是上海海洋大学海洋渔业领域的知名学者。早在 1993 年，他就随中国水产总公司第一艘超低温金枪鱼延绳钓渔船"金丰1号"从国内奔赴大西洋公海,专门从事金枪鱼渔业科学研究,是我国第一批进行金枪鱼渔业科学研究的科技人员之一,具有长期的海上科研经历及深厚的应用理论基础。宋利明教授为我国金枪鱼延绳钓渔业科学研究和技术推广辛勤耕耘已达27年,可谓著述丰硕,桃李满洋,为我国远洋渔业发展做出了重要贡献。

本书副主编隋恒寿是中水集团远洋股份有限公司负责金枪鱼渔业生产经营管理的部门总经理。1994年,他毕业于上海海洋大学海洋捕捞专业,一出校门就到中国水产总公司的金枪鱼延绳钓渔船上工作,从普通船员起步,历任水手、二副、大副、海上总指挥、项目经理等多个职位,是我国为数不多的既有大学专业背景,又曾长达数年在金枪鱼延绳钓渔船上工作过的生产管理技术骨干。26年专注一个职业,使其对金枪鱼延绳钓的生产管理和国际履约有着非常丰富的一线经验及深刻理解。

当今对全球海洋生物资源利用,保护强于开发,管控重于开放,国际渔业管理也不例外。我国正在大力倡导"一带一路"国际合作,实施"走出去"发展战略,已经加入世界上大多数国际渔业组织,而且积极履行远洋渔业大国责任,并正式宣布控制远洋渔船规模,要求远洋渔业企业必须时时处处维护我国负责任渔业大国形象,提高对外经贸发展质量。在此背景下,本丛书的编发,不仅有助于远洋金枪鱼渔业企业以国际渔业资源维度为依据,前瞻生产布局和实施精准捕捞,而且有助于遵循国际渔业管理维度,科学规划战略和合规守约经营,从而促进我国远洋金枪鱼渔业有序、可持续发展。因此,本丛书对我国远洋金枪鱼渔业企业具有重要的实用价值和现实意义,是我国远洋金枪鱼渔业管理研究的又一里程碑。

宗文峰

中水集团远洋股份有限公司

2020年2月

前　言

　　我国远洋金枪鱼渔业经过 30 多年的发展历程，逐步壮大，现已成为我国当前远洋渔业的一大产业。远洋金枪鱼渔业是我国"十三五"渔业发展规划的重要内容之一，属于需稳定优化的渔业。

　　尽管目前我国远洋金枪鱼渔业取得了 35 万吨左右的年产量，但我国个别远洋金枪鱼渔业企业在生产过程中由于对国际金枪鱼渔业管理组织的养护和管理措施了解不全面，出现了一些问题，给企业造成了很大的经济损失，也影响了企业在国际上的声誉。鲣、大眼金枪鱼、黄鳍金枪鱼和长鳍金枪鱼是我国远洋金枪鱼渔业的主要捕捞对象。编者根据有关文献和资料编写了太平洋海域与我国远洋金枪鱼渔业有较大关系的这 4 种金枪鱼的渔业、资源与养护概况，截至 2020 年 2 月依然有效地影响我国远洋金枪鱼渔业的 IATTC 和 WCPFC 金枪鱼渔业养护与管理措施。本书的出版旨在提高我国远洋金枪鱼渔业企业的国际履约能力，提升我国负责任渔业大国的国际形象，保障远洋金枪鱼渔业的可持续发展。

　　需要注意的是，由于渔业资源是动态的，因此种群状况和渔业养护及管理措施可能会发生变化。由于本书覆盖内容较多，作者的水平有限，难免会存在一些不当之处，敬请各位读者批评指正。

编　者

2020 年 2 月

目 录

上　篇
太平洋主要金枪鱼渔业资源与养护概况

本篇总结了最近对太平洋海域鲣、长鳍金枪鱼、大眼金枪鱼和黄鳍金枪鱼种群进行科学评估所得出的资源状况，以及区域性渔业管理组织（regional fisheries management organisations，RFMO）当前采取的管理措施概要。此外，本篇从丰度、开发/管理（捕捞死亡率）和环境影响（兼捕）3 个方面，描述了这些种群的资源和管理状况。

本篇回答了以上每个金枪鱼种群的 3 个主要问题：

1. 种群是否处于"资源型过度捕捞"？ 本篇记录了每年可繁殖鱼类的丰度，即产卵种群生物量（spawning stock biomass，SSB），并将其与产生最大可持续产量的产卵种群生物量（SSB_{MSY}）估值，即长期产出最高平均渔获量的生物量（渔业管理的目标）估值，进行比较。当 SSB 低于 SSB_{MSY} 时，种群处于"资源型过度捕捞"状况。而"生产型过度捕捞"并不一定意味着资源处于马上灭绝或崩溃的危险，是指当前鱼类不能在其最高繁殖水平下进行生长和繁殖。如果种群已经处于"资源型过度捕捞"，本篇将指出相关渔业管理组织正在采取的补救措施。

2. 是否具有成为"资源型过度捕捞"的危险？ 本篇估计了用于衡量捕捞强度的捕捞死亡率（F），并将其与产出最大可持续产量的捕捞死亡率（F_{MSY}）进行比较。当 F 高于 F_{MSY} 时，种群存在成为"资源型过度捕捞"种群的风险。这被称为"生产型过度捕捞"。如果资源正在发生"生产型过度捕捞"，本篇将指出相关渔业管理组织正在采取的补救措施。

3. 用于捕获金枪鱼的方法是否也会捕获大量非目标物种？ 本篇同时以兼捕率衡量捕捞对环境的影响。兼捕是指任何被渔船捕获但并非船长想要的物种。所有捕捞方法都会导致某些非目标物种的兼捕。本篇确定了渔具的相对兼捕率，并报告 RFMO 为各种物种采取的缓解措施。

注意到，美洲间热带金枪鱼委员会（IATTC）《安提瓜公约》（以下简称 IATTC《公约》）和中西太平洋渔业委员会（WCPFC）《中西太平洋高度洄游鱼类种群养护与管理公约》（以下简称 WCPFC《公约》）管辖区域存在一部分重叠（彩图 1）。

本篇的评级方法：对于每个种群，均使用颜色等级（绿色等级、黄色等级、红色等级）对 3 个方面（种群丰度、捕捞死亡率和对环境的影响）进行评定。

每个种群根据标准分别用颜色等级进行评定，不仅可以表明问题的严重性，而且还可以表明未来这些问题继续存在的可能性。①红色等级表示该种群"不可持续"（即该金枪鱼种群的开发状态正处于"生产型过度捕捞"，资源状态已经处于"资源型过度捕捞"，兼捕率正在造成不利的种群影响，但没有足够的数据证明兼捕的影响），并且没有执行充分的补救措施；②黄色等级表示该种群"不可持续"，但正在执行充分的补救措施；③绿色等级表示该种群"可持续"。颜色等级评定的标准见彩图 2。

第一章
太平洋主要种群

区域性管理组织：中西太平洋渔业委员会（WCPFC）和美洲间热带金枪鱼委员会（IATTC）。北太平洋金枪鱼及类金枪鱼国际科学委员会（ISC）对北太平洋长鳍金枪鱼和太平洋蓝鳍金枪鱼进行评估，结果由 IATTC 职员、IATTC 科学咨询委员会（SAC）、WCPFC 科学委员会（SC）进行审查，并向 IATTC 和 WCPFC 提出建议。太平洋共同体秘书处（SPC）对南太平洋长鳍金枪鱼进行评估，结果由 WCPFC SC 进行审查，SC 向 WCPFC 提出建议。

由于北太平洋长鳍金枪鱼、南太平洋长鳍金枪鱼在中西太平洋（WCPO）和东太平洋（EPO）间广泛分布，所以认为是太平洋范围内的种群。管理责任由 IATTC 和 WCPFC 共同承担。

本部分数据来源：Tremblay‐Boyer et al.（2018）、ISC（2017）、ISC（2018）、ISC（2019）、WCPFC（2019a）、WCPFC（2019b）。

一、北太平洋长鳍金枪鱼

2018 年，北太平洋长鳍金枪鱼渔获量约为 5.64×10^4 吨，较 2017 年渔获量增加了 3%。约 73% 的捕捞发生在 WCPO，27% 发生在 EPO。主要作业渔具依次为延绳钓（43%）、竿钓（30%）和曳绳钓（21%）。自 1997 年以来，延绳钓渔获量呈下降趋势。北太平洋长鳍金枪鱼资源可能不会发生资源型过度捕捞，也没有遭受生产型过度捕捞。然而，增加捕捞努力量不太可能产生更高的产量。

1. 资源评估

最近的北太平洋长鳍金枪鱼资源评估于 2017 年进行。评估结果表明（彩图 3）：

（1）SSB_{latest}/SSB_{MSY} 的值为 3.25，表明资源未处于资源型过度捕捞状态。

（2）$F_{2012—2014}/F_{MSY}$ 的值为 0.61，表明未发生生产型过度捕捞。捕捞死亡率也低于许多作为 F_{MSY} 指标常用的参考点。

（3）MSY 估计为 132 072 吨。

2. 管理

限制参考点： WCPFC 于 2017 年采纳的北太平洋长鳍金枪鱼临时捕捞策略确定该资源的限制参考点为 20% $SSB_{current\ F=0}$。资源量高于该限制参考点。

目标参考点： 未定义。CMM 2014 - 06 要求 WCPFC 定义目标参考点。

捕捞控制规则： 未定义。CMM 2014 - 06 要求 WCPFC 制定并实施一种包括目标参考点、捕捞控制规则和其他要素的捕捞策略。2015 年召开的会议中，WCPFC 为此通过了一项工作计划。

WCPFC 为北太平洋长鳍金枪鱼制定的主要约束性养护与管理措施为 CMM 2005 - 03，WCPFC《公约》要求各成员不得在超过"当前水平"下增加对北太平洋长鳍金枪鱼的捕捞努力量。同样，IATTC 的 C - 05 - 02 决议要求各成员不得在超过"当前水平"下增加对北太平洋长鳍金枪鱼的捕捞努力量。IATTC 的 C - 13 - 03 决议补充了 C - 05 - 02，并要求报告 2007—2012 年的渔船信息。IATTC 的 C - 18 - 03 决议修正了 C - 13 - 03 决议，并将其期限延长至 2017 年。

3. 总结

北太平洋长鳍金枪鱼 2018 年渔获量、2014—2018 年平均渔获量、MSY 等资源状况见表 1-1，资源丰度、捕捞死亡率和环境影响的评价见表 1-2。

表 1-1 北太平洋长鳍金枪鱼 2018 年渔获量、2014—2018 年平均渔获量、MSY 等资源状况

北太平洋长鳍金枪鱼	估计	年份	备注
2018 年渔获量	56	2018	
2014—2018 年平均渔获量	64	2014—2018	
MSY	132	2015	
F/F_{MSY}	0.61	2012—2014	
SSB/SSB_{MSY}	3.25	2015	
TAC	无		

注：渔获量和 MSY 以 1 000 吨计。

表 1-2 资源丰度、捕捞死亡率和环境影响的评价

项目	等级	说明
资源丰度	绿色等级	$SSB > SSB_{MSY}$
捕捞死亡率	绿色等级	$F < F_{MSY}$
环境	红色等级	43% 的渔获物由延绳钓捕获。某些兼捕缓解措施已到位（海龟、鲨鱼、海鸟）
	黄色等级	30% 的渔获物由竿钓捕获，对饵料鱼资源的影响未知
	绿色等级	21% 的渔获物由曳绳钓捕获，对非目标种类的影响小

二、南太平洋长鳍金枪鱼

南太平洋长鳍金枪鱼超出了 WCPFC《公约》区域。然而，WCPFC 评估的是赤道以南太平

洋区域和 $140°E\sim130°W$ 的资源。2018 年，南太平洋长鳍金枪鱼渔获量约为 6.85×10^4 吨，较 2017 年渔获量减少了 27%。约 71% 的捕捞发生在 WCPO，29% 发生在 EPO。主要作业渔具为延绳钓，可捕获渔获量的 97%。其他为曳绳钓等渔具。南太平洋长鳍金枪鱼资源未处于资源型过度捕捞，也未遭受生产型过度捕捞。

1. 资源评估

2018 年，WCPFC 进行了全面评估，仅涵盖了赤道以南的 WCPFC《公约》区域，未考虑来自 IATTC《公约》管辖区域的部分渔获量。2018 年的分析使用 72 种不同的模型完成，这些模型检查了与 2015 年评估相比的其他不确定性［例如，生长假设、单位捕捞努力量渔获量（CPUE）标准化方法］。结果，所确定的不确定性要高于之前评估中的不确定性。评估结果与 2015 年结果相似，并指出（彩图 4）：

（1）2013—2016 年，F_{recent}/F_{MSY} 的值估计为 0.2（所有模型范围：$0.06\sim0.53$），表明资源未发生生产型过度捕捞。然而，进一步增加捕捞努力量会使长期渔获量增加很少或不增加，并导致渔获量进一步降低。SC14 重申了 SC11、SC12 和 SC13 之前的建议，建议降低延绳钓捕捞死亡率，避免生物量进一步下降，以维持经济上可行的渔获率。

（2）2013—2016 年产卵种群生物量 SSB_{recent}/SSB_{MSY} 的值估计为 3.3（所有模型范围：$1.58\sim9.67$）。这表明资源未处于资源型过度捕捞状态。然而，该资源的产卵种群生物量可能正在接近一个无利润的低水平。

（3）MSY 的估值为 9.81×10^4 吨。

2. 管理

限制参考点：WCPFC 在当前（目前评估的最近 10 年，不包括 2018 年）环境条件、不进行捕捞作业的情况下，限制参考点为估计平衡产卵种群生物量的 20%（$20\%\,SSB_{current,F=0}$）。$SSB_{recent}/SSB_{F=0}$ 中位数为 0.52，高于该限制参考点。

目标参考点：2018 年，在不进行捕捞作业的情况下，WCPFC 同意将产卵种群生物量的 56% 作为南太平洋长鳍金枪鱼的临时目标参考点（TRP）（$56\%\,SSB_{F=0}$）。$SSB_{current}/SSB_{F=0}$ 的值为 0.52，低于该目标。

捕捞控制规则：未定义。CMM 2014 - 06 要求 WCPFC 制定并实施一种包括目标参考点、捕捞控制规则和其他要素的捕捞策略。2016 年召开的会议中，WCPFC 为此重新修订了工作计划。

WCPFC 为南太平洋长鳍金枪鱼制定的主要约束性养护与管理措施为 CMM 2015 - 02，旨在通过对每个委员会成员捕捞南太平洋长鳍金枪鱼的渔船数量设定上限，以限制捕捞死亡率，对发展中小岛国家有某些豁免。该数量限制是为了使渔船数量不超过 2005 年的水平或 2000—2004 年的平均水平。

3. 总结

南太平洋长鳍金枪鱼 2018 年渔获量、2014—2018 年平均渔获量、MSY 等资源状况见表 1 - 3，资源丰度、捕捞死亡率和环境影响的评价见表 1 - 4。

表 1-3 南太平洋长鳍金枪鱼 2018 年渔获量、2014—2018 年平均渔获量、MSY 等资源状况

南太平洋长鳍金枪鱼	估计	年份	备注
2018 年渔获量	69	2018	
2014—2018 年平均渔获量	79	2014—2018	
MSY	98	2016	各模型的中位数
F/F_{MSY}	0.2	2012—2015	各模型的中位数
SSB/SSB_{MSY}	3.3	2013—2016	各模型的中位数
TAC	无		

注：渔获量和 MSY 以 1 000 吨计。

表 1-4 资源丰度、捕捞死亡率和环境影响的评价

项目	等级	说明
资源丰度	绿色等级	$SSB > SSB_{MSY}$
捕捞死亡率	绿色等级	$F < F_{MSY}$
环境	红色等级	97% 的渔获物由延绳钓捕获。某些兼捕缓解措施已到位（海龟、鲨鱼、海鸟）
	绿色等级	3% 的渔获物由曳绳钓捕获，对非目标种类的影响小

第二章
东太平洋主要种群

区域性渔业管理组织：美洲间热带金枪鱼委员会（IATTC）。东太平洋（EPO）种群由 IATTC 职员进行评估，并向 IATTC 提出建议。科学咨询委员会（SAC）也可向 IATTC 提出建议。

最近的美洲间热带金枪鱼委员会科学咨询委员会（IATTC SAC）会议召开时间： 2019 年 5 月。

数据来源：本部分信息主要来源于 IATTC（2019），Xu et al.（2018），Xu et al.（2019），MinteVera et al.（2019）和 Maunder（2019）。

全球约 13% 的金枪鱼类产量来自东太平洋（EPO）。2018 年，鲣、黄鳍和大眼金枪鱼的总渔获量为 6.341×10^5 吨，较 2017 年渔获量减少了 3%。自 2003 年以来，EPO 总渔获量总体呈下降趋势，2003 年记录到这 3 个物种的最高总渔获量为 8×10^5 吨。然而，自 2007 年起，渔获量正在平稳增加。

在东太平洋也捕捞长鳍和太平洋蓝鳍金枪鱼。这些资源同时分布在西太平洋，这在本报告另一部分——太平洋主要种群中述及。

2014—2018 年 5 年的平均渔获量（6.535×10^5 吨）显示了该渔业最近的状况：在渔获物质量方面，鲣占 47%，其次为黄鳍（38%）和大眼金枪鱼（15%）。围网渔业产量占总渔获量的 88%，其次为延绳钓（11%）。

一、东太平洋大眼金枪鱼

2018 年，大眼金枪鱼渔获量约为 9.4×10^4 吨，较 2017 年渔获量减少了 8%。直至 20 世纪 90 年代中期，延绳钓产量在渔获物质量方面始终占主要地位。然而，近年来围网渔业产量占总渔获量的大部分（64%），而延绳钓占 36%。EPO 区域其他渔具的大眼金枪鱼捕获量非常少。目前，EPO 大眼金枪鱼种群未发生资源型过度捕捞，但可能正在发生生产型过度捕捞。提高捕捞努力量可以显著降低产卵种群生物量，且并不会大幅增加渔获量。

1. 资源评估

2018 年，IATTC 更新的资源评估结果较之前的评估结果更为悲观。然而，工作人员指出，由于评估模型假设中存在高度不确定性，所以近期延绳钓数据以及评估中需要改进的其他问题可能并不可靠。更新的评估结果表明（彩图 5；注意这些是高度不确定的）：

（1）产卵种群生物量 SSB_{recent}/SSB_{MSY} 的值估计为 1.02（范围：0.56～1.47），表明资源未发生资源型过度捕捞。

（2）F_{recent}/F_{MSY} 的值估计为 1.15（所有模型范围：0.95～1.46），表明在最近 3 年（2015—2017 年的平均水平）发生了生产型过度捕捞。围网渔业的捕捞能力不断提高，同时利用漂浮物捕捞的围网渔业的作业次数也在增加，需要引起关注。

（3）MSY 的估值为 9.55×10^4 吨。1993 年，利用漂浮物捕捞的围网渔业开始扩张，由于所有船队的总体选择都转向小型个体，MSY 已经降到 1993 年水平的一半左右。由于大眼金枪鱼可以生长到接近 200 厘米，捕捞低龄群体会导致潜在产量的损失，即捕捞大型个体的延绳钓产量会下降。这被称为生长型过度捕捞。

（4）对于所有基于 MSY 参考点进行的资源评估，对产卵种群生物量和补充量间的关系假设高度敏感。即使当产卵种群非常少时（即补充量与 SSB 水平无关），用基本案例进行评估时对补充量的假设过高、过于乐观。这导致在低产卵种群水平下得出了 MSY，因此导致报告资源状况时，即使资源量较低，SSB_{recent}/SSB_{MSY} 仍然可以保持较高水平。如果假定资源-补充量关系是合理的，这也是其他金枪鱼渔业区域性渔业管理组织（RFMO）评估时普遍使用的假设，则评估的资源状况会更悲观。如果将高龄鱼的平均体长设为较高的值，将成年大眼金枪鱼的自然死亡率设为较低的值，且来自延绳钓渔业的体长数据在分析中赋予更高的权重，评估结果更悲观。由于在该新评估中存在诸多不确定性，IATTC 职员开发了替代性经验渔业指标，以评估资源的状况并提供管理建议。

2019 年，IATTC 职员更新了这些指标。除渔获量外，所有指标均随时间变化而变化，表明捕捞死亡率增加和丰度降低，并且都处于或高于其参考水平。作业次数增加和鱼体平均质量下降表明，EPO 大眼金枪鱼资源正遭受逐渐增加的捕捞压力，除当前采取禁渔期外，还需采取诸如限制利用漂浮物捕捞的围网渔业的作业次数的其他措施。分析这些渔业指标得出的结论与更新后的评估结果相似。因此，应对 EPO 大眼金枪鱼的资源状况持谨慎态度，并认为该资源正在发生生产型过度捕捞。

2. 管理

限制参考点： 2014 年，IATTC 临时同意其职员关于平衡产卵种群生物量/捕捞死亡率的建议，与不进行捕捞作业的水平相比将补充减少 50%。该计算是基于资源-补充量关系的陡度为 $h=0.75$ 的假设，较 $h=1.0$ 的评估假设更加保守。这对应于产卵种群生物量约为不进行捕捞时的水平的 8%。SSB_{recent}/SSB_0 的估计值为 0.21，高于该限制参考点，但鉴于 2018 年资源评估中的高度不确定性，应谨慎看待该估计值。

目标参考点： 2014 年，IATTC 临时同意其职员对 F_{MSY} 和 SSB_{MSY} 的建议。具有高度不确定性的 2018 年评估估计出的 F 值高于该水平。替代性渔业指标表明，当前的管理措施不足以约束 F。

捕捞控制规则： 2016 年，基于 2014 年采纳的临时目标和限制参考点（C-16-02 决议），IATTC 采纳了针对热带金枪鱼围网渔业的捕捞控制规则（HCR）。该 HCR 旨在防止最需要严格管理的热带金枪鱼类资源（大眼金枪鱼、黄鳍金枪鱼或鲣）的捕捞死亡率超过 MSY 时的水平。如果捕捞死亡率或产卵种群生物量正在接近或超过相应的限制参考点，即以超过限制参考点的 10% 或更高的估计概率衡量，HCR 也会触发制定其他管理措施，以降低捕捞死亡率和恢复资源。

IATTC 为大眼金枪鱼制定的主要养护措施为 C-17-01 和 C-17-02 决议，其中包括对装载容量超过 182 吨的围网渔船实行年度禁渔。该措施要求：

（1）到 2020 年，对容量超过 182 吨的围网渔船实行 72 天禁渔（在 2018—2020 年间，准许拥有海豚死亡限额的渔船额外捕捞 10 天）。

（2）在加拉帕戈斯（Galapagos）岛以西的"El Corralito"区域对围网渔业执行禁渔期，该区域内小型大眼金枪鱼的渔获率很高。

（3）要求所有围网渔船全部保留大眼金枪鱼、鲣和黄鳍金枪鱼渔获物。

（4）对主要延绳钓作业国家实行大眼金枪鱼捕捞限额。

（5）任何时候都要限制每艘围网渔船配有全球定位系统（GPS）和声呐系统的人工集鱼装置（FAD）数量，限制范围为从最小型渔船的 70 个 FAD 到 6 级渔船（1 200 米^3 容量）的 450 个 FAD。同时，要求 6 级渔船在选定的禁渔期前 15 天不得投放 FAD，并在禁渔期开始前 15 天内收回在同时期内投放的 FAD。

3. 总结

东太平洋大眼金枪鱼 2018 年渔获量、2014—2018 年平均渔获量、MSY 等资源状况见表 2-1，资源丰度、捕捞死亡率和环境影响的评价见表 2-2。

表 2-1　东太平洋大眼金枪鱼 2018 年渔获量、2014—2018 年平均渔获量、MSY 等资源状况

EPO 大眼金枪鱼	估计	年份	备注
2018 年渔获量	94	2018	
2014—2018 年平均渔获量	98	2014—2018	
MSY	95		
F/F_{MSY}	1.15	2015—2017	高度不确定
SSB/SSB_{MSY}	1.02	2018 年初	高度不确定
TAC	N/A		

注：渔获量和 MSY 以 1 000 吨计。

表 2-2　资源丰度、捕捞死亡率和环境影响的评价

项目	等级	说明
资源丰度	绿色等级	$SSB \sim SSB_{MSY}$。产卵种群生物量可能接近 MSY 水平
捕捞死亡率	红色等级	$F > F_{MSY}$。当前 F 的估值高于 F_{MSY}，现行管理策略似乎不能有效防止生产型过度捕捞

（续）

项目	等级	说明
环境	黄色等级	63%的渔获物由利用漂浮物（含 FAD）作业的围网捕获。某些兼捕缓解措施已到位（海龟、鲨鱼、常见非目标种类）。大型围网渔船观察员覆盖率为 100%
	红色等级	36%的渔获物由延绳钓捕获。某些缓解措施已经到位（鲨鱼、海龟、海鸟）。大型延绳钓渔船观察员覆盖率将为 5%

二、东太平洋黄鳍金枪鱼

2018 年，EPO 黄鳍金枪鱼渔获量约为 2.51×10^5 吨，较 2017 年渔获量增加了 12%。主要作业渔具为围网（占总渔获量的 95%），该渔具最近的渔获量约为 2002 年记录的最高渔获量的 58%。尽管延绳钓渔业的渔获量较小，但近年来也大幅降低。当前 EPO 黄鳍金枪鱼处于资源型过度捕捞，且正在发生生产型过度捕捞。

1. 资源评估

2019 年更新的评估使用了与之前相同的方法，仅更新了数据。然而，IATTC 职员指出，除了需要解决类似于 2018 年大眼金枪鱼评估中发现的问题外，评估模型还无法与那些有关资源状况明显带有冲突特征的数据一致。评估结果表明（彩图 6）：

（1）产卵种群生物量 SSB_{recent}/SSB_{MSY} 的值估计为 0.76（所有模型范围：0.68～0.84），表明资源处于资源型过度捕捞。

（2）F_{recent}/F_{MSY} 的值估计为 1.12（所有模型范围：1.01～1.27），表明资源正在发生生产型过度捕捞。这与之前估计的最近捕捞死亡率接近 MSY 水平的评估相比有大幅改变。

（3）MSY 的估值为 2.55×10^5 吨。增加黄鳍金枪鱼渔获量的平均质量可以增加 MSY。

（4）对于所有基于 MSY 参考点进行的资源评估，对产卵种群生物量和补充量间的假定关系高度敏感。基本案例评估做了极其乐观的假设，即当产卵群体接近枯竭时（补充量与 SSB 水平无关），渔业补充量仍然很高。这导致 MSY 是在低产卵群体水平下取得的，因此导致了即使资源量较低，SSB_{recent}/SSB_{MSY} 仍然可以保持较高水平。如果假定资源-补充量关系是合理的，也是其他 tRFMO 评估时普遍使用的假设，则评估的资源状况会更悲观。评估结果对成年黄鳍金枪鱼假定的自然死亡率和假定的最高年龄鱼的体长也很敏感。

近年来，漂浮物围网渔业的影响有所增加，并超过了捕捞自由群体围网渔业的影响。2018年所估计的漂浮物围网渔业的影响也超过了与海豚依附的鱼群的围网渔业的影响。IATTC 职员对这一近期趋势及其对幼鱼捕捞死亡率的影响感到担忧。

如上所述，由于评估模型无法与数据保持一致，IATTC 职员认为评估结果不可靠，并制定了一系列渔业指标以监测种群的相对状况。某些指标显示最近几年的值较低，表明丰度可能较低。然而，某些渔业的黄鳍金枪鱼平均体长的增加与低丰度不一致。因此，根据指标还无法判断黄鳍金枪鱼的丰度是否降低或渔业正在发生变化。然而，漂浮物围网渔业中作业次数的增加表明，EPO 黄鳍金枪鱼种群的捕捞压力可能处于逐渐增加的趋势，除了当前的禁渔期外还需要采取其他措施，如限制漂浮物围网作业次数。尽管在分析不同的渔业指标时得出的结论存在某些差异，并且更新后评估结果存在不确定性，但应对 EPO 黄鳍金枪鱼状况持谨慎态度，并根据最新的评估结果认为黄鳍金枪鱼种群已处于资源型过度捕捞，且正在发生生产型过度捕捞。

2. 管理

限制参考点：2014 年，IATTC 临时同意其职员关于平衡产卵种群生物量和捕捞死亡率的建议，与不进行捕捞作业的水平相比使补充量减少 50%。该计算是基于资源-补充量关系的陡度为 $h=0.75$ 的假设，较 $h=1.0$ 的评估假设更加保守。这对应于产卵种群生物量约为不进行捕捞时水平的 8%。SSB_{recent}/SSB_0 的估计值为 0.21，高于该限制参考点。

目标参考点：2014 年，IATTC 临时同意其职员对 F_{MSY} 和 SSB_{MSY} 的建议。F 和 SSB 都正在突破这些目标。

捕捞控制规则：2016 年，基于 2014 年采纳的临时目标和限制参考点（C-16-02 决议），IATTC 采纳了针对热带金枪鱼围网渔业的捕捞控制规则（HCR）。该 HCR 旨在防止最需要严格管理的热带金枪鱼类资源（大眼金枪鱼、黄鳍金枪鱼或鲣）的捕捞死亡率超过 MSY 时的水平。如果捕捞死亡率或产卵种群生物量正在接近或超过相应的限制参考点，即以超过限制的 10% 或更高的估计概率衡量，HCR 也会触发制定其他管理措施，以降低捕捞死亡率和恢复资源。

IATTC 为大眼金枪鱼制定的主要养护措施为 C-17-01 和 C-17-02 决议，其中包括对装载容量超过 182 吨的围网渔船实行年度禁渔。该措施要求：

（1）到 2020 年，对容量超过 182 吨的围网渔船实行 72 天禁渔（在 2018—2020 年间，准许拥有海豚死亡限额的渔船额外捕捞 10 天）。

（2）在加拉帕戈斯（Galapagos）岛以西的"El Corralito"区域对围网渔业实行禁渔期，该区域内小型大眼金枪鱼的渔获率很高。

（3）要求所有围网渔船全部保留大眼金枪鱼、鲣和黄鳍金枪鱼渔获物。

（4）任何时候都要限制每艘围网渔船配有 GPS 和声呐系统的 FAD 数量，限制范围从最小型渔船的 70 个 FAD 到 6 级渔船（1 200 米^3 容量）的 450 个 FAD。同时，要求 6 级渔船在选定的禁渔期前 15 天不得投放 FAD，并在禁渔期开始前 15 天内收回在同时期内投放的 FAD。

3. 总结

东太平洋黄鳍金枪鱼 2018 年渔获量、2014—2018 年平均渔获量、MSY 等资源状况见表 2-3，资源丰度、捕捞死亡率和环境影响的评价见表 2-4。

表 2-3　东太平洋黄鳍金枪鱼的 2018 年渔获量、2014—2018 年平均渔获量、MSY 等资源状况

EPO 黄鳍金枪鱼	估计	年份	备注
2018 年渔获量	251	2018	
2014—2018 年平均渔获量	246	2014—2018	
MSY	255	2016—2018	
F/F_{MSY}	1.12	2016—2018	范围：1.01~1.27
SSB/SSB_{MSY}	0.76	2019 年初	范围：0.68~0.84
TAC	N/A		

注：渔获量和 MSY 以 1 000 吨计。

表 2 - 4　资源丰度、捕捞死亡率和环境影响的评价

项目	等级	说明
资源丰度	红色等级	$SSB < SSB_{MSY}$
捕捞死亡率	红色等级	$F > F_{MSY}$。此外，由于基础案例模型中假定补充量与资源状况无关，F_{MSY}可能较高
环境	黄色等级	59％的渔获物由与金枪鱼-海豚有关的围网捕获。海豚死亡率由 AIDCP 管理和密切监管，观察员覆盖率为 100％。然而，最近的海豚调查是 2006 年进行的，因此种群的资源状况不确定
	黄色等级	23％的渔获物由利用 FAD 的围网捕获。某些兼捕缓解措施已到位（鲨鱼、海龟、常见非目标种类）。大型围网渔船观察员覆盖率为 100％
	绿色等级	13％的渔获物由捕捞黄鳍金枪鱼自由群的围网捕获
	红色等级	4％的渔获物由延绳钓捕获，某些缓解措施已到位（鲨鱼、海龟、海鸟）。大型延绳钓渔船观察员覆盖率将为 5％

第三章
中西太平洋主要种群

区域性渔业管理组织：中西太平洋渔业委员会（WCPFC）。中西太平洋（WCPO）资源量由太平洋共同体秘书处（SPC）评估，结果由科学委员会（SC）审查，并向WCPFC提出建议。

数据来源：本部分信息主要来源于 Vincent et al.（2018），Tremblay-Boyer et al.（2017），Vincent et al.（2019），WCPFC（2019a）和 WCPFC（2019b）。

全球约 52% 的金枪鱼类产量来自中西太平洋（WCPO）。2018 年，鲣、黄鳍和大眼金枪鱼的初步统计渔获量为 2.544×10^6 吨，较 2017 年渔获量增加了 5%。自 1980 年以来，WCPO 总渔获量总体呈增长趋势，2010—2011 年小幅降低。鲣的增长量最为明显。

2014—2018 年 5 年的平均渔获量（$2.552\ 5 \times 10^6$ 吨）显示了该渔业最近的状况：在渔获物质量方面，鲣占 70.2%，其次为黄鳍（24.4%）和大眼金枪鱼（5.4%）。围网渔业产量占总渔获量的 73%，其次为竿钓（7%）、延绳钓（6%）和其他渔具。

一、中西太平洋大眼金枪鱼

2018 年，大眼金枪鱼暂定渔获量约为 1.298×10^5 吨，较 2017 年渔获量增加了 5%。主要作业渔具为围网（5 年平均为 44%）和延绳钓（44%）。WCPO 区域其他渔具的大眼金枪鱼渔获量相对较少。最新评估表明西太平洋大眼金枪鱼产卵种群生物量高于 WCPFC 确定的限制参考点，资源未发生资源型过度捕捞。现有管理措施可以充分防止发生生产型过度捕捞。

1. 资源评估

2017 年，SPC 的资源评估结果较之前的评估结果更为乐观，部分原因是使用了新的生长曲线。2017—2018 年，SC 收集和分析了更多的生长数据，进一步验证了新的生长曲线的有效性。2018 年，SC 更新了评估，决定删除旧生长曲线运行的模型。新的评估表明（彩图 7）：

（1）F_{recent}/F_{MSY} 的中位数估计为 0.77（90% 置信区间：0.67~0.93），表明不会发生生产型

过度捕捞（在所有模型运行中，超过 F_{MSY} 的可能性约为 6%）。

（2）产卵种群生物量 SSB_{recent}/SSB_{MSY} 的中位数估计为 1.38（90% 置信区间：1.12～1.66），表明资源未发生资源型过度捕捞。最近的产卵种群生物量不可能超过 WCPFC 确定的限制参考点（$SSB_{recent}/SSB_{F=0}=0.2$）。

（3）MSY 的中位数估值为 $1.59×10^5$ 吨。1970 年以前，由于捕捞小型大眼金枪鱼（生长型过度捕捞），MSY 已经降低至低于一半的水平。最近渔获量（2014—2018 年平均为 $1.386×10^5$ 吨）低于最大可持续产量。

更新的评估明显较之前的评估结果更为乐观。尽管如此，仍然存在某些不确定性，SC 已经建议进一步调查评估的几个方面，为将来的评估提供信息。

2. 管理

限制参考点：在当前的（目前评估的最近 10 年，不包括 2018 年）环境条件、不进行捕捞作业的情况下，限制参考点为估计平衡产卵种群生物量的 20%（$20\%SSB_{current,F=0}$）。SC 于 2012 年采纳。$SSB_{recent}/SSB_{F=0}$ 中位数为 0.36，高于该限制参考点。

目标参考点：无长期定义。CMM 2018 - 01 作为采纳捕捞策略的过渡，在就目标参考点（TRP）达成协议前，确定产卵种群生物量消耗率（$SSB/SSB_{F=0}$）将保持或高于 2012—2015 年 $SSB/SSB_{F=0}$ 平均值。

捕捞控制规则：未定义。CMM2014 - 06 要求 WCPFC 制定并实施一种包括目标参考点、捕捞控制规则和其他要素的捕捞策略。工作计划及其最后期限已在 SC 后续会议中修订。

WCPFC 针对大眼金枪鱼制定的主要约束性养护与管理措施为 CMM 2018 - 01，旨在提供一个有力的过渡管理制度，确保大眼金枪鱼、鲣和黄鳍金枪鱼资源的可持续性。要求：

（1）在专属经济区水域和 20°N～20°S 公海，禁止使用 FAD 作业 3 个月（7—9 月）。禁渔期间，渔船监控系统（VMS）提取船位的频率增至每 30 分钟 1 个。

（2）除（1）外，各成员应在公海额外选择连续 2 个月禁止使用 FAD 作业，2019 年和 2020 年可选择 4—5 月或 11—12 月，对悬挂基里巴斯和菲律宾国旗的船只可以豁免。

（3）为减少鲨鱼、海龟或任何其他物种的缠绕，自 2020 年 1 月 1 日起，CCM 应确保任何投放或漂入 WCPFC《公约》管辖区域内的任何 FAD 采取低缠绕的设计。为减少人造海洋废弃物数量，应推广使用天然或生物可降解材料制造的 FAD，鼓励使用非塑料和生物可降解材料制造 FAD。

（4）每艘围网渔船在任何时候都不得投放多于 350 个配有 GPS 和声呐系统的 FAD。

（5）船舶天数限制：对《瑙鲁协定》成员国（PNA）成员，其专属经济区内限制在 2010 年的水平。对在专属经济区内每年（2006—2010 年）围网捕捞努力量超过 1 500 天的其他沿海国家，限制在 2001—2004 年平均或 2010 年的水平。对发展中非小岛国家（non - SIDS）成员，公海内围网捕捞努力量将限制在 CMM 规定的水平。

（6）各成员不应准许公海内作业天数超过 CMM 规定的上限。

（7）在 20°N～20°S，要求所有围网渔船全部保留大眼金枪鱼、鲣和黄鳍金枪鱼渔获物。

（8）对在公海、公海和一个或多个沿海国管辖水域内，或在同航次中在 2 个或多个沿海国管辖水域内作业的所有围网渔船区域性观察员的覆盖率达 100%；所有在 20°N～20°S 作业的围网渔船必须配有 1 名科学观察员，除非其只在其专属经济区作业。

（9）大多数国家（不包括发展中小岛国家的船只）在 20°N～20°S 作业的具有冻结能力的围网渔船和延绳钓渔船数量限制在当前的水平。

（10）为利用延绳钓捕捞大眼金枪鱼的发展中非小岛国家的船队（表示租船捕获量归租船国所有）制定特定捕捞限额，每月报告，以监测限额利用情况。此外，CMM 2009 - 02 对禁止使用 FAD 和渔获物全部保留的要求提供更多的指南。

热带金枪鱼采纳的首个综合管理计划是 CMM 2008 - 01。该措施每年由 WCPFC 成员修订，修订时各成员对渔业管理措施达成一致意见。因有许多"或"的选择、豁免或排除及尚未对某些措施做出的决定，致使 CMM 较复杂，使得无法对未来实际的捕捞量和捕捞努力量做出预测。在对 CMM 2015 - 01 进行的随机评估中，SPC（2016）对未来围网捕捞努力量和延绳钓捕捞量定义了 3 种可能的情形，试图描述 CMM 实施中诸多的不确定性。

3. 总结

中西太平洋大眼金枪鱼 2018 年渔获量、2014—2018 年平均渔获量、MSY 等资源状况见表 3-1，资源丰度、捕捞死亡率和环境影响的评价见表 3-2。

表 3 - 1　中西太平洋大眼金枪鱼 2018 年渔获量、2014—2018 年平均渔获量、MSY 等资源状况

WCPO 大眼金枪鱼	估计	年份	备注
2018 年渔获量	130	2018	
2014—2018 年平均渔获量	139	2014—2018	
MSY	159	2015	各模型的中位数
F/F_{MSY}	0.77	2012—2015	各模型的中位数
SSB/SSB_{MSY}	1.38	2012—2015	各模型的中位数
TAC	无		

注：渔获量和 MSY 以 1 000 吨计。

表 3 - 2　资源丰度、捕捞死亡率和环境影响的评价

项目	等级	说明
资源丰度	绿色等级	$SSB>SSB_{MSY}$。产卵种群生物量高于产生 MSY 时的水平
捕捞死亡率	绿色等级	$F<F_{MSY}$。F 低于产生 MSY 时的水平
环境	红色等级	44% 的渔获物由延绳钓捕获。某些缓解措施已经到位（鲨鱼、海龟、海鸟）。监管不足
	黄色等级	36% 的渔获物由利用漂浮物（含 FAD）的围网捕获。某些缓解措施已到位（鲨鱼、海龟）。部分围网渔船观察员覆盖率为 100%
	绿色等级	8% 的渔获物由捕捞自由群的围网捕获，对非目标种类危害小
	黄色等级	3% 的渔获物由竿钓捕获，对饵料鱼资源的影响未知

二、中西太平洋黄鳍金枪鱼

2018 年，WCPO 初步统计的黄鳍金枪鱼渔获量约为 6.481×10^5 吨，较 2017 年渔获量减少

了 2%。主要作业渔具为围网（占总渔获量的 61%）。在菲律宾和印度尼西亚，21% 的渔获量由各种杂渔具捕获，14% 的渔获量由延绳钓捕获。中西太平洋黄鳍金枪鱼未发生资源型过度捕捞，且不会发生生产型过度捕捞。大多渔获资源已充分开发的热带区域，总体上没有或几乎没有进一步对其增加捕捞压力的空间。

1. 资源评估

2017 年进行了新的黄鳍金枪鱼资源评估。资源评估包括处理 2014 年黄鳍金枪鱼资源评估报告提出的相关建议，可选择区域结构调查评估模型中的不确定性，特别是在包含额外年份数据的情况下，和进一步确定先前评估结果的缺陷。评估结果与之前（2014 年）的评估结果相似，表明（彩图 8）：

（1）黄鳍金枪鱼产卵种群生物量高于 SSB_{MSY} 水平（$SSB_{latest}/SSB_{MSY}=1.39$，90% 置信区间：$1.02\sim1.80$），表明其资源量未处于资源型过度捕捞状态。

（2）F_{recent}/F_{MSY} 的值（2011—2014 年）估计为 0.74（90% 置信区间：$0.62\sim0.97$），表明不可能发生生产型过度捕捞。

（3）MSY 的估值为 6.668×10^5 吨。当前（2018 年）渔获量低于 MSY。

（4）对总体资源状况的乐观估计应以分区域水平的估计模式进行调整。捕获大多渔获量的热带太平洋至少已被充分开发，不具备大幅增加渔获量而保持可持续的潜力。

2. 管理

限制参考点： 在当前（目前评估的最近 10 年，不包括 2018 年）环境条件、不进行捕捞的情况下，限制参考点为估计平衡产卵种群生物量的 20%（$20\%SSB_{current,F=0}$）。黄鳍金枪鱼资源量估计值高于该限制参考点。在 SC13 选择的所有评估资源状况的模型中，$SSB_{recent}/SSB_{F=0}$ 中位数为 0.33，高于此限制参考点。

目标参考点： 未定义。CMM 2018-01 作为采纳捕捞策略的过渡，在就目标参考点（TRP）达成协议前，确定产卵种群生物量消耗率（$SSB/SSB_{F=0}$）将保持或高于 2012—2015 年 $SSB/SSB_{F=0}$ 平均值。

捕捞控制规则： 未定义。CMM 2014-06 要求 WCPFC 制定并实施一种包括目标参考点、捕捞控制规则和其他要素的捕捞策略。工作计划及其最后期限已在 WCPFC 后续会议中修订。

WCPFC 针对黄鳍金枪鱼制定的主要约束性养护与管理措施为 CMM 2018-01，旨在提供一个有力的过渡管理制度，确保大眼金枪鱼、鲣和黄鳍金枪鱼资源的可持续性。要求：

（1）在专属经济区水域和 20°N～20°S 公海，禁止使用 FAD 作业 3 个月（7—9 月）。禁渔期间，VMS 提取船位的频率增至每 30 分钟 1 个。

（2）除（1）外，各成员应在公海额外选择连续 2 个月禁止使用 FAD 作业，2019 年和 2020 年可选择 4—5 月或 11—12 月，对悬挂基里巴斯和菲律宾国旗的船只可以豁免。

（3）为减少鲨鱼、海龟或任何其他物种的缠绕，自 2020 年 1 月 1 日起，CCM 应确保任何投放或漂入 WCPFC《公约》管辖区域内的任何 FAD 采取低缠绕的设计。为减少人造海洋废弃物数量，应推广使用天然或生物可降解材料制造的 FAD，鼓励使用非塑料和生物可降解材料制造 FAD。

（4）每艘围网渔船在任何时候都不得投放多于 350 个配有 GPS 和声呐系统的 FAD。

（5）船舶天数限制：对 PNA 成员，其专属经济区内限制在 2010 年的水平。对在专属经济区内每年（2006—2010 年）围网捕捞努力量超过 1 500 天的其他沿海国家，限制在 2001—2004 年平均或 2010 年的水平。对发展中非小岛国家成员，公海内围网努力量将限制在 CMM 规定的水平。

（6）各成员不应准许公海内作业天数超过 CMM 规定的上限。

（7）在 20°N～20°S，要求所有围网渔船全部保留大眼金枪鱼、鲣和黄鳍金枪鱼渔获物。

（8）在公海、公海和一个或多个沿海国管辖水域内，或在同航次中在 2 个或多个沿海国管辖水域内作业的所有围网渔船区域性观察员的覆盖率达到 100%；所有在 20°N～20°S 作业的围网渔船必须配有 1 名科学观察员，除非其只在其专属经济区作业。

（9）大多数国家（不包括发展中小岛国家的船只）在 20°N～20°S 作业的具有冻结能力的围网渔船和延绳钓渔船数量限制在当前的水平。

此外，CMM 2009 - 02 对禁止使用 FAD 和渔获物全部保留的要求提供更多的指南。

3. 总结

中西太平洋黄鳍金枪鱼 2018 年渔获量、2014—2018 年平均渔获量、MSY 等资源状况见表 3 - 3，资源丰度、捕捞死亡率和环境影响的评价见表 3 - 4。

表 3 - 3　中西太平洋黄鳍金枪鱼 2018 年渔获量、2014—2018 年平均渔获量、MSY 等资源状况

WCPO 黄鳍金枪鱼	估计	年份	备注
2018 年渔获量	648	2018	
2014—2018 年平均渔获量	623	2014—2018	
MSY	667	2011—2014	各模型的中位数
F/F_{MSY}	0.74	2011—2014	各模型的中位数
SSB/SSB_{MSY}	1.39	2015	各模型的中位数
TAC	N/A		

注：捕获量和 MSY 以 1 000 吨计。

表 3 - 4　资源丰度、捕捞死亡率和环境影响的评价

项目	等级	说明
资源丰度	绿色等级	$SSB > SSB_{MSY}$
捕捞死亡率	绿色等级	$F < F_{MSY}$
环境	黄色等级	22% 的渔获物由利用漂浮物（含 FAD）的围网捕获。某些缓解措施已到位（海龟、鲨鱼）。部分围网渔船科学观察员覆盖率为 100%
	绿色等级	39% 的渔获物由捕捞自由群的围网捕获，对非目标鱼种危害小
	红色等级	21% 的渔获物由其他杂渔具捕获，如刺网，对非目标鱼种的影响未知
	红色等级	14% 的渔获物由延绳钓捕获。某些缓解措施已到位（鲨鱼、海龟、海鸟）。监管不足

三、中西太平洋鲣

WCPO 鲣种群支撑全球最大的金枪鱼渔业，占全球金枪鱼上岸量的 37%。2018 年，渔获量为 $1.765\,9\times10^6$ 吨，较 2017 年渔获量增加了 8%。围网产量占渔获量的 80%，在过去 30 年中稳步增长。相比而言，竿钓产量（约 8%）逐渐下降。资源不会发生生产型过度捕捞，未发生资源型过度捕捞。

1. 资源评估

最近的鲣评估于 2019 年进行。资源状况由 54 个包含了不确定性的模型来确定（彩图 9）：

（1）自工业化金枪鱼捕捞开始，捕捞死亡率已显著增加，最近几年达到最高水平。F_{recent}/F_{MSY} 的中位数估计为 0.45（90% 置信区间：0.34～0.60），表明不会发生生产型过度捕捞。

（2）由于产卵种群生物量（2018 年）高于 SSB_{MSY} 水平，资源未发生资源型过度捕捞：SSB_{recent}/SSB_{MSY} 的中位数估计为 2.58（90% 置信区间：1.89～3.61）。

（3）MSY 的中位数估值为 2.29×10^6 吨。最近的渔获量低于最大可持续产量。

2. 管理

限制参考点：在当前（目前评估的最近 10 年，不包括 2018 年）环境条件、不进行捕捞的情况下，限制参考点为估计平衡产卵种群生物量的 20%（$20\%SSB_{current,F=0}$）。鲣资源量高于该限制参考点。$SSB_{recent}/SSB_{F=0}$ 的值为 0.44，高于此限制参考点。

目标参考点：CMM 2018 - 01 作为采纳捕捞策略的过渡，在就目标参考点（TRP）达成协议前，确定鲣的 SSB 将与 CMM 2015 - 06 中采用的临时目标参考点保持一致。

CMM 2015 - 06 确定的临时目标为当前（当前评估的最近 10 年，不包括 2018 年）环境条件、不进行捕捞的情况下，估计平衡产卵种群生物量的 50%（$50\%SSB_{current,F=0}$）。$SSB_{recent}/SSB_{F=0}$ 的值为 0.44，当前低于该目标。

捕捞控制规则：未定义。CMM 2014 - 06 要求 WCPFC 制定并实施一种包括目标参考点、捕捞控制规则和其他要素的捕捞策略。工作计划及其最后期限已在 WCPFC 后续会议中修订。

WCPFC 针对黄鳍金枪鱼制定的主要约束性养护措施为 CMM 2018 - 01，旨在提供一个有力的过渡管理制度，确保大眼金枪鱼、鲣和黄鳍金枪鱼资源的可持续性。要求：

（1）在专属经济区水域和 20°N～20°S 公海，禁止使用 FAD 作业 3 个月（7—9 月）。禁渔期间，VMS 提取船位的频率增至 30 分钟 1 个。

（2）除（1）外，各成员应在公海额外选择连续 2 个月禁止使用 FAD 作业，2019 年和 2020 年可选择 4—5 月或 11—12 月，对悬挂基里巴斯和菲律宾国旗的船只可以豁免。

（3）为减少鲨鱼、海龟或任何其他物种的缠络，自 2020 年 1 月 1 日起，CCM 应确保任何投放或漂入 WCPFC《公约》管辖区域内的任何 FAD 采取低缠络的设计。为减少人造海洋废弃物数量，应推广使用天然或生物可降解材料制造的 FAD，鼓励使用非塑料和生物可降解材料制造 FAD。

（4）每艘围网渔船在任何时候都不得投放多于 350 个配有 GPS 和声呐系统的 FAD。

（5）船舶天数限制：对 PNA 成员，其专属经济区内限制在 2010 年的水平。对在专属经济区内每年（2006—2010 年）围网捕捞努力量超过 1 500 天的其他沿海国家，限制在 2001—2004 年平均或 2010 年的水平。对发展中非小岛国家成员，公海内围网努力量将限制在 CMM 规定的水平。

（6）各成员不应准许公海内作业天数超过 CMM 规定的上限。

（7）在 20°N～20°S，要求所有围网渔船全部保留大眼金枪鱼、鲣和黄鳍金枪鱼渔获物。

（8）在公海、公海和一个或多个沿海国管辖水域内，或同航次中在两个或多个沿海国管辖水域内作业的所有围网渔船区域性观察员的覆盖率达 100%；所有在 20°N～20°S 作业的围网渔船必须配有 1 名科学观察员，除非其只在其专属经济区作业。

（9）大多数国家（不包括发展中小岛国家的船只）在 20°N～20°S 作业的具有冻结能力的围网渔船和延绳钓渔船数量限制在当前的水平。

此外，CMM 2009 - 02 对禁止使用 FAD 和渔获物全部保留的要求提供更多的指南。

3. 总结

中西太平洋鲣的 2018 年渔获量、2014—2018 年平均渔获量、MSY 等资源状况见表 3 - 5，资源丰度、捕捞死亡率和环境影响的评价见表 3 - 6。

表 3 - 5　中西太平洋鲣的 2018 年渔获量、2014—2018 年平均渔获量、MSY 等资源状况

WCPO 鲣	估计	年份	备注
2018 年渔获量	1 766	2018	
2014—2018 年平均渔获量	1 791	2014—2018	
MSY	2 294	2014—2017	
F/F_{MSY}	0.45	2014—2017	
SSB/SSB_{MSY}	2.38	2014—2017	
TAC	N/A		

注：渔获量和 MSY 以 1 000 吨计。

表 3 - 6　资源丰度、捕捞死亡率和环境影响的评价

项目	等级	说明
资源丰度	绿色等级	$SSB > SSB_{MSY}$
捕捞死亡率	绿色等级	$F < F_{MSY}$
环境	黄色等级	37% 的渔获物由利用漂浮物（含 FAD）的围网捕获。某些缓解措施已到位（海龟、鲨鱼）
	绿色等级	43% 的渔获物由捕捞自由群的围网捕获，对非目标鱼种危害小
	黄色等级	8% 的渔获物由竿钓捕获，对饵料鱼资源的影响未知
	红色等级	12% 的渔获物由其他杂渔具捕获，如刺网，对非目标鱼种的影响未知

下　篇
太平洋金枪鱼渔业养护与管理措施

第四章
美洲间热带金枪鱼委员会
（IATTC，东太平洋）
决议及养护措施

1. C-12-07 修正第11-09号制定大型渔船转载计划的决议

美洲间热带金枪鱼委员会（IATTC），在美国加利福尼亚州拉霍亚召开第83届会议：

考虑到因非法的、不报告的及不受管制的（IUU）捕捞削弱 IATTC 已通过的养护管理措施的有效性，因此有必要打击 IUU 捕捞。

表达对已进行的、有组织的金枪鱼类洗鱼活动，及有大量的 IUU 金枪鱼延绳钓渔船渔获物以正当合法渔船的名义进行转载的严重关切。

因此有必要确保对《安提瓜公约》管辖水域内大型延绳钓渔船转载活动进行监控，包括管控其卸鱼；

察觉到有必要修正第11-09号制定大型渔船转载计划的决议。

同意：

第一节　总则

（1）除在以下第二节所述海上转载监控计划下，IATTC《公约》所涵盖的渔业在《公约》管辖区域所捕捞的金枪鱼类及类金枪鱼类及鲨鱼渔获（以下称为金枪鱼类及类金枪鱼类及鲨鱼）的所有转载活动必须在港内进行。

（2）IATTC 每一成员及合作的非缔约方（CPC）应采取必要措施，确保悬挂其船旗的大型金枪鱼渔船[①]（LSTFV）在港内转载时，遵守附件1所述的义务。

[①] 为本决议的目的，大型金枪鱼渔船的定义为在国家管辖范围或每一 CPC 控制区域外的水域，以捕捞金枪鱼类及类金枪鱼类为主的所有渔船。

（3）本决议不适用于曳绳钓、竿钓或从事海上转载生鲜渔获^①的渔船。

第二节　海上转载监控计划

（4）IATTC 建立的海上转载监控计划，仅适用于大型金枪鱼延绳钓渔船（LSTLFV）及经各 CPC 核准在海上接受该等船舶转载的运输船。除 LSTLFV 外，渔船所捕金枪鱼类及类金枪鱼类及鲨鱼不允许在海上转载。

（5）每一 CPC 应决定是否批准其 LSTLFV 在海上转载。纳入 IATTC 经批准的延绳钓渔船名单中的 LSTLFV，并在参加依本决议制定的观察员计划的 CPC 管辖下作业且支付执行所需费用，才能被批准在海上转载。秘书处将维持该种渔船的名单。任何海上转载活动均须依本决议第三、四及五节与附件 2 及附件 3 的程序进行。

第三节　授权于 IATTC《公约》管辖区域内接受海上转载的船只名册

（6）IATTC 应建立并维持经 CPC 批准在 IATTC《公约》管辖区域内、在海上自 LSTLFV 接受金枪鱼类及类金枪鱼类及鲨鱼的运输船名册（IATTC 运输船名册）。为本决议的目的，不在此名册的运输船视为未经批准在海上接受金枪鱼类及类金枪鱼类及鲨鱼的转载作业。

（7）每一 CPC 若可能，应以电子方式提交经其批准在 IATTC《公约》管辖区域内与 LSTLFV 进行海上转载的运输船名册给秘书长。此名册应包含每艘船舶的下列信息：

a. 船旗。

b. 船名及登记编号。

c. 以往的船名（若有的话）。

d. 以往的船旗（若有的话）。

e. 原来船籍的详细资料（若有的话）。

f. 国际无线电呼号。

g. 船只类型、长度、总吨位（GT）及装载容积。

h. 所有人及经营者的姓名和地址。

i. 批准的可进行转载的时间。

（8）在 IATTC 最初的运输船名册建立后，IATTC 运输船名册有任何加入、删除和（或）修改时，每一 CPC 应立即告知秘书处。

（9）秘书处应维持该 IATTC 运输船名册，并以符合所告知的 CPC 对其船舶保密规范的方式，通过电子方式确保此名册的公开，包括置于 IATTC 网站上。

（10）经批准在海上转载的运输船，必须依第 04-06 号建立渔船监控系统（VMS）的决议，配备及运行 VMS。

第四节　海上转载

（11）LSTLFV 在 CPC 管辖水域内的转载应事先取得相关沿海 CPC 的许可。CPC 应采取必要措施，确保悬挂其旗帜的 LSTLFV 遵守下列规定：CPC 授权。

（12）除非事先取得船旗 CPC 的批准，否则 LSTLFV 不得在海上转载。

通知义务

渔船：

（13）为取得上述第（12）条的事先批准，LSTLFV 的船长和（或）船东必须至少于转载前

---

① 为本决议的目的，生鲜渔获系指活的、整尾或去内脏/去头，但未被进一步加工或冷冻的金枪鱼类及类金枪鱼类。

24 小时，将信息通知其船旗 CPC 主管当局下列信息：

　　a. LSTLFV 的船名及其在 IATTC LSTLFV 名册的编号。

　　b. 运输船船名及其在 IATTC 运输船名册的编号与拟转载的品种。

　　c. 拟转载的分品种吨数。

　　d. 转载的日期和地点。

　　e. 金枪鱼类、类金枪鱼类及鲨鱼所捕获的地理位置。

　　有关 LSTLFV 于转载后不迟于 15 天，应按照附件 2 设定的格式完成 IATTC 转载申报书，并连同其在 IATTC LSTLFV 名册的编号传送给其船旗 CPC。

　　接受渔获的运输船：

　　（14）接受渔获的运输船船长应在完成转载 24 小时内，填妥 IATTC 转载申报书，连同其 IATTC 运输船名册的编号传送给秘书处和 LSTLFV 的船旗 CPC。

　　（15）接受渔获的运输船船长应于卸鱼前 48 小时，传送 IATTC 转载申报书及其在 IATTC 运输船名册的编号给卸鱼地点 CPC 的主管当局。

　　区域性观察员计划

　　（16）每一 CPC 应确保其所有在海上转载的运输船，按照附件 3 所列 IATTC 区域性观察员计划，在船上配有 IATTC 区域性观察员。IATTC 区域性观察员应监测在海上转载时对本决议的遵守情况，特别是转载的数量与 IATTC 转载申报书所报的渔获量是否相符。

　　（17）禁止无 IATTC 区域性观察员的船舶开始或继续在 IATTC《公约》管辖区域内进行海上转载，除非在不可抗力情况下，并经由正当程序告知秘书处。

　　第五节　一般条款

　　（18）为确保 IATTC 统计文件计划所涵盖鱼种养护管理措施的功效：

　　a. LSTLFV 的船旗 CPC 在验证统计文件时，应确保转载量与每一 LSTLFV 汇报的渔获量相符。

　　b. LSTLFV 的船旗 CPC 应确认转载是按照本决议办理的，方可对转载的渔获核发统计文件。应根据 IATTC 区域性观察员计划所取得的信息进行确认。

　　c. CPC 应要求 LSTLFV 在 IATTC《公约》管辖区域捕捞统计文件计划所涵盖鱼种，在进口至一 CPC 领土或区域时，附上经验证的渔获统计文件及 IATTC 转载申报书复印件。

　　（19）任一 CPC 应在每年 9 月 15 日前向秘书处报告：

　　a. 前一年度转载的分鱼种吨数。

　　b. 列于 IATTC LSTLFV 名册且曾于前一年度从事转载的渔船名单。

　　c. 评估指派至接受 LSTLFV 转载运输船区域性观察员报告内容与结论的综合报告。

　　（20）经由转载卸下或进口至一 CPC 领土或区域，所有未加工或已在船上加工的金枪鱼类、类金枪鱼类及鲨鱼，应附上 IATTC 转载申报书，直到进行首次销售为止。

　　（21）秘书处每年应在 IATTC 年会中提出本决议执行情况的报告，IATTC 应审查本决议的遵守情况。

　　（22）本决议取代第 11 - 09 号决议。

附件 1

有关 LSTFV 在港内转载的规定

一、总则

1. 港内转载作业仅能按照下述程序进行。

二、通知的义务

2. 渔船

（1）LSTFV 船长必须至少于转载前 48 小时，将下列信息通知港口国当局：

a. 船名及其在 IATTC 区域性船舶登记册的编号。

b. 运输船船名与拟转载的产品。

c. 拟转载的分品种吨数。

d. 转载的日期与位置。

e. 金枪鱼类、类金枪鱼类及鲨鱼渔获的主要渔场。

（2）LSTFV 船长应在转载时通报其船旗国下列信息：

a. 所涉产品及数量。

b. 转载的日期及地点。

c. 接受转载的运输船船名、登记编号与船旗国。

d. 捕获金枪鱼类、类金枪鱼类及鲨鱼的地理位置。

（3）LSTFV 船长应于转载后不迟于 15 天，按照附件 2 附表 2-1 所定格式，填妥 IATTC 转载申报书，并连同其在 IATTC LSTFV 名册的编号报送其船旗国。

三、接受渔获的船舶

3. 接受渔获的运输船船长最迟应于转载前 24 小时及在转载终止时，通知港口国当局转载至该船的金枪鱼类、类金枪鱼类及鲨鱼渔获量，并填妥及传送 IATTC 转载申报书报送渔船船旗 CPC 当局。

四、卸载国

4. 接受渔获的运输船船长应于卸载 48 小时前，填妥 IATTC 转载申报书并报送给卸载发生地的卸载国当局。

5. 前条所述的港口国及卸载国应采取适当措施，以核实所接收信息的准确性，并应与 LSTFV船旗 CPC 合作，确保卸鱼量与该渔船所报渔获量相符。核实工作应尽量减少对渔船的干扰，并避免降低渔获物的质量。

6. LSTFV 的每一船旗 CPC 应每年向 IATTC 提交其所属渔船进行转载的详细报告。

附件 2

IATTC 转载申报书见附表 2-1。

附表 2-1　IATTC 转载申报书

运输船								渔船			
船名及无线电呼号：								船名及无线电呼号：			
船旗：								船旗：			
船旗 CPC 批准证照字号：								船旗 CPC 批准证照字号：			
国内登记号码（若有的话）：								国内登记号码（若有的话）：			
IATTC 登记号码（若有的话）：								IATTC 登记号码（若有的话）：			

	日	月	时	年			代理商名称：	LSTFV 船长姓名：	运输船船长姓名：
离港日期					自				
抵港日期					到		签字：	签字：	签字：
转载日期									

使用千克或单位如箱、筐表示重量，且此单位对应的重量为：＿＿＿＿＿＿＿千克

转载的地点：＿＿＿＿＿＿＿＿＿＿＿

鱼种	港口	洋区	产品形式								
			全鱼	去内脏	去头	切片					

如在海上转载，IATTC 区域性观察员的签字：＿＿＿＿＿＿＿＿＿＿

附件 3

IATTC 区域性观察员计划

一、

1. 每一 CPC 应要求列入 IATTC 运输船名册进行海上转载的运输船，在 IATTC《公约》管辖区域内进行每次转载作业时需搭载一名 IATTC 区域性观察员。

2. 秘书处应指派区域性观察员，并安排其登上经批准在 IATTC《公约》管辖区域内接受来自履行 IATTC 区域性观察员计划的 CPC 所属的 LSTLFV 转载的运输船。

二、区域性观察员的指派

3. 被指派的观察员应拥有以下资格以完成任务：

（1）有足够经验辨识鱼种及渔具。

（2）熟知 IATTC 养护管理措施。

（3）具有观测及正确记录信息的能力。

（4）精通受观察船舶船旗国的语言。

三、区域性观察员的义务

4. 区域性观察员应：

（1）为非运输船船旗国的国民或居民（尽最大可能）。

（2）有能力履行以下第 5 条所规定的职责。

（3）在秘书处所维持的区域性观察员名册内。

（4）非 LSTLFV 的船员或 LSTLFV 所属公司的员工。

5. 区域性观察员的职责为：

（1）进行转载前，在拟转载至运输船的 LSTLFV 上：

a. 查核渔船在 IATTC《公约》管辖区域捕捞金枪鱼类、类金枪鱼类及鲨鱼许可证或执照的有效性。

b. 查核并记录船上总渔获量及被转载至运输船上的数量。

c. 查核 VMS 的运作及检查渔捞日志。

d. 核对船上是否有渔获转载自其他船舶，并查核该转载的文件。

e. 若有迹象显示该船有任何违规行为，立即将违规情况向运输船船长报告。

f. 将在渔船上履行上述职责的结果，记录在区域性观察员报告中。

（2）在运输船上：

a. 监测运输船对 IATTC 所通过相关养护管理措施的遵守情况，特别是区域性观察员应：

ⅰ. 记录和报告转载活动的进行。

ⅱ. 核对进行转载时的船舶位置情况。

ⅲ. 观察和估计所转载的产品。

ⅳ. 核对及记录相关 LSTLFV 的船名及其登记编号。

ⅴ. 核对转载申报书上的资料。

ⅵ. 认证转载申报书上的资料。

ⅶ. 在转载申报书上签字。

b. 发布运输船转载活动的每日报告。

c. 汇总按照本条所搜集的信息，撰写总结报告，并给予船长在此报告中加入任何相关信息的机会。

d. 在观察期结束后 20 天内，将前述总结报告报送给秘书处。

e. 执行 IATTC 确定的任何其他职责。

6. 区域性观察员应对 LSTLFV 渔捞作业及其所有人的所有信息保密，并以书面同意此规定作为指派观察员的一项条件。

7. 区域性观察员应遵守被指派船舶船旗国法律规章对其管辖船舶所制定的规定。

8. 在不妨碍本计划区域性观察员职责及第 9 条规定的船上人员义务的前提下，区域性观察员应遵守适用于船上人员的等级制度和一般行为守则。

四、运输船船旗国的义务

9. 运输船船旗 CPC 与其船长对区域性观察员应包括下述责任，特别是：

（1）应允许区域性观察员接近船上的人员及渔具和设备。

（2）区域性观察员提出要求时，若指派的船上有该等设备的话，也应允许其使用下述设备，以帮助其履行第 5 条所要求的职责：

a. 卫星导航设备。

b. 使用中的雷达显示屏。

c. 电子通信设备。

（3）应为区域性观察员提供等同干部船员待遇的膳宿，包括住所、膳食和适当的卫生设备。

（4）在船桥或驾驶舱给区域性观察员提供适当的空间以利于其进行文书工作，并在甲板上为其提供适当的空间，有利于其执行观察任务。

（5）船旗国应确保船长、船员及船东在区域性观察员执行其任务时，不阻止、不威胁、不妨碍、不干扰、不贿赂。

10. 秘书处应在 IATTC 所通过措施履行审查分委员会会议 3 个月前，以符合任何适用的保密规范的方式，提供运输船船旗 CPC 与 LSTLFV 船旗 CPC 有关该航次的所有原始资料、摘要和报告的复印件。

五、LSTLFV 转载时的义务

11. 在天气状况许可时，应允许区域性观察员登上渔船，并接近船上必要的人员或进入船上必要的区域，以执行第 5 条所要求的职责。

12. 秘书处应将区域性观察员报告提交给 IATTC 所批准的"措施履行审查分委员会"和"科学咨询分委员会"。

六、区域性观察员费用

13. 有意进行转载作业的 LSTLFV 船旗 CPC 应支付执行本计划的费用。此费用应以计划的总经费作为计算基准，并应存入秘书处的特别账户。秘书处应管理该账户，以执行本计划。

14. 不遵循前述第 13 条支付费用规定的 LSTLFV 不得参加海上转载计划。

2. C‑14‑01　区域性渔船登记册的决议（修订）

在秘鲁利马市召开的第 87 届美洲间热带金枪鱼委员会（IATTC）会议：

申明确保在 IATTC《公约》管辖区域作业的所有渔船，遵守 IATTC 所同意的养护管理措施的重要性。

重申获得有关在 EPO 作业的渔船的确切信息的需要。

忆及 IATTC《公约》第十二条第 2（k）款所载，除其他外，秘书处应按照 IATTC《公约》附件 1 所提供的信息，维持在 IATTC《公约》管辖区域作业的船舶记录。

关注到现行 IATTC 区域性船舶登记册中包括非委员会成员及合作非缔约方（CPC）的渔船，且委员会无法确认这些渔船是否正在遵守 IATTC 相关决议。

进一步忆及委员会已在 IATTC《公约》管辖区域内采取许多措施，以预防、制止和消除非法的、不报告的及不受管制的（IUU）捕捞。

注意到大型渔船机动性高，可轻易地由一洋区的作业渔场变换至另一洋区，因此极有可能未及时向 IATTC 注册而在 IATTC《公约》管辖区域内作业。

忆及联合国粮食及农业组织（FAO）理事会于 2001 年 6 月 23 日通过的《预防、制止和消除非法、不受管制及不报告捕鱼行为的国际行动计划》（IPOA），该计划要求区域性渔业管理组织应采取行动，依照国际法加强和发展新方法，预防、制止和消除 IUU 捕捞，特别是建立授权船舶记录及从事 IUU 捕捞的船舶记录。

进一步注意到国际海事组织（IMO）海事安全委员会在其第 92 届会议中，通过修订 IMO 船舶识别码方案，删除了仅对渔业船舶的免除且允许渔船自愿申请的条款，并于 2013 年 11 月 IMO 第 28 届大会中，以第 A. 1078（28）号决议通过。

承认使用 IMO 船舶识别码作为渔船单一识别号码（UVI）的效用及可行性；及察觉到需要因此修订其第 11‑06 号区域性渔船登记册的决议：

同意：

（1）秘书处应以下列第（2）条所述资料为基础，建立并维持一份经批准在 IATTC《公约》管辖区域内捕捞 IATTC《公约》所管理的鱼种的船舶名册。该记录应仅包含悬挂 CPC 船旗的渔船。

（2）每一 CPC 应给秘书处提供其管辖下每一艘船的下述信息，使之列入上述第（1）条所建立的记录：

a. 船名、注册号码、以往的船名（若知道的话）和船籍港。

b. 显示其注册号码的船只照片。

c. 以往的船旗（若知道及若有的话）。

d. 国际无线电呼号（若有的话）。

e. 所有人姓名和地址。

f. 建造的地点和时间。

g. 长度、宽度及型深。

h. 冷冻机类型及冷冻能力，以立方米为单位。

i. 鱼舱数量及容量，以立方米为单位，且围网渔船若可能的话，容量按照各个鱼舱分列。

j. 经营者及/或管理者（若有的话）的姓名和地址。

k. 船舶类型。

l. 作业类型。

m. 总吨数。

n. 主机或主机组的功率。

o. 船旗 CPC 授予捕鱼许可的性质（如主要目标鱼种）。

p. 国际海事组织（IMO）或劳氏登记号码（LR），若有的话①。

（3）每一 CPC 应立即通知秘书处第（2）条所列信息的任何改变。

（4）每一 CPC 也应立即通知秘书处：

a. 任何增加的记录。

b. 基于以下理由自记录中删除：

ⅰ. 所有人或经营者自愿放弃或未更新捕捞许可。

ⅱ. 按照 IATTC《公约》第 20 条第 2 款规定，撤销核发给船舶的捕捞许可。

ⅲ. 船舶不再悬挂其船旗的事实。

ⅳ. 船舶解体、退役或灭失。

ⅴ. 任何其他理由，指明上述所适用的理由。

（5）若 CPC 未按照第（2）条提供所有所要求的信息，秘书处应要求每一 CPC 提供所属渔船的完整资料。

（6）IATTC 应于 2015 年审查此决议，并考虑修订以提高其效果，包括修订第 2 条所要求的渔船信息。

（7）本决议取代 IATTC 第 11－06 号决议。

---

① 自 2016 年 1 月 1 日起生效，船旗 CPC 应确保所有其授权在 IATTC《公约》管辖水域捕鱼，船舶总吨位（GT）100 吨以上或总注册吨数（GRT）100 吨以上渔船，取得 IMO 船舶识别号码或 LR。在评估此条款的遵守情况时，IATTC 应考虑尽管船东按照适当程序，仍无法取得 IMO 号码的例外情况。船旗 CPC 应在其年度报告中，报告任何此种例外情况。

3. C－14－02 有关建立渔船监控系统（VMS）的决议（修订）

在秘鲁利马市召开的第 87 届美洲间热带金枪鱼委员会（IATTC）会议：

承认 IATTC 对以卫星为基础的 VMS 所采取的养护及管理计划，包括遵守该计划的效果。

意识到自从第 04－06 号决议通过后，许多缔约方已对其船队建立 VMS 并制定相应计划，但对 IATTC 成员及合作非缔约方（CPC）在 IATTC《公约》管辖区域捕捞金枪鱼类及类金枪鱼类，并无强制性 VMS。

考虑到其他在太平洋运作的区域性渔业组织的近期发展。

同意：

（1）CPC 应确保其所有在 EPO 作业的船长为 24 米以上的捕捞金枪鱼类及类金枪鱼类的商业渔船，应于 2016 年 1 月 1 日前装设一套以卫星为基础的 VMS。

（2）尽管 CPC 对 VMS 特定运作细节的规范可能不一致，但 CPC 应确保：

a. 每艘船由 VMS 搜集的信息应包括：

ⅰ. 船舶的识别。

ⅱ. 误差幅度低于 100 米且信赖度为 98% 的船舶地理位置（经度、纬度）。

ⅲ. 船舶船位的日期与时间（世界标准时间，UTC）。

ⅳ. 船舶速度与航向。

b. 前述第（2）a 点信息，应由船旗国设置在岸上的渔业监控中心（FMC）对延绳钓渔船至少每 4 小时收集 1 次，其他渔船至少每 2 小时收集 1 次。

c. 装设在船上的 VMS 设备至少应能明确防止篡改[①]，全自动定期汇报船位数据，不论环境状况，全天正常运作，且若可能，应具有手动传送报告及信息的能力。

（3）若装设在渔船上的卫星追踪装置发生技术故障或无法运作，应于 1 个月内修复该装置或进行替换。在该段时间后，该渔船船长不得被授权用有缺陷的卫星追踪装置进行渔捞作业。此外，若该装置停止运作或出现技术问题持续超过 1 个月，该船应于进港后尽快维修该装置或进行替换；在卫星追踪装置已修复或替换前，该渔船不应被授权进行渔捞作业。IATTC 应制定手动汇报的指导方针及表格。

若可行，VMS 设备应当可用于传送所要求的数据给秘书处，包括第 03－04 号及第 03－05 号决议所要求提交的数据。

IATTC 强力鼓励非委员会成员且其所属渔船在 EPO 从事渔捞作业的国家，按照本决议案建立并实施 VMS 计划。为达到此目的，秘书处将与这些国家进行适当的接触，并通知 CPC 所采取的行动及所收到的任何回应。IATTC 应于每次年度会议中，考虑对这些非缔约方采取适当的行动，以鼓励其与 IATTC 进行合作。

每一 CPC 应于 2017 年 5 月 31 日前，给秘书处提供其与本决议相符的 VMS 进度报告。IATTC 于 2015 年年度会议中，讨论如何最佳地继续推行 VMS，包括建立独立的 IATTC VMS

---

① 在接受检查时能明显地发现任何篡改行为，应被保护以确保无法输入或输出虚假船位信息及该系统中的数据无法被覆盖。

计划的可能性，以支持其养护管理计划。

秘书处应确保依据本决议，按照委员会数据保密原则及程序严谨地保存提供给秘书处或 IATTC 的任何信息。

（4）本决议自 2016 年 1 月 1 日起取代 IATTC 第 04 - 06 号决议。

4. C‑15‑04　养护 IATTC《公约》管辖区域相关渔业所捕获蝠鲼类的决议

美洲间热带金枪鱼委员会（IATTC）：

承认 IAATC 所管理的鱼类种群包括由捕捞金枪鱼船舶所捕获的其他鱼类种群。

忆及 IATTC《公约》第七条第 1（f）款规定，IAATC 应视需要对属于同一生态系统，且受 IATTC《公约》管理鱼类种群影响或从属或相关物种通过养护管理措施及建议案，以维持或恢复这些物种，使这些物种高于其繁殖可能受严重威胁的水平。

考虑蝠鲼类（鲼科，包括双吻前口蝠鲼及蝠鲼）要长时间才会达到性成熟、妊娠期长且常常只繁殖少量的后代，极易受到过度捕捞的威胁。

承认双吻前口蝠鲼（*Manta birostris*）被国际自然保护联盟（IUCN）列为易危（vulnerable）物种，且芒基蝠鲼（*Mobula mukiana*）及印度蝠鲼（*Mobula thurstoni*）被 IUCN 列为近危（near threatened）物种。

注意到蝠鲼类，如 IATTC 科学咨询分委员会于 2013 年 4 月召开的会议中所提出的，是在 IATTC《公约》管辖区域捕捞金枪鱼类时作为误捕被捕捞，且释放此种动物的方法确实存在。

进一步注意到 2014 年及 2015 年 IATTC 成员的养护建议，及 IATTC 在自愿基础上通过处理蝠鲼类的建议的事实。

同意：

（1）成员及合作非缔约方（CPC）应禁止在船上保留、转载、卸下、储存、贩卖，在 IATTC《公约》管辖区域内所捕获的蝠鲼类（包括双吻前口蝠鲼及蝠鲼）的任何部分或完整鱼体。

（2）CPC 应要求其船舶在可能的情况下，活体释放所有的蝠鲼类。尽管有第（1）条的规定，若蝠鲼类是在围网渔船作业时非故意捕获并冷冻，该船应在卸鱼地点将完整的蝠鲼类上缴至负责的政府当局。以此种方式上缴的蝠鲼类，不得被贩卖或用来交换，但可捐献，作为国内人们的食物。

（3）CPC 应要求悬挂其船旗的船舶，在网内、鱼钩或甲板上看到在 IATTC《公约》管辖区域内捕获的蝠鲼类时，遵照 2014 年指导方针及 IATTC 科学职员 2015 年所提的建议，如同本决议附件 1 所列，在不影响任何人员安全的前提下，以对所捕获蝠鲼类可能造成最低伤害的方式，尽可能立即将其平安释放。

（4）除其他外，CPC 应通过观察员计划记录丢弃及释放的蝠鲼类数量，包括按照第（3）条上缴者，注明其状态（死亡或存活）、数量并向 IATTC 报告。

（5）作为例外，本决议的要求不适用于发展中国家仅供国内消费的小型①及生计型渔业。

（6）基于 IATTC 科学职员与科学咨询分委员会合作所提出的建议，IATTC 应在不迟于 2017 年，针对所有渔业制订蝠鲼类分品种数据收集计划。此计划应包括对发展中 CPC 履行规定进行技术协助。

（7）本决议应自 2016 年 8 月 1 日生效，在 2018 年考虑各种科学证据进行修订。

---

① 如《1969 年国际船舶吨位丈量公约》所定义，小于 1.99 净吨位。

附件 1

1. 禁止用鱼叉捕捞蝠鲼。

2. 禁止以鳃孔及呼吸孔将蝠鲼拉起。

3. 禁止在蝠鲼身体上穿孔（例如，以钢索穿过蝠鲼的身体以将其拉起）。

4. 尽可能要求将体型太大无法用手安全拉起的蝠鲼，使用 WCPFC－SC8－2012/EB－IP－12 文件（减少热带金枪鱼围网渔船非故意捕获的鲨鱼及蝠鲼死亡的良好实践，Poison 等，2012）中所建议的方法用抄网把其从网内捞出。

5. 要求将无法在放置到甲板上之前安全释放的大型蝠鲼尽快放回水中，最好是使用从甲板连接至船侧开口的斜坡，或若此斜坡可行，以吊索或网具将其逐渐放低，最后进入水中并释放。

5. C-16-02 热带金枪鱼类（黄鳍金枪鱼、大眼金枪鱼及鲣）渔获量控制规则的决议

美洲间热带金枪鱼委员会（IATTC）在美国加利福尼亚州拉霍亚召开第 90 届年会时：

察觉到其有责任对其 IATTC《公约》管辖区域内金枪鱼类及类金枪鱼类进行有关科学研究，及就该资源通过养护及管理措施，认识到若捕捞努力量大幅增加，资源的可持续性可能被削弱，及察觉到 IATTC《公约》管辖区域内专捕金枪鱼类的围网渔船捕捞能力持续增加。

铭记《负责任渔业行为准则》第 7 条第 5 款第 3 目 a 点指出，区域性渔业管理组织（RFMO）应决定特定种群的目标参考点，当超过目标参考点时随即采取行动。

另铭记《负责任渔业行为准则》第 7 条第 5 款第 3 目 b 点指出，RFMO 应决定特定种群的限制参考点，当超过限制参考点时随即采取行动；当接近限制参考点时，应采取措施确保其不会超过。

注意到与鱼类资源长期可持续开发、最佳可能渔获量有关的捕捞死亡率水平或生物量水平的适当参考点；及不应超过有关捕捞死亡率最大值或生物量最小值的适当限制参考点。

承认，对于 IATTC《公约》管辖区域内的热带金枪鱼渔业，应开发以预警为基础的决策规定来确保达成管理目标，包括以已通过的限制参考点及目标参考点作为管理目标。

铭记 IATTC 已经以最佳可用科学信息及预警方法为基础，制定了操作性捕捞控制规则（HCR），来限制捕捞死亡率不超过最大可持续产量（MSY）的水平。

虑及 IATTC 在第 87 届年会中通过黄鳍金枪鱼及大眼金枪鱼的临时限制参考点及目标参考点。

铭记 IATTC 科学职员在文件 SAC-07-07g 中提及，考虑目前操作性 HCR 所使用关于限制参考点的适用性尚未深入调查；因此，更全面的管理策略评估（MSE）对评估 HCR 而言是必要的；替代性 HCR 在使用以生物量为基础参考点时，应考虑硬性及软性限制参考点，并在超过参考点的情况下，提出明确的科学管理建议。

决议如下：

（1）为本决议的目的，下列定义[①]适用：

a. 限制参考点为一养护参考点，以限制参考点的产卵种群生物量（SSB_{LIMIT}）或限制参考点的捕捞死亡率（F_{LIMIT}）为基础，应避免超过该参考点，以免危及资源的可持续性；IATTC 第 87 届会议通过假设陡度（h）为 0.75 的 $F_{0.5}R_0$ 及 $SSB_{0.5}R_0$ 作为 EPO 热带金枪鱼类的临时限制参考点。

b. 目标参考点为一管理目标，以目标参考点的产卵种群生物量（SSB_{TARGET}）或目标参考点的捕捞死亡速率（F_{TARGET}）为基础。IATTC 第 87 届会议通过 SSB_{MSY} 及 F_{MSY} 作为 EPO 热带金枪

---

① 其他定义：

F_{MSY}：最大可持续产量时的捕捞死亡率；

SSB_{MSY}：最大可持续产量时的产卵种群生物量；

$SSB_{0.5}R_0$：使用陡度 0.75 的 Beverton-Holt 产卵种群代入模式估算出来，补充量为 50% 所产出的产卵种群生物量。

鱼类的临时目标参考点。

c. HCR 是利用明确且事先同意的管理行动来达到目标参考点及避开限制参考点等目的的决策规定。

（2）IATTC 科学职员对热带金枪鱼类（黄鳍金枪鱼、大眼金枪鱼及鲣）资源养护措施的建议，应以事先临时通过的限制参考点及目标参考点作为技术基础。

（3）IATTC 科学职员所建议的热带金枪鱼类围网渔业 HCR，应根据下列原则予以通过：

a. 提出热带金枪鱼类渔业管理措施的科学建议，如可设立成多年的禁渔期，对需严格管理的物种，应避免捕捞死亡率（F）超过最大可持续产量的捕捞死亡率（F_{MSY}）。

b. 若捕捞死亡率（F）超过限制参考点捕捞死亡率（F_{LIMIT}）的概率大于 10%，则应尽快采取有效的管理措施，以使 F 降低，达到或低于目标水平（F_{MSY}）的概率至少达 50%，或使 F 超过 F_{LIMIT} 的概率小于 10%。

c. 若产卵种群生物量（SSB）低于限制参考点的产卵种群生物量（SSB_{LIMIT}）的概率大于 10%，应尽快制定有效的管理措施，以使 SSB 恢复到或大于目标水平（SSB_{MSY} 动态）的概率至少达 50%，或使 SSB 在物种的两个世代或 5 年间下降至 SSB_{LIMIT}（以较高者为准）的概率小于 10%。

d. 考虑到围网渔业以外的其他使用非围网渔具的渔业对物种的影响，IATTC 科学职员对使用非围网渔具的渔业提出额外管理措施建议时，应尽可能与通过的围网渔业措施一致。

（4）IATTC 科学职员应完成该 HCR 的额外评估或找到替代方法，并提交给科学咨询分委员会审查，使 IATTC 能通过一永久性的 HCR。

（5）IATTC 应持续促进、鼓励及坚持 IATTC 及 WCPFC 所通过的热带金枪鱼类资源养护及管理措施目标与效率的一致性。

（6）秘书处应将此决议传达给 WCPFC 秘书处。

6. C‑16‑03　太平洋北方蓝鳍金枪鱼的决议

美洲间热带金枪鱼委员会（IATTC）在美国加利福尼亚州拉霍亚召开的第 90 届年会：

考虑太平洋北方蓝鳍金枪鱼鱼种资源在中西太平洋（WCPO）及东太平洋（EPO）都有捕捞。

对北太平洋金枪鱼类和类金枪鱼类国际科学委员会（ISC）于 2016 年得出的最新资源评估表示关注，其结果显示如下：

（1）产卵种群生物量（SSB）从 1996—2010 年逐步下降。

（2）虽然产卵种群生物量维持在接近最低历史水平且正处于开发率高于除 F_{MED} 及 F_{Loss} 外所有估计出的生物参考点，但下降趋势自 2010 年后已开始停止。

（3）若近年低补充量的情况持续，SSB 降至低于所观察到的历史最低水平的风险将提升。

（4）进一步降低捕捞死亡率，尤其是稚鱼，可促进恢复目标的实现，如在 2024 年有至少 60％的概率恢复 SSB 至历史中位数。

2012 年 ISC 的资源评估显示，两个委员会（IATTC 和 WCPFC）应当考虑进一步降低捕捞死亡率及各年龄层的渔获量，以减少 SSB 降至低于其历史最低水平的风险。

《安提瓜公约》第 7 条第 1 项 C 款，IATTC 应"根据可得的最佳可得科学数据制定措施，以确保《安提瓜公约》管理的鱼类种群的长期养护与可持续利用，及维持在或恢复到捕捞鱼类种群至最大可持续产量的丰度水平……"

WCPO 渔业（84％）对北方蓝鳍金枪鱼在 SSB 比例上所造成的影响比 EPO 渔业（16％）要高，且前者近年来的增长率也相对高得多。

考虑两个委员会（IATTC 和 WCPFC）在 EPO 渔业及 WCPO 渔业对此资源的捕捞有其责任及权限，为降低其范围内的捕捞死亡率及确保资源的重建，有必要采取对等、一致性且严格的管理措施。

在符合 IATTC 第 89 届年会指导意见的情况下，2015 年 12 月 1 日 IATTC 主席与 WCPFC 秘书长沟通，敦促 WCPFC 在其年会上考虑，除其他事项外，制订太平洋北方蓝鳍金枪鱼资源恢复及管理计划，及 IATTC 要求在 2016 年 ISC 进行资源评估后，与 WCPFC 和有兴趣的各方参加联合会议，以通过相称的参考点。

根据 2016 年 6 月 24 日 WCPFC 北方分委员会（NC）主席与 IATTC 秘书处的通函，NC 主席提议召开 IATTC/NC 太平洋北方蓝鳍金枪鱼管理联合会议，并进一步提议该会议可于 2016 年 8 月于日本福冈召开的 NC 会议（NC12）期间举办。

两个委员会（IATTC 和 WCPFC）应采取相应的及有效的措施，以降低太平洋北方蓝鳍金枪鱼整个种群捕捞死亡率在可行的最早时间内召开 IATTC/NC 太平洋北方蓝鳍金枪鱼管理联合会议非常重要。

决议如下：

（1）为检视现行的管理措施，特别是最初的恢复目标，及促进重建太平洋北方蓝鳍金枪鱼种群及该种群和相关渔业的长期管理架构等目标，CPC 应与 WCPFC 协调，通过一系列至少每年召开一次的联合会议，并于 2016 年 8 月召开第一次会议后，持续召开会议，直到 CPC 达到前述目标为止。

（2）代表委员会的秘书处，应就 NC 主席的通函做出回应，并根据下列关于架构及目标的意见，同意初次 IATTC/NC 联合工作小组会议：

a. IATTC 同意于 NC12 期间举行联合会议。

b. 联合会议应由 IATTC 及 NC 的一位代表共同主持。

c. 会议应对观察员开放。

d. 会议结果应直接提报给 NC 及 IATTC 考虑，使其被纳入 IATTC 决议及 WCPFC 养护管理措施。

e. 联合会议的目标如下：

ⅰ. 重新检视目前管理措施与最初的恢复目标，并在第一次联合会议中讨论：

（ⅰ）在联合情况下会议如何召开。

（ⅱ）ISC 及 IATTC 科学职员的各自角色及责任，及如何促进双方更进一步的合作。

（ⅲ）如何举行未来的联合会议，包括每年举办一次会议的承诺。

ⅱ. 就太平洋北方蓝鳍金枪鱼洄游范围（basin‐wide）恢复计划与整个太平洋长期管理架构的协调，及设定使资源回到商定的目标参考点，达成协议。

ⅲ. 联合会议应为两个委员会（IATTC 和 WCPFC）提出建议，使 IATTC 和 WCPFC 能采取预防性措施、基于最佳可得科学数据设定限制参考点，在 IATTC《公约》和 WCPFC《公约》的权限范围内，以及包括在事先已同意的管理行动中，采取合适的候选渔获量控制规则。

ⅳ. 就候选的渔获量控制规则通过管理策略评估进行测试，然后将最终协调一致的渔获量控制规则提交给各自委员会通过，达成协议。

7. C‐16‐04 与东太平洋渔业有关联的鲨鱼养护决议的修正

美洲间热带金枪鱼委员会（IATTC）：

决议如下，以修正第 05‐03 号决议：

（1）第 8 条规定由下列段落文字取代 "8. 如有可能，CPC 应着手研究，以：

a. 认定使渔具更具选择性的方法，如可能，包括研究替代措施以禁用钢丝。

b. 增进对主要生物/生态参数、生活史、行为特征及主要鲨鱼洄游模式知识的了解。

c. 认定主要鲨鱼的繁殖、产卵及育稚区域。

d. 改善处置活鲨鱼的实践，使其被释放后存活率达到最大化。"

（2）删除第 05‐03 号决议的第 9 点。

8.C‑16‑05　鲨鱼管理决议

美洲间热带金枪鱼委员会（IATTC）：

注意到鲨鱼为 IATTC《公约》管辖区域内表层生态系统的一部分，且为金枪鱼类及类金枪鱼类渔船及以鲨鱼为目标鱼种的渔业所捕捞。

忆及 IATTC《公约》中，"本《公约》管理的鱼类种群"是指"在《公约》管辖区域内捕捞金枪鱼类及类金枪鱼类的渔船所捕获的金枪鱼类和类金枪鱼类种群与其他鱼种"，及第 7 条第 1 款 c 目，IATTC 应"制定措施以确保本《公约》管理的鱼类种群的长期养护与可持续利用"。

进一步忆及 IATTC《公约》第 7 条第 1 款 f 目规定 IATTC 应"视必要通过对属于同一生态系的鱼种和受捕捞影响或相关或从属本《公约》管理的鱼类种群的养护与管理措施及建议，旨在维持或恢复到此类种群的资源量高于其繁殖可能受严重威胁的水平"。

承认 IATTC 渔业状态报告中显示的镰状真鲨（*Carcharhinus falciformis*）及双髻鲨（*Sphyrna* spp.）为 IATTC《公约》管辖区域内捕捞金枪鱼类的围网渔船捕获最多的鲨鱼物种。

进一步承认 2016 年 3 月 25 日 IATTC 秘书处所传送的数据提交要求[①]信件中认定镰状真鲨及双髻鲨，属于"在 IATTC《公约》管理的、被渔船及渔具所捕捞的主要物种"。

注意到 IATTC 成员在 IATTC 其他决议中所做出的有关鲨鱼养护的承诺，包括第 11‑10 号养护 IATTC《公约》管辖区域相关渔业所捕获长鳍真鲨（*Carcharhinus longimanus*）的决议及第 05‑03 号与东太平洋渔业有关联的鲨鱼养护决议。

进一步注意到 IATTC 科学职员 2016 年提出的养护建议，以释放被围网渔船所捕捞的鲨鱼及禁止延绳钓渔船使用鲨鱼钩。

同意：

（1）IATTC 科学职员应在 2017 年科学咨询分委员会会议召开前，制定一份具有日程安排的工作计划，将镰状真鲨及双髻鲨的资源评估补充完整并提交给 IATTC。工作计划应清楚地确定完成该物种种群评估所需的任何数据要求及完成工作计划的行动计划。

（2）CPC 应要求其渔民收集及传送镰状真鲨及双髻鲨的渔获数据，及应根据 IATTC 数据报告要求，将数据传送给 IATTC。CPC 也应通过观察员计划或其他方式，记录所有围网渔船的镰状真鲨及双髻鲨捕捞及释放的数量与状态（死亡/活存），并向 IATTC 报告。

除已留置在船上外，CPC 应要求悬挂其旗帜的围网渔船遵守安全释放鲨鱼的规定。IATTC《公约》管辖区域内所捕捞且未留置的任何鲨鱼（无论活存或死亡），应在切实可行的范围内，尽快将网中或甲板上所看到的鲨鱼，在不损害任何人安全的情况下，立即无害释放。如所捕捞的鲨鱼为存活且未被留置，对该鲨鱼须使用下列程序或同样有效的方法，予以释放：

a. 必须利用抄网直接将鲨鱼从网中释放至海中。无法在不危及人员安全下释放的鲨鱼或已卸至甲板的鲨鱼，应利用连接在船边开放甲板的斜坡或通过逃生舱口，尽快将其放回水中。如斜坡或逃生舱口无法使用时，如果有起重机或类似设备可供使用，则可利用吊索或货网将鲨鱼吊降至海中。

---

① http://www.iattc.org/PDFFiles2/Misc/Data‑provisions‑requirements‑2016ENG.pdf。

b. 禁止使用鱼叉、钩子或类似工具搬运鲨鱼。禁止通过头、尾鳍、鳃裂或气孔搬运鲨鱼，或使用绑绳捆绑或穿过其身体，及在没有洞的鲨鱼身上打洞（如穿过绳子将鲨鱼拉起）。

c. 禁止使用牵引绳索将鲸鲨拖出围网。

（3）CPC 应禁止悬挂其船旗且以 IATTC《公约》管辖区域内的金枪鱼类及剑鱼为目标的延绳钓渔船使用"鲨鱼钩"（直接系于浮子或浮标绳的个别支线），并以鲨鱼为目标鱼种（附图 1 - 1）。

（4）此决议应于 2018 年 1 月 1 日生效。

附件 1

鲨鱼钩示意图见附图 1-1。

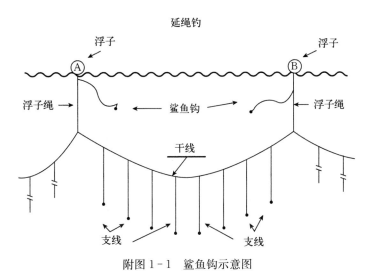

附图 1-1 鲨鱼钩示意图

9. C‑16‑06　2017 年、2018 年及 2019 年鲨鱼物种特别是镰状真鲨养护措施的决议

美洲间热带金枪鱼委员会（IATTC）在美国加利福尼亚州拉霍亚召开第 90 届年会时：

虑及 IATTC《公约》第 7 条第 1 款 f 项，IATTC 应"视必要通过对属同一生态系统的鱼种和受捕捞影响或相关或从属《公约》管理的鱼类种群的养护与管理措施及建议"。

忆及 IATTC《公约》第 4 条第 3 款，说明"如目标种群或非目标或相关或附属种的状态令人关切，IATTC 成员应对此类种群及鱼种加强监测，以审查其状态及养护与管理措施的有效性，各成员应根据新的数据定期修订该措施"。

承认镰状真鲨（*Carcharhinus falciformis*）为在 IATTC《公约》管辖区域中被围网渔船捕捞最多的鲨鱼。

承认须采取措施使 IATTC《公约》管辖区域内的镰状真鲨资源得以恢复。

察觉到有必要采取养护措施来养护鲨鱼，特别是镰状真鲨。

决议如下：

（1）成员及合作非缔约方（CPC）应禁止在船上留置、转载、卸下或存放 IATTC《公约》管辖区域内围网渔船所捕获的镰状真鲨的任何部分或完整鱼体。

（2）CPC 应要求其渔业许可证不包括以鲨鱼为目标鱼种，并限制所有延绳钓渔船意外捕获的镰状真鲨兼捕量最多为每航次总渔获量的 20%。20% 的限制是在养护及管理措施缺乏数据，以及科学分析下所设定的临时限制参考点，一旦可取得分物种渔获量及组成数据，IATTC 科学职员将以此为基础提出建议，进行修订。

（3）CPC 应限制其使用表层延绳钓①渔船，每航次所捕捞总长小于 100 厘米的镰状真鲨最多占镰状真鲨总尾数的 20%。

（4）CPC 应根据第（2）及第（3）条所指渔业，实施有效监控措施，如通过港口检查及审查科学观察员数据，以确认是否超过 20% 的限额，并应在达到该限额时，根据 IATTC 数据提交要求，将信息提交给 IATTC。

（5）CPC 应要求渔船不在 IATTC 根据 IATTC 科学职员建议及与科学分委员会协调后确定的镰状真鲨产卵区域作业。

（6）对那些使用表层延绳钓捕捞镰状真鲨平均重量超过其总渔获量 20% 的多物种渔业，CPC 应每年连续 3 个月禁止其使用钢丝绳。镰状真鲨渔获量平均比例将依上一年度的数据计算。新船舶若从事受此决议影响的多物种渔业且近期没有报告镰状真鲨渔获量，应遵守此规定。

（7）经与 SAC 协调，IATTC 科学职员在修改本措施时，应根据 CPC 所提供的数据进行分析，基于第（6）条的目的提出最合理的禁用钢丝绳的时间的建议。

（8）总长小于 12 米并使用手工操作渔具（即没有机械或液压绞机），且在作业航次的任何时间内没有将渔获转运给母船的渔船，不适用此决议。对于此例外的渔船，CPC 应与 IATTC 科学职员合作立即制订数据收集计划，并应于 2017 年在 SAC 会议中提出。

---

① 基于此决议的目的，一般情况下，表层延绳钓指的是其主要钓钩作业深度不到 100 米，且目标物种为剑鱼以外的鱼种。

（9）CPC 应于每年 10 月 1 日前，通知 IATTC 秘书处下一年度执行第（6）条所述限制使用钢丝绳的时间。

（10）CPC 应保存每艘渔船的从业人员或船东承诺执行本决议的渔船记录及时间。

（11）CPC 应根据 IATTC 数据提交要求，收集及提交镰状真鲨渔获数据。CPC 也应通过科学观察员或其他方式，记录所有等级围网渔船的镰状真鲨捕获或释放尾数及状态（死亡/活存)，并向 IATTC 报告。

（12）应要求 IATTC 科学职员优先研究下列内容：

a. 确定镰状真鲨产卵区域。

b. 减缓鲨鱼兼捕，尤其是延绳钓渔业，及所有渔具所捕获鲨鱼的存活情况，并优先考虑渔获量大的渔具。存活实验应包括缩短钓钩停留在水中的时间及使用圆形钩对鲨鱼存活的影响等研究。

c. 改善操作实践以保证活体鲨鱼释放后存活率最大。

d. 第（2）条及第（3）条建立的镰状真鲨渔获量最佳限制比例。

（13）为了评估措施的合适性，尤其是第（2）条、（3）条及（6）条所述的措施，此决议应每年于 SAC 会议重新审议。

（14）此决议应自 2017 年 1 月 1 日生效，并应于 2019 年 IATTC 年会重新审议。

10. C‑16‑08   东太平洋北方蓝鳍金枪鱼养护管理措施的决议

美洲间热带金枪鱼委员会（IATTC）在美国加利福尼亚州拉霍亚召开第 90 届年会时：

考虑太平洋北方蓝鳍金枪鱼资源同时在中西太平洋（WCPO）及东太平洋（EPO）被捕捞。

对北太平洋金枪鱼类和类金枪鱼类国际科学委员会（ISC）于 2016 年最新资源评估结果表示关注，其结果如下：

虽然最近几年的产卵种群生物量（SSB）呈现微幅上升，但 SSB 仍维持在接近历史最低点［该评估所估算出的 2014 年 SSB 与理论未开发 SSB 的比率（耗竭率，$SSB_{2014}/SSB_{F=0}$）为 2.6%］，且开发率正处于高于除 F_{MED} 及 F_{Loss} 外的所有生物参考点。

（1）预测结果指出，如在低补充量的假设下及中西太平洋渔业委员会（WCPFC）CMM 2015‑04 和 IATTC 第 14‑06 号决议持续有效，并完全实施渔获量及捕捞努力量的限制下，SSB 恢复到 41 000 吨（2016 年 ISC 资源评估中估算的 $SSB_{MED,1952—2014}$）的可能性为 61.5%。

（2）2014 年估算的补充量相对较低，且过去 5 年的平均补充量低于历史平均值。

（3）两个委员会（IATTC 和 WCPFC）应当考虑更进一步大幅降低捕捞死亡率及各年龄层的渔获量，以减少 SSB 降至低于其历史最低水平的风险。

（4）如目的是根据评估中的圆拱形成熟曲线图确定的幼鱼数量来减少所有幼鱼捕捞量，WCPFC CMM 须将最小体重限制提高至 85 千克（5 岁体重）。

考虑到 IATTC 成员自 2012 年起，通过决议及自愿行动，减少 EPO 所有可捕年龄的北方蓝鳍金枪鱼 40% 的渔获量，来达成敦促 WCPO 渔业采取类似养护行动的目标，但 IATTC 成员认为，WCPFC 并未采取任何 IATTC 所要求的行动。

注意到 IATTC 科学职员在 2016 年建议将本决议（第 14‑06 号决议）所采取的措施再延长两年，及鼓励 WCPFC 通过额外措施以减少成鱼渔获量，降低补充量中亲鱼丰度下降的直接风险。

承认科学分委员会在其 2016 年 5 月召开的最近一次会议（SAC‑7）中的最新建议与 2016 年 IATTC 科学职员在太平洋北方蓝鳍金枪鱼的建议方面的一致性。

根据 IATTC《公约》第 7 条第 1 款 c 项，IATTC 应"根据可获得的最佳可得科学证据制定措施，以确保本《公约》管理的鱼类种群的长期养护与可持续利用，及维持在或恢复到捕捞鱼种种群至最大可持续产量的丰度水平……"

申明两个委员会（IATTC 和 WCPFC）对此资源的捕捞有其责任及权限，为降低其管辖范围内的太平洋北方蓝鳍金枪鱼资源捕捞死亡率及确保资源的重建，有必要采取一致且有效的管理措施。

忆及 2016 年 8 月 29 日至 9 月 2 日在日本福冈召开的第一次 IATTC‑WCPFCNC 北方分委员会联合工作小组会议中，与会者同意将目前 IATTC 第 14‑06 号决议再延长两年。

再次记录对产卵种群生物量造成影响的渔业超过 84% 来自 WCPO 渔业，因此敦促与 WCPFC 采取联合行动。

注意到 IATTC 成员，在符合 IATTC 科学职员建议的 2016 年东太平洋养护措施（IATTC‑90‑04d）下，要求大幅减少 WCPO 渔业中西太平洋的幼鱼渔获量及采取降低成鱼捕捞量的额外措施，以降低补充量中产卵种群丰度下降的直接风险。

同时注意到虽有其他 IATTC 成员不支持上述要求，仍然认为两个委员会（IATTC 和WCPFC）应进一步减少渔获量。

高度关注如单靠 EPO 所通过的措施，而不对两个委员会（IATTC 和 WCPFC）所涉及的所有渔业采取有效及实质性的措施，将无法实现本决议的目标。

承认有必要制订太平洋北方蓝鳍金枪鱼整个洄游范围（basin‐wide）的恢复计划及针对该种群与相关渔业建立一预防性长期管理架构。

敦促所有 IATTC 成员及参与此渔业的合作非缔约方，以公平公正的方式参与讨论及通过适用整个种群的养护措施。

牢记这些暂时性措施是为确保太平洋北方蓝鳍金枪鱼资源的可持续性所采取的符合预防性方法的临时手段，且未来养护措施不仅应当依据这些暂时性措施，也应以未来科学信息及 ISC 与IATTC 科学职员的建议为基础。

注意到 IATTC 已通过 2012—2016 年太平洋北方蓝鳍金枪鱼的强制性养护管理措施，且该措施导致 EPO 渔获量减少。

忆及 IATTC 已为热带金枪鱼而非北方蓝鳍金枪鱼通过临时限制参考点及目标参考点，且2014 年 IATTC 科学职员已建议采用 SSB_{MSY} 及 F_{MSY} 作为太平洋北方蓝鳍金枪鱼的临时目标参考点（IATTC‐87‐03d 文件）。

注意到 WCPFC 已通过一临时恢复目标及一基于管理架构所确定的预防性方法，包括：①建议适当的参考点；②当任一特定限制参考点被超过时，同意事先采取行动（决策规则）；③对恢复计划及 CMM 提出任何改善建议。

也注意到，WCPFC 所通过的临时恢复目标为 2016 年 ISC 资源评估中的 SSB 历史中位数42 592吨，相当于 2016 年 ISC 资源评估中所估算的耗竭率的 6%，低于 EPO 其他金枪鱼类所通过的临时限制参考点，且低于 IATTC 科学职员所建议的太平洋北方蓝鳍金枪鱼临时限制参考点。

希望 WCPFC 及 IATTC 实施联合养护管理措施，及其他旨在控制捕捞死亡率的自愿性措施，以改善太平洋北方蓝鳍金枪鱼种群的状况。

考虑科学分委员会第 7 届会议中，强化与 WCPFC 的科学合作及促进两个委员会（IATTC和 WCPFC）对北方蓝鳍金枪鱼及大眼金枪鱼采取协调一致的养护管理措施的建议。

决议如下：

第一部分：长期管理架构

（1）IATTC 认识到，IATTC 的管理目标是使鱼类种群能维持或恢复到 MSY 的产量水平，并应执行一临时恢复计划，部分可通过设定 $SSB_{MED,1952—2014}$（1952—2014 年的中位数点估计值）作为初步（第一阶段）恢复目标，以在 2024 年达到至少有 60% 的概率能恢复到 $SSB_{MED,1952—2014}$的水平。IATTC 应以 IATTC 科学职员、SAC 及 ISC 为达到预期重建目标所提出的建议为基础，并同时认识到 IATTC 及 WCPFC 两者皆需要兼容及互补的措施及目标，执行捕捞限额及其他必要的管理措施。本计划的实施与进展，部分应依据 2018 年 ISC 及 IATTC 科学职员对种群评估的更新及 SSB 的预测为基础来进行检视。如必要，应以检视结果为基础，修正管理措施。

（2）考虑到在 2017 年召开的 IATTC‐WCPFC NC 第 2 届联合工作小组会议的结果，IAT‐

TC 于 2018 年通过在 2030 年以前要达到的第二阶段的恢复目标。

（3）考虑到 IATTC‐WCPFC NC 联合工作小组会议的结果，IATTC 应不迟于 2018 年就太平洋北方蓝鳍金枪鱼的长期管理考虑并制定与 WCPFC 所通过的参考点及渔获量控制规则相一致的措施。

（4）第一部分中第（1）条、（2）条及（3）条做出的用来养护及恢复太平洋北方蓝鳍金枪鱼种群的决定，应相当于或优于 WCPFC 所通过的决议。此合作方法应由 IATTC‐WCPFC NC 联合工作小组发出通知，该方法可能包含第一次 IATTC‐WCPFC NC 联合工作小组在 2016 年 8 月 29 日至 9 月 2 日会议中①所同意的 ISC 评估的渔获量方案。此外，当新的种群评估或管理策略评估结果变得可用时，第一部分中第（1）条、（2）条及（3）条决定的有效性，应由 ISC、IATTC 科学职员及 SAC 进行评估。

（5）为提升本决议的有效性，并就太平洋地区在太平洋北方蓝鳍金枪鱼资源恢复方面取得进展，鼓励 CPC 与有关的 WCPFC 成员进行双边沟通，并酌情与其合作。

（6）CPC 应尽可能在可行范围内进行双边及/或多边合作，以确保能成功实现本决议中的目标。

（7）CPC 应就太平洋北方蓝鳍金枪鱼持续合作，开发渔获文件计划（CDS），若可能，采用电子方式。具体来说，有关太平洋北方蓝鳍金枪鱼 CDS 的决定，一部分应通过 IATTC‐WCPFC NC 联合工作小组会议发出通知。

第二部分：2017—2018 年养护管理措施

（1）每一 CPC 应每半年向 IATTC 秘书处报告太平洋北方蓝鳍金枪鱼娱乐性渔业的渔获量。CPC 应继续根据第 14‐06 号决议第 5 条，对目前娱乐性渔业进行管理。

（2）2017 年及 2018 年间在 IATTC《公约》管辖区域，2 年内所有 CPC 的商业性北方蓝鳍金枪鱼总渔获量不得超过 6 600 吨，每年的最大总渔获量为 3 300 吨。任何 CPC 在 2017 年渔获量不得超过 3 500 吨。若 2017 年总渔获量超过或低于 3 300 吨，2018 年的渔获量限额应随之进行调整，以确保两年总渔获量不超过 6 600 吨。

（3）除墨西哥外，任何在 IATTC《公约》管辖区域商业性捕捞太平洋北方蓝鳍金枪鱼的 CPC，2017 年及 2018 年的太平洋北方蓝鳍金枪鱼总渔获量合计为 600 吨，但任一年渔获量不得超过 425 吨。本条的任一渔获量，计入第二部分第（2）条所述的渔获量限额（6 600 吨）。

（4）CPC 应当考虑 ISC 及 IATTC 科学职员的建议，以体重低于 30 千克的渔获量减少至总渔获量的 50% 为目标，以可能执行的方式，致力于管理在其国家管辖下的渔船的渔获量。在 2018 年 IATTC 召开的年会中，IATTC 科学职员应介绍 2017 年渔汛期的实际结果，供 IATTC 审查。CPC 应采取必要措施，以确保 2017 年及 2018 年渔获量不会超过第二部分第（2）条、（3）条所制定的渔获量限额。

（5）当渔获量超过限额 50% 时，每一 CPC 应在适当时间内，即每周，向 IATTC 秘书处报告其渔获量。当渔获量达年度最大渔获量 3 300 吨的 50% 时，IATTC 秘书处将向 CPC 发出第一份通知，并在渔获量分别达到限额的 60%、70% 及 80% 时，发出类似通知。当渔获量达到限额

---

① 详见第 12 届北方分委员会会议的第一次 IATTC‐WCPFC NC 联合工作小组会议总结报告：https：//www.wcpfc.int/meetings/12th‐regular‐session‐northern‐committee。

的90%时，IATTC秘书处将发出相对应的通知给所有CPC，并附上达到第二部分第（2）条所设定限额的估计时间，CPC将采取必要的内部措施以避免超过限额。

（6）在2018年，IATTC科学职员应同时考虑ISC的太平洋北方蓝鳍金枪鱼种群评估最新结果及WCPFC通过的太平洋北方蓝鳍金枪鱼养护管理措施，对本决议的有效性进行评估，IATTC应尽可能地按照评估结果及其他因素，考虑2019年的新管理措施。

11. C‑17‑01 2017 年东太平洋金枪鱼养护的决议

美洲间热带金枪鱼委员会（IATTC）在美国加利福尼亚州拉霍亚召开第 91 届特别会议：

察觉到其有责任对 IATTC《公约》管辖区域内金枪鱼类及类金枪鱼类进行科学研究，及就该资源对其成员及合作非缔约方（CPC）提出建议。

认识到资源的潜在产量可因捕捞努力力量过多而减少。

察觉到 IATTC《公约》管辖区域内捕捞金枪鱼类的围网船队捕捞能力持续增加。

考虑到 IATTC 科学职员建议中所反映的最佳可得科学信息及预防性措施。

认识到中西太平洋渔业委员会（WCPFC）所采取的养护措施对中西太平洋金枪鱼类资源及太平洋高度洄游金枪鱼类资源的重要性。

同意：

在 IATTC《公约》管辖区域执行下列黄鳍金枪鱼及大眼金枪鱼养护管理措施，并要求 IATTC 科学职员监控与本决议相关的个别船旗国船舶的渔业活动，并在下次年会中就该种活动做出报告。

（1）本措施于 2017 年适用于所有 CPC 在 IATTC《公约》管辖区域捕捞黄鳍金枪鱼、大眼金枪鱼和鲣的 IATTC 捕捞能力等级第 4~6 级的围网渔船（装载容量大于 182 吨）及总长大于 24 米的延绳钓渔船。

（2）竿钓、曳绳钓和娱乐性渔船，及 IATTC 捕捞能力等级第 1~3 级的围网渔船（装载容量 182 吨以下），不受此措施限制。

（3）本措施所包括的所有围网渔船，须于 2017 年在 IATTC《公约》管辖区域停止作业 62 天。此禁渔期，应于下列两段时间择一施行：2017 年 7 月 29 日至 9 月 28 日，或 2017 年 11 月 18 日至 2018 年 1 月 18 日。

（4）尽管有第（3）条的规定，IATTC 捕捞能力等级第 4 级的围网渔船（装载容量为 182~272 吨）只要搭载《国际海豚保护计划协定》（AIDCP）派出的科学观察员，可以在所述禁渔期内进行一次不超过 30 天的作业。

（5）IATTC 以观测捕捞能力第 4 级、第 5 级及第 6 级围网渔船于 2013—2015 年所捕捞的黄鳍金枪鱼及大眼金枪鱼（总计）平均水平来制订年度总渔获量限额，与漂浮物关联的渔业 97 711 吨，与海豚关联的第 6 级渔船为 162 182 吨。此渔获量限额包含在第 88 届 IATTC 年会中所正式承认的危地马拉及委内瑞拉重新投入的捕捞能力。IATTC 秘书处应在 IATTC 捕捞能力第 4 级、第 5 级及第 6 级围网渔船的黄鳍金枪鱼及大眼金枪鱼渔获量分别达到与漂浮物或海豚关联总渔获量限额的 80% 时，通知 CPC。当达总渔获量限额 90% 时，IATTC 秘书处应通知 CPC 个别渔业预估的禁渔日期，并在达 100% 时，IATTC 秘书处将宣布暂停个别渔业活动。CPC 应确保悬挂其旗帜的围网渔船，在个别渔业达到渔获量限额时，停止与漂浮物或海豚关联的作业。

（6）捕捞黄鳍金枪鱼、大眼金枪鱼及鲣的围网渔船自 9 月 29 日零时至 10 月 29 日 24 时，禁止于图 4‑1 所示西经 96°~110°，北纬 4°至南纬 3°间水域作业。

（7）

a. 对两个禁渔期的任意一个，每一 CPC 应于 7 月 15 日前将须遵守每一禁渔期的所有围网渔船名单报送给 IATTC 秘书处。

b. 于 2017 年间作业的每一渔船，无论其作业时悬挂船旗为何，或是否于当年度变更船旗或 CPC 管辖权，均需遵守其已承诺的禁渔期。

（8）

a. 尽管有第（7）条 a 项及第（7）条 b 项的规定，任一 CPC 为其任何渔船提出豁免，其原因为不可抗力①因素导致该船无法在禁渔期以外的期间出海作业，至少与前述第（3）条所述禁渔期期间相当，该豁免要求应提交至 IATTC 秘书处。

b. 除该豁免要求外，该 CPC 应提交必要的证据，显示该船并未出海作业，以及该豁免要求是基于不可抗力所致的事实。

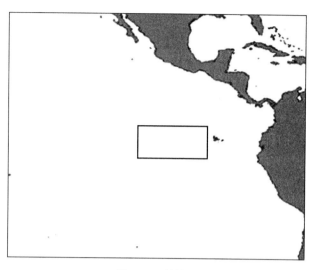

图 4-1　禁渔区

c. IATTC 秘书处应立即通过电子方式将该要求及证据发给其他 CPC，以供其考虑，并适当地编码以保持该船船名、船旗及所有人为匿名。

d. 该要求应视为被接受，除非有一 IATTC 成员在收到该要求后 15 天内正式表示反对，如果这样，IATTC 秘书处应立即将该反对意见通知到所有 CPC。

e. 若豁免要求被接受：

ⅰ. 该船应在发生不可抗力事件的同一年，选择第（3）条所述两个禁渔期中的任一个禁渔期，遵守禁渔期缩减至连续 30 天的规定，并由该 CPC 立即通知 IATTC 秘书处。

ⅱ. 若该船在发生不可抗力事件的同一年，已遵守第（3）条所述的禁渔期的规定，其应在下一年度，选择第（3）条所述两个禁渔期中的任一禁渔期，遵守禁渔期缩减至连续 30 天的规定，并由该 CPC 在 7 月 15 日前通知 IATTC 秘书处。本豁免适用于遵守第（3）条所述禁渔期规定的船队。

（9）关于围网渔业，每一 CPC 应：

a. 在禁渔期生效前，采取必要的法律和行政措施以执行禁渔规范。

b. 告知其国内所有相关金枪鱼渔业利益者此项禁渔规范。

c. 告知 IATTC 秘书处已采取此项措施。

d. 确保在禁渔期开始及整个禁渔期间，所有在 IATTC《公约》管辖区域捕捞黄鳍金枪鱼、大眼金枪鱼和鲣，承诺遵守该禁渔期规定且悬挂其旗帜，或在其管辖范围内作业的围网渔船都在港内，除搭载按照《国际海豚保护计划协定》（AIDCP）派出的科学观察员的渔船可停留在海上，但不得在 IATTC《公约》管辖区域内捕鱼。本条款的唯一例外为搭载按照《国际海豚保护计划协定》（AIDCP）派出的科学观察员的渔船可在禁渔期间离港，但不得在 IATTC《公约》管

---

① 为第 8 条的目的，仅有因机械及/或结构故障、火灾或爆炸造成渔船失能的案件，可视为不可抗力。

辖区域内捕鱼。

（10）中国、日本、韩国及中国台湾地区台北市承诺确保其延绳钓渔船于 2017 年间在 IATTC《公约》管辖区域内所捕大眼金枪鱼年渔获量不超过下列水平：分别是 2 507 吨、32 372 吨、11 947 吨、7 555吨。

（11）所有其他 CPC 承诺确保其延绳钓渔船于 2017 年间在 IATTC《公约》管辖区域内所捕大眼金枪鱼渔获量不超过 500 吨或 2001 年的水平[①②]。年渔获量超过 500 吨的 CPC 应每月向 IATTC 秘书处提供渔获量报告。

（12）禁止明确确定的违反本措施的捕鱼活动所捕获的金枪鱼及其金枪鱼类制品的卸鱼或转载。IATTC 秘书处应给 CPC 提供此违规事件的相关信息。

（13）每一 CPC 应于 2018 年 7 月 15 日前，通知 IATTC 秘书处执行这些规定，包括对其船队采取的管控措施，及任何用以确保这些管控的监测、管控及遵从的措施。

（14）为评估本措施的进展，2017 年 IATTC 科学职员将分析执行这些措施及先前养护管理措施对资源的影响，必要时将提出适用于未来年度的适当措施。

（15）视经费情况，酌情要求秘书处针对使用人工集鱼装置和捕捞自由群的围网渔船，继续进行金枪鱼幼鱼及其他非目标鱼种的选择装置实验，并制定实验的规定，包括选择装置所使用材料的特性及其建造、安装和放置的方法。IATTC 秘书处也应提出收集用于分析选择装置效果的科学数据的方法及格式。前述条款不妨碍每一 CPC 自行进行选择装置实验，并将实验结果提供给 IATTC 秘书处。

（16）2017 年，IATTC 更新实施计划，要求所有围网渔船首先在船上保留所有捕获的大眼金枪鱼、鲣和黄鳍金枪鱼，然后卸下这些渔获物，但不是因体型因素不适合供人类食用的渔获除外。唯一例外为该船航次中最后一次下网，当鱼舱剩余空间不足以存放该网次捕获的所有金枪鱼时。2017 年年会时，IATTC 应检查该计划的结果，包括遵守情况，并决定是否继续实施。

（17）IATTC 应继续努力促进 IATTC 及 WCPFC 所通过的养护管理措施目标及实施效力的兼容性，尤其是在管理重叠水域内，包括与 WCPFC 进行频繁协商，以维持并告知其各自的成员，对大眼金枪鱼、黄鳍金枪鱼及其他金枪鱼的养护管理措施，以及这些措施的科学依据及实施效力的充分了解。

（18）2017 年及 2018 年，应按资源评估的结果及实际作业的围网船队捕捞能力水平的变化，并根据 IATTC 科学职员与科学咨询分委员会讨论所得出的结论，对本措施的结果进行评估。基于此评估，IATTC 应在其 2017 年年会中，就大幅度延长围网渔船的禁渔期天数或等效措施采取进一步行动。

（19）除非是第 8 条所述的不可抗力案例，根据本决议第（7）a 项报送给 IATTC 秘书处的禁渔期，以及个别 CPC 的围网船队的捕捞努力量，均不能例外。

---

① IATTC 认识到法国作为一沿海国，代表位于 IATTC《公约》管辖水域内的海外属地，正在发展其金枪鱼延绳钓船队。

② IATTC 认识到秘鲁作为一沿海国，将发展其金枪鱼延绳钓船队，其作业将严格遵守 IATTC 的条款规定和 IATTC 通过的决议。

12．C‐17‐02　2018—2020 年东太平洋热带金枪鱼养护措施与第 17‐01 号决议修订决议

美洲间热带金枪鱼委员会（IATTC）在墨西哥墨西哥城召开的第 92 届会议：

察觉到其有责任对 IATTC《公约》管辖区域内金枪鱼类及类金枪鱼类进行科学研究，及就该资源对其成员及合作非缔约方（CPC）提出建议。

认识到资源的潜在产量可因捕捞努力量过多而减少。

关注到 IATTC《公约》管辖区域内捕捞金枪鱼类的围网船队捕捞能力持续增加。

考虑到 IATTC 科学职员建议中所反映的最佳可得科学信息及预防性措施。

忆及需要考虑 IATTC《公约》中，特别是其前言及其第 23 条第 1 项所承认本区域内发展中国家，特别是沿海发展中国家的特殊情况及要求。

同意：

在 IATTC《公约》管辖区域执行下列热带金枪鱼养护管理措施，并要求 IATTC 科学职员监控与本措施承诺相关的个别船旗国渔船的渔业活动，并在每次 IATTC 会中就年活动提出报告。

（1）本措施于 2018—2020 年间适用于所有 CPC 在 IATTC《公约》管辖区域捕捞黄鳍金枪鱼、大眼金枪鱼和鲣的 IATTC 捕捞能力等级第 4～6 级的围网渔船（装载容量大于 182 吨）及总长大于 24 米的延绳钓渔船。

（2）竿钓、曳绳钓和娱乐性渔船，及 IATTC 捕捞能力等级第 1～3 级的围网渔船（装载容量 182 吨或以下）及总长小于 24 米的延绳钓渔船，不受这些措施的限制，除非这些措施与 FAD 管理有关。

围网渔船措施

（3）本措施涵盖的所有围网渔船，须于本决议所涵盖的各年度在 IATTC《公约》管辖区域停止作业 72 天。此禁渔期，应于下列两个时间择一执行：自 7 月 29 日零时至 10 月 8 日 24 时，或 11 月 9 日零时至翌年 1 月 19 日 24 时。

（4）捕捞黄鳍金枪鱼、大眼金枪鱼及鲣的围网渔船自 10 月 9 日零时至 11 月 8 日 24 时，禁止于图 4‐1 所示西经 96°～110°，北纬 4°至南纬 3°间水域（俗称 corralito）作业。

（5）

a．对两个禁渔期的任一个，每一 CPC 应于 7 月 15 日前将须遵守每一禁渔期的所有围网渔船名单报送给 IATTC 秘书处。

b．作业的每艘渔船，无论其作业时悬挂船旗为何，或是否于当年度变更船旗或 CPC 管辖权，均须遵守其已承诺的禁渔期。

（6）

a．尽管有第（5）条 a 项及第（5）条 b 项的规定，任一 CPC 为其任何渔船提出豁免，其原因为不可抗力[①]因素导致该船无法在禁渔期以外的至少连续 75 天期间出海作业，该豁免要求应最晚在事件发生后一个月内提交至 IATTC 秘书处。

---

① 为第 6 条的目的，仅有在捕捞作业过程中因机械及/或结构故障、火灾或爆炸造成渔船失能的案件，可被视为不可抗力。

b. 除该豁免要求外，该 CPC 应提交必要的证据，显示该船并未出海作业，以及该豁免要求是基于不可抗力所致的事实。

c. IATTC 秘书处应立即通过电子方式将该要求及证据发给其他 CPC，以供其考虑，并适当地编码以保持该船船名、船旗及所有人为匿名。

d. 该要求应视为被接受，除非有一 IATTC 成员在收到该要求后 15 天内正式表示反对，如果这样，IATTC 秘书处应立即将该反对意见通知到所有 CPC。

e. 若豁免要求被接受：

i. 该船应在发生不可抗力事件的同一年，选择第（3）条所述两个禁渔期的任一个禁渔期，遵守禁渔期缩减至连续 40 天的规定，并由该 CPC 立即通知秘书处。

ii. 若该船在发生不可抗力事件的同一年，已遵守第（3）条所述的禁渔期规定，其应在下一年度，选择第（3）条所述两个禁渔期的任一个禁渔期，遵守禁渔期缩减至连续 40 天的规定，并由该 CPC 在 7 月 15 日前通知秘书处。

iii. 被豁免的渔船应在船上搭载按照《国际海豚保护计划协定》（AIDCP）派出的经 AIDCP 授权的科学观察员。本豁免适用于遵守第（3）条所述禁渔期规定的渔船。

（7）关于围网渔业，每一 CPC 应：

a. 在禁渔期生效前，采取必要的法律和行政措施以执行禁渔规定。

b. 告知其国内所有相关金枪鱼渔业利益者此项禁渔规范。

c. 告知 IATTC 秘书处已采取相应措施。

d. 确保在禁渔期开始及整个禁渔期间，所有在 IATTC《公约》管辖区域捕捞黄鳍金枪鱼、大眼金枪鱼和鲣，承诺遵守该禁渔期规定且悬挂其旗帜或在其管辖范围下作业的围网渔船都在港内，除搭载按照《国际海豚保护计划协定》（AIDCP）派出的科学观察员的渔船可停留在海上，但不得在 IATTC《公约》管辖区域内捕鱼。本条款的唯一例外为搭载按照《国际海豚保护计划协定》（AIDCP）派出的科学观察员的渔船，可在禁渔期间离港，但不得在 IATTC《公约》管辖区域内捕鱼。

对 FAD 渔业的措施

（8）CPC 应确保悬挂其旗帜的围网渔船于任何时间内启用的 FAD，不会超过第 16 - 01 号决议所定义的下列数量：

IATTC 捕捞能力等级第 6 级（舱容量 1 200 米^3 及以上）：450 个 FAD。

IATTC 捕捞能力等级第 6 级（舱容量小于 1 200 米^3）：300 个 FAD。

IATTC 捕捞能力等级第 4～5 级：120 个 FAD。

IATTC 捕捞能力等级第 1～3 级：70 个 FAD。

（9）FAD 应仅在围网渔船上启用。

（10）就本决议而言，FAD 在下列情况下被视为启用：

a. 已投放在海上。

b. 开始传送其位置并已被渔船、其船主或经营者追踪。

（11）为了监控第（8）条所设限制的遵守情况并支持 IATTC 科学职员分析 FAD 产生影响的工作，同时在保护商业机密情况下，CPC 应根据第（12）条制定的指导进行报告，或要求其渔船将所有启用的 FAD 的每日信息报告给 IATTC 秘书处，并按月提交报告，提交时间可延迟至少 60 天，但不能超过 90 天。

（12）IATTC 科学职员及 FAD 常设特别工作小组最迟应于 2017 年 11 月 30 日前，根据本决议第（10）条及第（11）条规定制定 FAD 数据报告指南，包括报告格式及应报告的具体内容资料。

（13）每一 CPC 应确保：

a. 其围网渔船在所选择的禁渔期开始前 15 天内不投放 FAD。

b. 所有 IATTC 捕捞能力等级第 6 级围网渔船在禁渔期开始前 15 天内取回的 FAD 数量应等于所投放的 FAD 数量。

（14）科学咨询分委员会及 FAD 常设特别工作小组应审查执行本决议所载 FAD 规定的进展及结果，并酌情向 IATTC 提出建议。

（15）为减少鲨鱼、海龟或任何其他物种的缠络，截至 2019 年 1 月 1 日，CPC 应确保 FAD 的设计及投放，应以第 16-01 号决议附件 2 第 1 条及第 2 条所列原则为基础。

延绳钓渔业措施

（16）中国、日本、韩国、美国及中国台湾地区台北市承诺确保其延绳钓渔船于 2018 年、2019 年及 2020 年间在 IATTC《公约》管辖区域内所捕大眼金枪鱼年渔获量不超过 55 131 吨，并根据下列水平分配，分别为 2 507 吨、32 372 吨、11 947 吨、7 555 吨、750 吨。

（17）所有其他 CPC 承诺确保其延绳钓渔船于本决议所列年份内在 IATTC《公约》管辖区域内所捕大眼金枪鱼渔获量不超过 500 吨或 2001 年的水平[1][2]。年渔获量超过 500 吨的 CPC 应每月向秘书处提供渔获量报告。

（18）第（16）条所述的 CPC，每年可单独向列于第（16）条同样具有大眼金枪鱼渔获量限额的其他 CPC 转让其部分大眼金枪鱼渔获量限额，但任一 CPC 在任一年的转让总额不得超过其渔获量限额的 30%。此种转让也不得用于弥补另一 CPC 渔获量限额的超额量。涉及转让的两个 CPC 应在预定转让前 10 天，分别或共同通知 IATTC 秘书处具体要转让的渔获量限额和转让年份，而 IATTC 秘书处应实时将该转让信息通知涉及转让的两个 CPC。

（19）接受转让的 CPC 应负责渔获量转让限额的管理，包括监控及每月报告渔获量。在任一年接受一次性大眼金枪鱼渔获量限额转让的 CPC，不得将该限额再转让给另一 CPC。在制定任何未来渔获量限额或配额分配时，IATTC 应不带偏见地将任一年的大眼金枪鱼配额转让量纳入考虑。

其他规定

（20）禁止明确确定为违反本措施的捕鱼活动所捕获的金枪鱼及其金枪鱼类制品的卸鱼或转载。IATTC 秘书处应就这种违规情况给 CPC 提供相关信息。

（21）每一 CPC 应于每年 7 月 15 日前，通知 IATTC 秘书处执行这些措施，包括对其船队采取的管控措施，及任何用以确保此种管控的监测、管控及遵从的措施。

（22）为评估本措施的目标的达成情况，每年 IATTC 科学职员将分析执行这些措施及先前

---

① IATTC 认识到法国作为一沿海国，代表位于 IATTC《公约》管辖水域内的海外属地，正在发展其金枪鱼延绳钓船队。

② IATTC 认识到秘鲁作为一沿海国，将发展其金枪鱼延绳钓船队，其作业将严格遵守 IATTC 的条款规定和 IATTC 通过的决议。

的养护管理措施对资源的影响，必要时将提出适用于未来年度的适当措施。

（23）视经费情况，酌情要求 IATTC 秘书处针对使用人工集鱼装置和捕捞自由群的围网渔船，继续进行金枪鱼幼鱼及其他非目标鱼种的选择装置实验，并制定实验的规定，包括选择装置所使用材料的特性及其建造、安装和投放的方法。IATTC 秘书处也应提出收集用于分析选择装置效果的科学数据的方法及格式。前述条款不妨碍每一 CPC 自行进行选择装置实验，并将实验结果提供给秘书处。

（24）更新计划，要求所有围网渔船首先在船上保留所有捕获的大眼金枪鱼、鲣和黄鳍金枪鱼，然后卸下这些渔获物，但不是因尺寸因素不适合供人类食用的渔获除外。唯一例外为该船航次中最后一次下网，当鱼舱剩余空间不足以存放该网次捕获的所有金枪鱼时。

（25）IATTC 应继续努力促进 IATTC 及 WCPFC 所通过的养护管理措施目标及效力的兼容性，尤其是在管理重叠水域内，包括与 WCPFC 频繁进行协商，以确保其各自的成员，对大眼金枪鱼、黄鳍金枪鱼及其他金枪鱼的养护管理措施及该等措施的科学基础及效力的充分了解。

（26）2018 年、2019 年及 2020 年，应按资源评估的结果及实际作业围网船队捕捞能力水平的变化，并根据 IATTC 科学职员与科学咨询分委员会讨论所达成的结论，对本措施的结果进行评估。基于此评估，IATTC 应就大幅度延长围网渔船的禁渔期天数或等效措施采取进一步行动，如渔获量限额。

（27）除非是第 6 条所述的不可抗力案例，根据本决议第（5）条 a 项报送给 IATTC 秘书处的禁渔期，以及个别 CPC 的围网船队的捕捞努力量，均不允许例外。

第 17-01 号决议的修订并生效

（28）第 17-01 号决议修订如下：

a. 第（3）条规定由下列段落文字取代：

"3. a. 本措施所涵盖的所有围网渔船，须在 IATTC《公约》管辖区域停止作业 72 天。此禁渔期，应于下列两个时间择一执行：自 2017 年 7 月 29 日零时至 10 月 8 日 24 时，或 2017 年 11 月 9 日零时至 2018 年 1 月 19 日 24 时。

b. 尽管有第（3）条 a 项的规定，但仍有海豚死亡限制捕捞余额的围网渔船，可在其所选择各禁渔期内的下列 10 天内进行作业：自 2017 年 9 月 29 日零时至 2017 年 10 月 8 日 24 时或自 2017 年 11 月 9 日零时至 2017 年 11 月 18 日 24 时，但在该时间内不得对与漂浮物关联的鱼群下网。"

b. 删除第（5）条。

c. 第（4）条规定由下列段落文字取代：

"捕捞黄鳍金枪鱼、大眼金枪鱼及鲣的围网渔船自 10 月 9 日零时至 11 月 8 日 24 时，禁止于图 4-1 所示 96°E～110°E，4°N 至 3°S 间水域（俗称 corralito）作业。"

（29）本决议不得修改或以任何方式改变第 17-01 号所做出的决定，即第 88 届 IATTC 年会承认危地马拉及委内瑞拉重新投入捕捞能力，第 17-01 号所做出的决定继续适用。

（30）根据《安提瓜公约》第 9 条第 7 款，本决议第（28）条应在本决议通过后，立即对所有 CPC 具有约束力。

13. C‐18‐01　2019 年及 2020 年东太平洋北方蓝鳍金枪鱼养护管理措施的决议

美洲间热带金枪鱼委员会（IATTC）在美国加利福尼亚州圣地亚哥召开的第 93 届年会：

考虑太平洋北方蓝鳍金枪鱼资源同时在中西太平洋（WCPO）及东太平洋（EPO）被捕捞。

对北太平洋金枪鱼类和类金枪鱼类国际科学委员会（ISC）2018 年最新资源评估结果表示关注，其结果如下：

（1）虽然最近几年的产卵种群生物量（SSB）呈现微幅上升，但 SSB 仍维持在接近历史最低点〔该评估所估算的 2016 年 SSB 与理论未开发 SSB 的比率（耗竭率，$SSB_{2016}/SSB_{F=0}$）为 3.3%〕。

（2）资源相较于 IATTC‐WCPFC 北方分委员会（NC）联合工作小组所建议的第 2 个重建目标 $20\%SSB_{F=0}$ 而言，为已过度捕捞，相较于最常见的捕捞强度基础参考点而言，为正在过度捕捞。

（3）预测结果受到 2016 年所估计相对高却不确定的补充量的强烈影响；及考虑到 IATTC 成员自 2012 年起，通过决议及自愿行动，在 EPO，北方蓝鳍金枪鱼捕捞量减少了 40%。

注意到 IATTC 科学职员在 2018 年并未建议采取额外措施，因第 16‐08 号决议所出台的措施足以满足 IATTC‐WCPFC NC 联合工作小组所建议的恢复目标。

承认科学分委员会（SAC）在 2018 年 5 月召开的第 9 届会议中的建议，其中 SAC 建议注意太平洋北方蓝鳍金枪鱼种群目前的状况、捕捞小型及大型太平洋北方蓝鳍金枪鱼的不同影响，以及如修改第 16‐08 号决议增加渔获量限额，可能提升无法达到恢复目标的风险。

忆及 IATTC《公约》第 7 条第 1 款 c 项，应"根据可得的最佳科学证据制定措施，以确保 IATTC《公约》管理的鱼类种群的长期养护与可持续利用，及维持在或恢复到捕捞种群至最大可持续产量的丰度水平……"

敦促所有 IATTC 成员及参与太平洋北方蓝鳍金枪鱼渔业的合作非缔约方（CPC），以公平公正的方式参与讨论及通过适用整个种群的养护措施。

牢记这些措施，是为了确保太平洋北方蓝鳍金枪鱼资源的可持续性所采取的临时手段符合预防性方法是为了确保达到长期养护和管理 EPO 太平洋北方蓝鳍金枪鱼的目标。

注意到 IATTC 已通过 2012—2018 年太平洋北方蓝鳍金枪鱼的强制性养护管理措施，且这些措施导致 EPO 渔获量减少。

希望 WCPFC 及 IATTC 实施联合养护管理措施，及其他旨在控制捕捞死亡率的自愿性措施，以改善太平洋北方蓝鳍金枪鱼种群的状况。

决议如下：

（1）IATTC 应根据第 18‐02 号决议（第 16‐08 号决议修正案）第（1）条的太平洋北方蓝鳍金枪鱼长期管理目标来实施本决议。

（2）每一 CPC 应每半年向 IATTC 秘书处报告太平洋北方蓝鳍金枪鱼娱乐性渔业的渔获量。每一 CPC 应持续确保在其管辖范围内作业的娱乐性渔业渔船捕捞的太平洋北方蓝鳍金枪鱼渔获量以与减少商业性渔获量一致的方式减少。

（3）在 IATTC《公约》管辖区域内，所有 CPC 在 2019 年及 2020 年间的商业性太平洋北方蓝鳍金枪鱼总渔获量不得超过 6 200 吨①。任何 CPC 在 2019 年不得超过 3 500 吨。

（4）除墨西哥外，任何在 IATTC《公约》管辖区域内，并曾在太平洋商业捕捞北方蓝鳍金枪鱼的 CPC，在 2019 年及 2020 年进行商业捕捞的太平洋北方蓝鳍金枪鱼渔获量合计为 600 吨，但任一年渔获量不得超过 425 吨。本条所述任一 CPC 的 600 吨渔获量限额，将自第（3）条所列总渔获量限额中扣除或保留专供该 CPC 使用。

（5）根据第 18 - 02 号决议第（3）条（第 16 - 08 号决议修正案），任何超过的捕捞量应自下一年度渔获量中扣除。超过第 16 - 08 号决议所确定的两年期渔获量限额，应从适用于本决议的渔获量限额中扣除。

（6）未达第 16 - 08 号决议所规定的两年期渔获量限额的捕捞量，应根据第 18 - 02 号决议第（4）条，可增加作为下一年度的渔获量限额。

（7）CPC 应在考虑 ISC 及 IATTC 科学职员的科学建议下，为达到将体重低于 30 千克的渔获量减少至总渔获量的 50％这一目标，以可能执行的方式或通过机制，致力于控制其各自国家管辖的渔船的渔获量。在 2020 年 IATTC 年会中，IATTC 科学职员应介绍 2019 年渔汛期的实际结果，供 IATTC 审查。CPC 应采取必要措施，以确保 2019 年及 2020 年不会超过第（3）条及第（4）条所确定的渔获量限额，且对每一 CPC 在其国家管辖范围内所采用的额外管理及养护措施没有成见。

（8）在 2019 年及 2020 年，每一 CPC 应在每年达到其年度渔获量限额的 50％后，每周向秘书处报告其渔获量。

（9）当渔获量达第（3）条或第（4）条所述渔获量限额的 75％及 90％时，IATTC 秘书处将发出通知给所有 CPC。当渔获量达第（3）条或第（4）条渔获量限额时，IATTC 秘书处将发出通知给所有 CPC。CPC 应采取必要的内部措施以避免超过第（3）条或第（4）条所确定的渔获量限额。

（10）在 2019 年及 2020 年的 1 月 31 日，IATTC 秘书处应根据本决议第（3）条及第（4）条，通知所有 CPC 的 2019 年及 2020 年渔获量限额，并根据第 18 - 02 号决议（第 16 - 08 号决议修正案）第（3）条及第（4）条，考虑任何超过的渔获量或未使用完的渔获量限额。

（11）在 2019 年及 2020 年，IATTC 科学职员应在同时考虑 ISC 太平洋北方蓝鳍金枪鱼资源评估的最新结果、ISC 完成的渔获量情况预测及 WCPFC 通过的北方蓝鳍金枪鱼养护管理措施后，向科学咨询分委员会提交有关本决议的有效性评估。IATTC 应根据评估结果，考虑适用于 2020 年后的新的管理措施。

（12）考虑到 IATTC - WCPFC NC 太平洋北方蓝鳍金枪鱼联合工作小组及 WCPFC 会议的结果，IATTC 应在 IATTC 2019 年年会期间，考虑渔获量公平分配的需求，重新检视本决议并考虑修改本决议规定的渔获量限额。

---

① 2019—2020 年渔获量限额取决于 2018 年太平洋北方蓝鳍金枪鱼商业性渔获量的最终数据，且不受 CPC 国内相关法律的影响，此考虑不会成为本次或未来决议中对渔获量限额遵从的先例。根据第（10）条，IATTC 秘书处将根据休会期间的决策规则（议事规则第 VIII 节）通知 IATTC 所通过的渔获量限额的可能改变。2019—2020 年的渔获量限额应与 IATTC 科学职员的建议一致，不得超过 6 600 吨。

14. C‑18‑02 有关第16‑08号东太平洋北方蓝鳍金枪鱼养护管理长期管理框架决议的修正案

在美国加利福尼亚州圣地亚哥召开的第93届美洲间热带金枪鱼委员会（IATTC）会议：

考虑太平洋北方蓝鳍金枪鱼鱼种资源同时在中西太平洋（WCPO）及东太平洋（EPO）被捕捞。

忆及2016年8月29日至9月2日在日本福冈召开的第一次IATTC‑WCPFC北方分委员会（NC）联合工作小组会议结果，以及2017年8月28日至9月1日在韩国釜山召开的第二次IATTC‑WCPFC NC联合工作小组会议（见SAC‑09 INF H文件）。

关注到北太平洋金枪鱼类和类金枪鱼类国际科学委员会（ISC）（2014年、2016年及2018年）最新资源评估结果，虽然产卵种群生物量（SSB）在过去几年似乎略有增长，但SSB仍接近历史最低点。

考虑到IATTC成员自2012年起，通过决议及自愿行动，在EPO北方蓝鳍金枪鱼渔获量减少40%，以达到敦促WCPO渔业采取类似保护行动的目的；然而，IATTC成员认为，WCPFC并未采取IATTC所寻求的行动。

忆及IATTC《公约》第7条第1款c项，IATTC应"根据可得的最佳科学证据制定措施，以确保IATTC《公约》管理的鱼类种群的长期养护与可持续利用，及维持在或恢复到种群至最大可持续产量的丰度水平……"

申明两个委员会（IATTC和WCPFC）对此资源的捕捞有其责任及权限，为降低其管辖范围内的太平洋北方蓝鳍金枪鱼资源捕捞死亡率及确保资源的恢复，有必要采取一致且有效的管理措施。

再次记录到对产卵种群生物量造成影响的渔业超过80%来自WCPO，因此敦促IATTC与WCPFC采取联合行动，讨论EPO及WCPO渔业间渔获量的公平分配。

注意到IATTC成员的要求，在符合2016年东太平洋养护措施（IATTC‑90‑04d）的职员建议下，要求大幅减少WCPO渔业中幼鱼的渔获量，及为降低较低的产卵种群丰度对补充量产生负面影响的风险，采取额外措施以降低成鱼的渔获量。

同时注意到虽有其他IATTC成员不支持上述要求，但仍认为两个委员会（IATTC和WCPFC）皆应进一步执行减少捕捞量的措施。

高度关注如仅靠EPO所通过的措施，而不对两个委员会（IATTC和WCPFC）所涉的所有渔业采取有效及实质性的措施，将无法实现本决议的目标。

承认有必要建立整个太平洋洄游范围内的恢复计划及整个种群和相关渔业的预防性长期管理框架。

敦促所有IATTC成员及参与此太平洋北方蓝鳍金枪鱼渔业的合作非缔约方（CPC），以公平、公正及无例外的方式参与讨论及通过适用整个种群的养护措施。

牢记这些措施，是为确保太平洋北方蓝鳍金枪鱼资源的可持续性所采取的符合预防性方法的临时手段，且未来养护管理措施不仅应根据此临时性措施，也应以未来科学信息发展及ISC、IATTC科学职员与科学咨询分委员会的建议为基础，其中可能包含管理策略评估（MSE）的结果。

忆及 IATTC 科学职员在 2014 年建议采用 SSB_{MSY} 及 F_{MSY} 为太平洋北方蓝鳍金枪鱼的临时目标参考点（IATTC - 87 - 03d 文件）。

注意到 WCPFC 已通过的太平洋北方蓝鳍金枪鱼渔获量策略，包括：①如 2017 年 IATTC-NC 联合工作小组所建议的恢复目标；②通过 MSE 程序制订参考点，其中包括制订候选参考点及渔获量管控规则工作计划；③初步及第二个恢复计划期间的决策规则。

也注意到 WCPFC 通过的初步恢复目标为 2018 年 ISC 资源评估所估算的 SSB 历史中位数，相当于耗竭率的 6.7%，低于 EPO 其他金枪鱼类所制订的临时限制参考点，且低于 IATTC 科学职员所建议的太平洋北方蓝鳍金枪鱼临时限制参考点。

进一步注意到 WCPFC 通过的第二个恢复目标为有 60% 的概率在 2034 年达到 $SSB_{F=0}$ 的 20% 或在达到初步恢复目标的 10 年后达到 $SSB_{F=0}$ 的 20%，以先达到者为准。

考虑科学咨询分委员会第 7 届会议中，强化与 WCPFC 的科学合作及促进两个组织间对北方蓝鳍金枪鱼及大眼金枪鱼采取协调一致的养护管理措施的建议。

决议如下：

恢复目标：

（1）IATTC 认识到其管理目标是使鱼类种群能维持或恢复到 MSY 的水平，并应执行一临时恢复计划，部分可通过：①在 2024 年达到 $SSB_{MED,1952-2014}$（1952—2014 年的中位数估计值）初步（第一个）恢复目标的概率至少为 60%；②第二个恢复目标，即在到达初步恢复目标的 10 年内或在 2034 年（以较早者为先）达到 $SSB_{F=0}$[1] 的 20% 的概率至少为 60%[2]。

（2）IATTC 应以 IATTC 科学职员、SAC 建议及 ISC 为预期达到恢复目标所提供的信息为基础，并同时认识到 IATTC 及 WCPFC 两者皆需要兼容和互补的措施及目标，执行渔获量限额及其他必要的管理措施。如 ISC 做出的 SSB 预测指出 2024 年到达历史中位数的概率小于 60%，则管理措施应予以修改，使其概率至少为 60%。倘若 ISC 做出的 SSB 预测指出达到初步（第一个）恢复目标的概率至少为 75%，在概率维持在 70% 以上及在商定最后期限前达到第二个恢复目标的概率维持在至少 60%[3] 的前提下，可增加渔获量限额。

（3）超过太平洋北方蓝鳍金枪鱼养护管理决议所制订的渔获量限额的渔获量，应自翌年适用的渔获量限额中扣除。当遇到制订渔获量限额决议到期年度时，超过部分应自下个决议所设定的渔获量限额中扣除。

（4）未达太平洋北方蓝鳍金枪鱼养护管理决议所设定的渔获量限额的部分，可于翌年加入适用的渔获量限额中，且应不超过最初渔获量限额的 5%。

（5）本计划的实施及进展应部分根据 ISC 及 IATTC 科学职员建议进行的种群评估及 SSB 预

---

① 在无捕捞的平均补充量情况下，预期有 20% 的产卵种群生物量。如认为 20% $SSB_{F=0}$ 不适合作为第二个恢复目标，考虑来自 WCPFC、ISC IATTC SAC 或 WCPFC SC 及 IATTC 科学职员的科学建议，以及社会经济因素，可设定其他目标。

② 然而，如：SSB 早于 2024 年达到初步恢复目标；ISC 建议的补充量方案低于平均补充量方案；SSB 预测指出第二个恢复目标无法在计划时间内达到，恢复的最后期限最迟可延至 2034 年。

③ 用于产卵种群生物量（SSB）预测的补充量方案：①低补充量方案［从补充量相对较低的期间（1980—1989 年）重新采样］或目前的补充量方案（最近 10 年期间的重新采样）中的较低者，用于 ISC 的 SSB 预测，直到 2024 年为止或 SSB 到达历史中位数（如 ISC 所指出的 1952—2014 年的中位点估计值）中的较早者。②用于在 2024 年后或 SSB 到达历史中位数的 SSB 预测补充方案（自整个补充期间重新采样）。③将要求 ISC 定期评估第（1）条及第（2）条的方案是否适合当下情况，并就是否使用不同方案提出建议。如 ISC 提出不同的方案建议，则应考虑。

测的最新情况，进行重新检视；如有必要，应根据重新检视的结果修改管理措施。考虑到 IATTC－WCPFC NC联合工作小组的结果，IATTC 应不迟于 2020 年召开年会，考虑并制定候选参考点及渔获量控制规则。该候选参考点及渔获量控制规则将转交 IATTC－WCPFC NC 联合工作小组及 ISC 考虑，并可能纳入 ISC 完成的管理策略评估中。

（6）第（1）条、第（2）条、第（3）条及第（4）条所制定的用来养护及恢复太平洋北方蓝鳍金枪鱼种群的决定，应相当于或优于 WCPFC 所制定的决定。此合作程序应由 IATTC－WCPFC NC 联合工作小组通知。此外，当新的种群评估或管理策略结果可用时，应由 ISC、IATTC 科学职员及 SAC 来评估第（1）条、第（2）条及第（3）条决定的有效性。

（7）为提升本决议的有效性，并就太平洋地区在太平洋北方蓝鳍金枪鱼资源恢复方面取得进展，鼓励 CPC 与有关的 WCPFC 成员进行双边沟通，包括通过 IATTC－WCPFC NC 联合工作小组，酌情与其合作。

（8）CPC 应尽可能在可行范围内进行双边及/或多边合作，以确保能在计划时间内成功实现本决议中的目标。

（9）CPC 应就太平洋北方蓝鳍金枪鱼持续合作制定渔获文件计划（CDS），若可能，采用电子方式。具体来说，有关太平洋北方蓝鳍金枪鱼 CDS 的决定，部分应通过 IATTC－WCPFC NC 联合工作小组会议通知。

15. C‑18‑03　修订第13‑01号补充第05‑02号北太平洋长鳍金枪鱼的决议

美洲间热带金枪鱼委员会（IATTC）：

忆及第05‑02号北太平洋长鳍金枪鱼的决议。

进一步忆及其对 IATTC《公约》管辖区域内金枪鱼类及类金枪鱼类养护管理的责任，及就该资源的养护及管理为其成员及合作非缔约方（CPC）提出建议。

观察到北太平洋金枪鱼类和类金枪鱼类国际科学委员会（ISC）2017年所进行的北太平洋长鳍金枪鱼资源评估，指出该资源并未处于过度捕捞的状态，也未处于即将过度捕捞的状态。

注意到第05‑02号决议的效果不明显，且考虑到 ISC 会在2020年完成新的资源评估。

承认 ISC 需依靠 CPC 提交的渔获数据进行资源评估。

认识到如 IATTC《公约》第24条规定，在其洄游范围内管理北太平洋长鳍金枪鱼，与中西太平洋渔业委员会（WCPFC）合作的重要性。

注意到 WCPFC 北方分委员会在决定其成员、CPC 及参与领地（CCM）为执行第2005‑03号有关北太平洋长鳍金枪鱼的 WCPFC 养护与管理措施（CMM）方面所进行的工作。

进一步忆及 WCPFC《公约》第22（4）条，提供了同时出现在 IATTC《公约》管辖区域内的渔业资源进行合作的规定。

考虑到 IATTC《公约》第4条，呼吁委员会成员，如同联合国粮食及农业组织（FAO）行为准则及1995年联合国鱼类种群协议所述，针对 IATTC《公约》所管理鱼类种群的养护、管理及可持续利用，采取预防性措施。

考虑到 ISC 正在进行的管理策略评估工作，可能有助于 WCPFC 进一步制定北太平洋长鳍金枪鱼捕捞管理策略，其中可能包括目标、阈值（threshold）及限制参考点，以及若超过该限制参考点时事先商定的决策规范。

进一步忆及第13‑03号决议仅要求提交北太平洋长鳍金枪鱼渔获数据至2012年，以及自2014年起 IATTC 科学职员建议继续实施第13‑03号决议。

有鉴于此，IATTC 决议如下：

（1）所有 CPC 应在2018年12月1日前，使用附表1‑1向 IATTC 秘书处报告一份2013—2017年曾在 IATTC《公约》管辖区域内捕捞任何北太平洋长鳍金枪鱼的个别渔业或船队名单（不论该渔业或船队是否以北太平洋长鳍金枪鱼为目标鱼种），及每年的各种渔业或船队的渔获量。此后，所有 CPC 应于每年6月30日前，向 IATTC 秘书处报告前一年度的信息。如所估计的渔获量在过去5年间有任何变化，必要时 CPC 也应报告渔获量的最新情况。若有 CPC 无法分辨其北太平洋长鳍金枪鱼渔获是否发生在 IATTC《公约》管辖区域，则应报告整个北太平洋长鳍金枪鱼渔获量。

（2）所有 CPC 应在2018年12月1日前，使用附表2‑1向 IATTC 秘书处报告，2013—2017年以北太平洋长鳍金枪鱼为目标鱼种的渔业的捕捞努力量，以及2002—2004年的平均捕捞努力量。捕捞努力量应以捕捞北太平洋长鳍金枪鱼（即以该鱼种为目标）的作业天数及船数进行报告。此后，所有 CPC 应于每年6月30日前，向 IATTC 秘书处报告前一年度的信息。如所估计的捕捞努力量在过去 5 年间有任何变化，必要时 CPC 也应报告渔获量的最新情况。

（3）IATTC 秘书处应要求 IATTC 科学职员检查数据表格的完整性。IATTC 秘书处及 IATTC 科学职员应与 ISC 协调，监控北太平洋长鳍金枪鱼的状况，并在每次 ISC 完成评估后，在每年年会中报告其资源状况。

（4）IATTC 科学职员应检查 ISC 及 WCPFC 内部针对制定北太平洋长鳍金枪鱼捕捞策略所进行的管理策略评估工作，包括为 IATTC 确认及通过某一限制参考点及目标参考点，以及捕捞控制规则。IATTC 科学职员应就此框架提出建议供 IATTC 考虑。

（5）IATTC 应继续努力提倡 IATTC 及 WCPFC 所通过的北太平洋长鳍金枪鱼养护管理措施。

（6）本决议生效后，第 05‐02 号决议的第 3 条不再有效。

（7）IATTC 秘书处应将本决议传达给 WCPFC 秘书处。

附件 1

东太平洋各种渔业的北太平洋长鳍金枪鱼年度渔获量信息见附表 1-1。

附表 1-1　东太平洋各种渔业的北太平洋长鳍金枪鱼年度渔获量信息

年度 （例：2018 年）	数据仅属于 IATTC 水域或整个北太平洋	任何有北太平洋长鳍金枪鱼渔获的渔业	以北太平洋长鳍金枪鱼为目标鱼种（即专捕）（是/否）	年度渔获量
年（例：2017 年）				
总渔获量：				
以北太平洋长鳍金枪鱼为目标鱼种渔业的渔获量：				
以北太平洋长鳍金枪鱼为目标鱼种渔业的渔获量占总渔获量的百分比：				
年（例：2016 年）				
总渔获量：				
以北太平洋长鳍金枪鱼为目标鱼种渔业的渔获量：				
以北太平洋长鳍金枪鱼为目标鱼种渔业的渔获量占总渔获量的百分比：				
年（例：2015 年）				
总渔获量：				
以北太平洋长鳍金枪鱼为目标鱼种渔业的渔获量：				
以北太平洋长鳍金枪鱼为目标鱼种渔业的渔获量占总渔获量的百分比：				
年（例：2014 年）				
总渔获量：				
以北太平洋长鳍金枪鱼为目标鱼种渔业的渔获量：				
以北太平洋长鳍金枪鱼为目标鱼种渔业的渔获量占总渔获量的百分比：				
年（例：2013 年）				
总渔获量：				
以北太平洋长鳍金枪鱼为目标鱼种渔业的渔获量：				
以北太平洋长鳍金枪鱼为目标鱼种渔业的渔获量占总渔获量的百分比：				

附件 2

详细内容见附表 2-1。

附表 2-1 2002—2004 年平均捕捞努力量（船数及作业天数）及东太平洋过去 5 年北太平洋
长鳍金枪鱼渔业（即以该鱼种为目标）的年捕捞努力量（船数及作业天数）

CPC	区域①	渔业②/渔具类型	2002—2004 年平均捕捞努力量		年		年		年	
			船数（艘）	作业天数（天）	船数（艘）	作业天数（天）	船数（艘）	作业天数（天）	船数（艘）	作业天数（天）

---

① 说明数据是仅属 IATTC《公约》管辖区域（填 "EPO"）或是整个北太平洋（填 "NPO"）。

② 专捕北太平洋长鳍金枪鱼（即以该鱼种为目标）的渔业。

16. C-18-06 区域性渔船登记册的决议（修订）

在美国加利福尼亚州圣地亚哥召开的第93届美洲间热带金枪鱼委员会（IATTC）年会：

申明确保在IATTC《公约》管辖区域作业的所有渔船，遵守IATTC所同意的养护管理措施的重要性。

重申获得有关在东太平洋（EPO）作业的渔船的确切信息的重要性。

忆及IATTC《公约》第12条第2（k）款所载，除其他外，IATTC秘书处应根据《公约》附件1所提供的信息，维持在《公约》管辖区域作业的渔船记录。

关注现行IATTC区域性渔船登记册，包括非属委员会成员及合作非缔约方（CPC）的渔船，且IATTC无法确认这些渔船是否正在遵守IATTC相关决议。

进一步忆及IATTC已在IATTC《公约》管辖区域内采取许多措施，以预防、制止和消除非法的、不报告的及不受管制的（IUU）捕捞。

注意到大型渔船机动性高，可轻易地将作业渔场由一洋区变换至另一洋区，因此极有可能未及时向IATTC注册而在《公约》管辖区域内作业。

忆及FAO理事会于2001年6月23日通过的《预防、制止和消除非法的、不报告的及不受管制的捕捞的国际行动计划》（IPOA-IUU），该计划要求区域性渔业管理组织应采取行动，按照国际法加强和制订新措施，预防、制止和消除IUU捕捞，特别是建立授权渔船记录及从事IUU捕捞的渔船记录。

进一步注意到国际海事组织（IMO）海事安全委员会于2017年12月第30届成员大会中通过第A.117（30）号决议，修订IMO船舶识别号码方案，将渔船的IMO船舶识别号码资格从总吨数100吨以上，扩大至包含所有被授权在国家管辖水域外作业的总吨数100吨以下且总长度12米以上的机动渔船。

承认使用IMO船舶识别号码作为渔船单一识别号码（UVI）的效用及可行性；及察觉到需要修订其第11-06号区域性渔船登记册的决议：

同意：

（1）IATTC秘书处应以下面第（2）条所述资料为基础，建立并维持一份经批准在IATTC《公约》管辖区域内捕捞IATTC《公约》所管理鱼种的渔船名册。该记录应仅包含悬挂CPC船旗的渔船。

（2）每一CPC应提供IATTC秘书处其管辖的每一艘渔船的下述信息，使其列入上述第（1）条所建立的渔船名册记录：

a. 船名、注册号码、以往的船名（若知道的话）和船籍港。

b. 显示其注册号码的船只照片。

c. 以往的船旗（若知道及若有的话）。

d. 国际无线电呼号（若有的话）。

e. 所有人姓名和地址。

f. 建造的地点和时间。

g. 长度、宽度及型深。

h. 冷冻机类型及冷冻能力，以立方米为单位。

i. 鱼舱数量及容量，以立方米为单位，且围网渔船若可能的话，容量按照各鱼舱分列。

j. 经营者及/或管理者（若有的话）的姓名和地址。

k. 渔船类型。

l. 渔具类型。

m. 总吨数。

n. 主机或主机组的功率。

o. 船旗 CPC 授予捕鱼许可的性质（如主要目标鱼种）。

p. 国际海事组织（IMO）船舶识别号码或劳氏登记号码（LR），若有的话①。

（3）每一 CPC 应立即通知 IATTC 秘书处第（2）条所列信息的任何改变。

（4）每一 CPC 也应立即通知 IATTC 秘书处：

a. 任何对记录的增加。

b. 基于以下理由从记录中删除：

ⅰ. 所有人或经营者自愿放弃或未更新捕捞许可。

ⅱ. 依据《公约》第 20 条第 2 款规定，撤销核发给渔船的捕捞许可。

ⅲ. 渔船不再悬挂其船旗的事实。

ⅳ. 渔船解体、退役或灭失。

ⅴ. 任何其他理由，指明上述所适用的理由。

（5）每一 CPC 应于每年 6 月 30 日通知 IATTC 秘书处，其在区域性渔船登记册上悬挂其船旗，且前一年度 1 月 1 日至 12 月 31 日期间曾于 IATTC《公约》管辖区域内捕捞《公约》所管理物种的渔船②。

（6）若 CPC 未依第（2）条提供所有所要求的信息，IATTC 秘书处应要求每一 CPC 提供所属渔船的完整资料。

（7）IATTC 应于 2022 年审查此决议，并考虑修订，以增进其效能，包括修订本决议第（2）条所要求的渔船信息。

（8）本决议取代 IATTC 第 11 - 06 号决议。

---

① 自 2016 年 1 月 1 日起生效，船旗 CPC 应确保所有其授权在 IATTC《公约》管辖区域捕鱼，船舶大小总吨位（GT）100 吨以上或总注册吨数（GRT）100 吨以上的渔船（娱乐渔船除外），取得 IMO 船舶识别号码或 LR。自 2020 年 1 月 1 日起生效，船旗 CPC 应确保所有其授权在 IATTC《公约》管辖区域的公海捕鱼，船舶大小 GT100 吨以下或 GRT100 吨以下，总长度或登记长度 12 米以上的内燃机渔船（娱乐性渔船除外），取得 IMO 船舶识别号码或 LR。在评估此条款的遵守情况时，IATTC 应将尽管船东按照适当程序，仍无法取得 IMO 船舶识别号码的例外情况纳入考虑。船旗 CPC 应在其年度报告中，报告任何这些例外情况。

② 包含娱乐性渔船。

17. C-19-02 修订第 15-01 号建立在东太平洋被推定从事非法的、不受管制的及不报告的捕捞活动的渔船名单的决议

美洲间热带金枪鱼委员会（IATTC）：

忆及 FAO 理事会于 2001 年 6 月 23 日通过的《预防、制止和消除非法的、不报告的及不受管制的捕捞的国际行动计划》（IPOA-IUU）；该计划规定从事非法的、不报告的及不受管制的（IUU）捕捞渔船的认定，应按照议定程序并以公平、公开及无歧视的方式进行。

关注 IATTC《公约》管辖区域内的 IUU 捕捞削弱了 IATTC 养护管理措施的效力。

进一步关注从事此项捕捞活动的渔船船主，可能已将其渔船转换船旗，以逃避遵守 IATTC 养护管理措施。

决定对这些渔船采取措施以应对 IUU 捕捞增加所带来的挑战，而不妨碍相关船旗国以 IAT-TC 相关文书为准采取进一步措施。

考虑其他区域性金枪鱼渔业管理组织对此议题所采取的行动。

察觉到有必要将处理从事 IUU 捕捞列为优先措施。

注意到此情况的处理必须考虑到所有相关国际文书，并按照世界贸易组织（WTO）协议所规定的相关权利及义务处理。

承认正当程序及相关各方参与的重要性。决议如下：

指认 IUU 捕捞

（1）每年年会 IATTC 应根据本决议所制定的标准及程序，指认在 IATTC《公约》管辖区域内因为严重违规，正以削弱 IATTC《公约》及有效的养护措施效力的方式，捕捞 IATTC《公约》所涵盖鱼种的渔船，且应建立此类渔船名单（IUU 渔船名单），并视需要在下一年度修改。

（2）该项指认应被适当且明确地记录，除其他外，应基于来自 CPC 关于执行 IATTC 决议的遵守报告；从相关商业资料所得的贸易信息，如来自 FAO 的资料；统计文件及其他国家或国际组织可核实统计资料；及自港口国取得及/或渔场收集的任何其他记录的信息。来自 CPC 的信息应以 IATTC 所批准的格式提供。

（3）就本决议而言，在 IATTC《公约》管辖区域捕捞 IATTC《公约》所管理鱼种的渔船被推定已从事 IUU 捕捞，当某一 IATTC 成员或合作非缔约方（CPC）提出适当记录的信息，指出这些渔船（附表 1-1）：

a. 捕捞 IATTC《公约》所管理的鱼种，而未在 IATTC 区域性渔船登记册中。

b. 未经批准及/或违反其法规在 IATTC《公约》管辖区域内的沿海国国家管辖水域捕捞 IATTC《公约》所管理的鱼种，不妨碍沿海国对这些渔船采取措施的主权权利下。

c. 对其在 IATTC《公约》管辖区域内的渔获，提出虚假报告或未能记录或报告。

d. 在禁渔区或禁渔期内从事捕捞活动。

e. 使用被禁用的渔具或渔法。

f. 与列入 IUU 渔船名单中的渔船进行转载、参与联合作业、支持或补给。

g. 与未列入 IATTC 区域性渔船登记册或其他 RFMO 相关的渔船登记册的渔船进行海上转载。

h. 无国籍。

i. 违反 IATTC《公约》或任何其他 IATTC 养护管理措施从事渔业活动。

j. 由 IUU 渔船名单上任何渔船的船东或经营者所控制（适用本条的程序列于附件 2)。

（4）至少在年会召开前 70 天，每一 CPC 应向 IATTC 秘书处提交其推定过去两年内在《公约》管辖水域内从事 IUU 捕捞的渔船名单，连同关于该 IUU 捕捞推定的适当记录证据。CPC 依据本条所提交的 IUU 渔船活动信息，应以本决议附表 1－1 所列的格式提交。

（5）在将推定 IUU 渔船名单提交给 IATTC 秘书处前或同一时间，该 CPC 也应直接或通过 IATTC 秘书处，通知相关船旗国将该船列入推定 IUU 渔船名单，且提供一份适当的记录信息，并要求船旗国立即告知已收到通知。若在提供后 10 天内未收到相关船旗国告知，该 CPC 应通过其他通信方式重新传送该通知。收到每一 CPC 向 IATTC 秘书处报告的信息第（4）条后，IAT-TC 秘书处也应通知船旗国其渔船被列入推定 IUU 渔船名单，且提供一份适当的记录信息，并通知船旗国本决议的程序，包括船旗国及有关利益方可以提供信息，对该船列入 IUU 渔船名单的提案做出响应。

IUU 渔船名单草案

（6）基于第（4）条所收到的信息，及 IATTC 秘书处基于其职权所认可的任何其他适当的记录信息，IATTC 秘书处应在年会召开前 55 天，拟一份 IUU 渔船名单草案，连同现有 IUU 渔船名单，附上所有所提供的证据，发送给所有 CPC 及有渔船在名单内的非缔约方。IATTC 秘书处应要求有渔船在 IUU 渔船名单草案内的每一 CPC 及非 CPC，通知船东该船已被列入 IUU 渔船名单，及该船被列入 IUU 渔船名单的后果。

（7）IUU 渔船名单草案、暂定 IUU 渔船名单及下述的 IUU 渔船信息，若可行，应包括每艘船的下列信息：

a. 船名及以往的船名（若有的话）。

b. 船旗国及以往的船旗国（若有的话）。

c. 渔船船东及以往的船东，包括受益船东（若有的话），及船东注册的地方。

d. 渔船经营者及以往的经营者（或有的话）。

e. 渔船无线电呼号及以往的无线电呼号。

f. 国际海事组织（IMO）船舶识别号码（若有的话）。

g. 渔船单一识别号码（UVI），或，若不适用，任何其他渔船识别码。

h. 渔船照片。

i. 渔船全长。

j. 渔船首次被列入 IUU 渔船名单的日期（若适用）。

k. 被指称的 IUU 捕捞位置。

l. 被指称的 IUU 捕捞摘要。

m. 对被指称的 IUU 捕捞已采取的行动及其结果的任何所知信息的摘要。

（8）CPC 及非缔约方应最迟在年会召开前 30 天，传送其意见给秘书处，如适当，包括显示该船既未违反 IATTC 养护管理措施捕鱼，也不可能在 EPO 捕捞 IATTC《公约》所管理的鱼种。

（9）在收到 IUU 渔船名单草案后，CPC 应严密监控列入名单草案的渔船，以判定其活动及变更船名、船旗及/或注册船东的可能性。

暂定 IUU 渔船名单

（10）基于第（8）条所收到的信息，IATTC 秘书处应草拟一份暂定 IUU 渔船名单，连同所有提供的证据，在 IATTC 年会召开前 15 天传送给 CPC 及相关的非成员。

（11）CPC 可以在任何时间向秘书处提交可能与建立 IUU 渔船名单相关的额外信息。IATTC 秘书处应最迟在 IATTC 年会召开前将该信息连同所有的证据，传递给 CPC 及相关的非缔约方。

（12）作为对 IATTC 所通过的措施执行情况进行审议的审查分委员会，应每年审核 IATTC 暂定 IUU 渔船名单及支持其列入的信息，并应将渔船自暂定 IUU 渔船名单中移除，若渔船的船旗国证明：

a. 该船并未从事第（3）条所述的任何 IUU 捕捞。

b. 已对 IUU 捕捞采取有效的应对行动，包括起诉及施加严厉的处罚。

（13）经第（12）条所述的审核，IATTC 所通过措施执法审查分委员会应按所同意的修订结果，向 IATTC 建议批准该 IATTC 暂定 IUU 渔船名单。

最终 IUU 渔船名单

（14）在其年会中，IATTC 应考虑佐证及 IATTC 秘书处所提供的新证据，审查暂定 IUU 渔船名单。

（15）一旦 IATTC 通过 IUU 渔船名单，IATTC 应要求有渔船在 IUU 渔船名单上的非缔约方采取必要措施，以消灭这些 IUU 捕捞行为，若有必要，包括撤销这些渔船的注册或捕捞许可证，并向 IATTC 报告就此所采取的措施。IATTC 秘书处应要求有渔船在最终 IUU 渔船名单上的每一 CPC 及非 CPC，通知船东这些渔船已被列入名单，及这些渔船被列入 IUU 渔船名单的后果。

（16）CPC 应根据其适用的法规及根据 IPOA - IUU 第 55 条及第 66 条，采取所有必要的措施，以：

a. 确保悬挂其船旗的渔船、补给船、母船或货柜船，不与在 IUU 渔船名单上的补给船或再补给渔船进行任何转载或联合捕捞作业。

b. 自愿进港的 IUU 渔船名单内的渔船，不允许其在该处卸鱼或转载。

c. 禁止列入 IUU 渔船名单的渔船进入其港口，除非在紧急状况下，或该船被允许进港的目的是进行检查或有效执法行动。

d. 禁止 IUU 渔船名单内的渔船进行租赁活动。

e. 拒绝将其船旗授予 IUU 渔船名单内的渔船，除非该船已变更船东，且新船东已提供充分证据证明，以往的船东或经营者与该船并无进一步的法律、利益或财务关系，或对该船进行控制，或在考虑所有相关事实后，船旗 CPC 判定授予该船船旗不会导致 IUU 捕捞。

f. 禁止 IUU 渔船名单内渔船进行其所捕获的 IATTC《公约》所管理鱼种的商业交易①、进口、卸鱼及/或转载。

g. 鼓励贸易商、进口商、运输商及其他涉入各方自我节制，不交易及转载 IUU 渔船名单内

---

① 若渔获是因为司法或行政处分而没收及贩卖，则允许商业交易。

渔船所捕捞的 IATTC《公约》所管理的鱼种。

h. 收集并与其他 CPC 交换任何适当信息，以搜寻、管控及防止 IUU 渔船名单内渔船捕获 IATTC《公约》所管理鱼种的伪造进口/出口证明书。

（17）IATTC 秘书处应采取任何必要措施，以确保用符合任何所适用保密规定的方式，包括放置在 IATTC 网站，公布 IUU 渔船名单。此外，为加强 IATTC 与其他以预防、制止及消灭 IUU 捕捞为目的的组织间的合作，IATTC 秘书处应尽快将 IUU 渔船名单传送给其他区域性渔业管理组织（RFMO）。

（18）在收到管理金枪鱼类及类金枪鱼类的另一个 RFMO 所建立的最终 IUU 渔船名单、该 RFMO 所考虑的佐证信息及关于建立名单决定的任何其他信息时，IATTC 秘书处应将此信息传送给 CPC。

与其他组织相互采纳 IUU 渔船名单的特别程序

（19）除任何表示有意接收 IUU 渔船名单的组织外，IATTC 秘书处将 IATTC 最终 IUU 渔船名单传送给 FAO 及下列组织的秘书处，以强化 IATTC 与这些组织在预防、制止及消除 IUU 捕捞方面的合作：南极海洋生物资源养护委员会（CCAMLR）、南方蓝鳍金枪鱼养护委员会（CCSBT）、养护大西洋金枪鱼国际委员会（ICCAT）、印度洋金枪鱼委员会（IOTC）、地中海渔业委员会（GFCM）、西北大西洋渔业组织（NAFO）、东北大西洋渔业委员会（NEAFC）、北太平洋渔业委员会（NPFC）、东南大西洋渔业组织（SEAFO）、南印度洋渔业协议（SIO-FA）、南太平洋区域性渔业管理组织（SPRFMO）及中西太平洋渔业委员会（WCPFC）。

（20）尽管有第（1）条至第（3）条的规定，若按照第（21）条至第（24）条所定的程序，则第（19）条所规定的组织所列的 IUU 渔船，可增列至 IUU 渔船名单或自 IUU 渔船名单中移除。

（21）尽管有第（6）条至第（10）条的规定，但在 IATTC 秘书处收到 CCAMLR、CCSBT、ICCAT、IOTC、GFCM、NAFO、NEAFC、NPFC、SEAFO、SIOFA、SPRFMO 及 WCPFC 所建立的最终 IUU 渔船名单后，应将该名单传送给 CPC，以达到在休会期间修改 IUU 渔船名单的目的。若渔船已列于前述组织的最终 IUU 渔船名单或自这些组织最终 IUU 渔船名单中移除，则该船也应被纳入 IUU 渔船名单中或自 IUU 渔船名单中移除。任何 CPC 于 IATTC 秘书处传送名单之日起 30 天内以书面提出正式反对意见的除外。

（22）若反对在 IATTC 最终 IUU 渔船名单中列入 CCAMLR、CCSBT、ICCAT、IOTC、GFCM、NAFO、NEAFC、NPFC、SEAFO、SIOFA、SPRFMO 及 WCPFC 所列的渔船，则该反对意见应提送至下届执法委员会通过措施执行审查分委员会检视。分委员会应就是否将相关渔船纳入 IUU 渔船名单向 IATTC 提出建议。

（23）根据第（21）条及第（22）条程序列入的渔船，若经第（19）条所规定的组织自其最终 IUU 渔船名单中移除，也应自 IATTC 最终 IUU 渔船名单中移除。

（24）根据第（20）条或第（22）条修改 IUU 渔船名单时，IATTC 秘书处应将修改过的最终 IUU 渔船名单传送给所有 CPC。

自 IUU 渔船名单中移除渔船

（25）有渔船在 IUU 渔船名单上的 CPC 及非 CPC 可在任何时间，包括会议与会议间的休会期间，向 IATTC 秘书处提交适当记录信息要求将该船自名单中移除，须证明：

a.

ⅰ. 其已采取措施，以保证该船遵守所有 IATTC 养护和管理措施。

ⅱ. 其可有效地履行责任，监督及管控该船在 IATTC《公约》管辖区域内的捕捞活动。

ⅲ. 其已采取有效行动应对 IUU 捕捞，包括司法行动及足够严厉的处罚。

b. 该船已沉没或解体。

c. 该船所有权已变更且新船东可证明，以往的船东与该船不再有任何法律、财务关系，或真实利益关系，也未控制该船，且新船东在过去 5 年内并未涉及 IUU 捕捞。

（26）IATTC 秘书处应在收到要求 15 天内，将该除名要求连同提出要求者所提供的所有佐证信息传送给 CPC。CPC 应立即告知已收到该除名的要求，并可在任何时间向提出要求者索要额外信息。

（27）IATTC 在休会期间对于某一艘渔船除名要求的决定，应依据 IATTC 议事规则所制订的休会期间决定的程序进行。

（28）若 CPC 在第（21）条所规定的期间批准将渔船自 IUU 渔船名单中移除，IATTC 秘书处应立即着手将渔船自 IUU 渔船名单中移除，并应尽快通知其他 RFMO 该船已从 IUU 渔船名单中移除，包括移除生效日期。

（29）将渔船自列入 IUU 渔船名单或从 IUU 渔船名单中移除的过程中所收到的任何信息，应适用于 IATTC 资料保密规则。

（30）本决议应适用于任何全长超过 23 米的渔船。

（31）在不妨碍 CPC 及沿海国采取适当行动的权利，并与国际法一致的情况下，CPC 不应以该船涉及 IUU 捕捞为由，对于列入 IUU 渔船名单草案或暂定名单的渔船，或已自 IUU 渔船名单中移除的渔船，采取任何单方面的贸易措施或其他处罚。

（32）本决议取代第 15－01 号决议。

附件 1

IATTC 的 IUU 捕捞报告格式

根据 IATTC 第 15-01 号建立在东太平洋被推定从事非法的、不报告的及不受管制的捕捞的渔船名单的决议第 4 条，所附为所指称 IUU 捕捞的细节。详细内容见附表 1-1、附表 1-2。

附表 1-1　渔船细节（请以下列格式详细叙明该事件）

	项目名称	可得信息
a	船名及以往的船名（若有的话）	
b	船旗国及以往的船旗国（若有的话）	
c	渔船船东及以往的船东，包括受益人（若有的话）	
d	船东注册的地方	
e	渔船经营者及以往的经营者	
f	渔船无线电呼号及以往的无线电呼号（若有的话）	
g	国际海事组织（IMO）船舶识别号码（若有的话）	
h	渔船单一识别船舶识别码（UVI）或，若不适用，任何其他渔船识别码	
i	渔船全长	
j	渔船照片	
k	渔船首次被列入 IUU 渔船名单的日期（若适用）	
l	被指称的 IUU 捕捞日期	
m	被指称的 IUU 捕捞位置	
n	被指称的 IUU 捕捞摘要（见附表 1-2）	
o	针对该活动所采取任何已知行动的信息摘要	
p	任何所采取行动的结果	

附表 1-2　被指的称 IUU 捕捞摘要

〔使用（X）标记出该活动适用的要素，并提供相关细节，包括日期、地点、信息来源。若有必要，可用附件提供额外信息〕

C-15-01 第 3 条	渔船在 IATTC《公约》管辖区域内捕捞 IATTC《公约》所管理的鱼种，且：	备注
a	未在 IATTC 区域性渔船登记册中	
b	在另一国管辖水域内捕捞 IATTC《公约》所管理的鱼种，而未经该国批准，或违反其法规	
c	对其在 IATTC《公约》管辖区域内的渔获，提出虚假报告或未能记录或报告	
d	在禁渔区或禁渔期内从事渔业活动	
e	使用被禁用的渔具或渔法	
f	与列入 IUU 渔船名单中的渔船进行转载、参与联合作业、支持或补给	
g	与未列入 IATTC 区域性渔船登记册或其他 RFMO 相关的渔船登记册的渔船进行转载作业	
h	无国籍	
i	违反 IATTC《公约》或任何其他 IATTC 养护管理措施从事渔业活动	
j	从事捕捞 IATTC《公约》所管理的鱼种且船旗国已用尽或没有配额或渔获限额	
k	由 IUU 渔船名单上任何渔船的船东或经营者所控制	

附件 2

IATTC 第 15-01 号决议第（3）条 j 款的适用程序

IATTC 应根据本程序（附图 2-1、附表 2-1）实施本决议第（3）条 j 款。本程序必须按照本决议所述程序、IATTC 所通过的措施的执行审查分委员会及 IATTC 的规则与职责执行，且不发生抵触。

所有权及控制

1. 就本程序而言，拥有及控制某一艘渔船的法人、自然人或实体（记录的船东），是指在 IATTC 区域性渔船登记册或 IATTC 大型金枪鱼延绳钓渔船（LSTLFV）名单上记载的船东。若某一艘渔船未列在上述名单中，则记录船东是指渔船的国家登记文件所记载的船东。

2. 就本程序而言，若 IATTC 区域性渔船登记册或 IATTC LSTLFV 名单上所记载的一个或数个法人、自然人或实体相同，某一艘渔船应被视为拥有相同的记录船东。若某一艘渔船未列在任一该类名单中，若渔船的国家登记文件所记载的一个或数个法人、自然人或实体是相同的，记录船东即是相同的。

3. 根据本决议第（3）条 j 款及第（19）条，考虑是否将渔船列入 IATTC 暂定 IUU 渔船名单或从 IUU 渔船名单中移除，除非新的记录船东提出使 IATTC 满意的适当记录信息，证明渔船所有权已变更，且以往的记录船东与该船不再有任何法律、财务或真实利益关系，及新船东在过去 5 年内并未涉及 IUU 捕捞，否则记录船东将不被视为已改变。

渔船的认定与提名

4. 就本程序而言，某一艘渔船若符合下述第（1）条所述条件，并符合第（2）条或第（3）条任一条所述条件，可由一 CPC 根据本决议第（3）条 j 款提名：

（1）被提名的渔船：

a. 正在 IATTC《公约》管辖区域内作业。

b. 从导致基础渔船［如下列第（2）款所定义］被列入 IUU 渔船名单事件的日期开始，任何时间内在 IATTC《公约》管辖区域内作业。

c. 从导致基础渔船［如下列第（2）款所定义］被列入 IUU 渔船名单事件的日期开始，曾经或即将列入 IATTC 区域性渔船登记册或 IATTC LSTLFV 名单。

（2）其记录船东为 3 艘以上目前列入 IUU 渔船名单的渔船（以下称为"基础渔船"）的记录船东。

（3）该记录船东有一艘或多艘渔船，已被列入 IUU 渔船名单 2 年以上。

5. 就本程序而言，符合第 4 条 a 款条件，与基础渔船记录船东相同的全部或部分其拥有的所有附加渔船，应一并考虑全部或无一被列入 IUU 渔船名单。同样的，符合第 4 条 a 款条件，与基础渔船记录船东相同的全部或部分其拥有的所有附加渔船，应一并考虑全部或无一自 IUU 渔船名单中移除。

应提供的信息

6. CPC 应提交适当的记录信息证明其拟根据本决议第（3）条 j 款提名的渔船，符合本程序第 4 条所设定的标准。CPC 应于 IATTC 年会召开前 70 天，向 IATTC 秘书处提交这类信息及所提名的渔船［以下称为"3j 渔船"］名单。

7. 在向秘书处提交 3j 渔船名单前或同时，不论是直接或通过 IATTC 秘书处，CPC 应通知相关船旗国其渔船被列入 3j 渔船名单，并提供一份有关的适当的记录信息。船旗国应立即告知已收到通知。若在提交后 10 天内未收到（船旗国）告知，CPC 应通过其他通信方式重新传送该通知。

IUU 渔船名单草案

8. IATTC 秘书处应将 CPC 根据本程序提名的 3j 渔船列入根据本决议条文草拟并传送的 IUU 渔船名单草案。

9. IATTC 秘书处应通知相关船旗国其 3j 渔船被列入 IUU 渔船名单草案，及该类渔船若经确认列入 IUU 渔船名单的后果。

10. 若适当，有 3j 渔船列入 IUU 渔船名单草案的相关船旗国，至少在年会召开前 30 天，传送适当的记录信息显示 3j 渔船不符合本程序第 4 条所列标准。IATTC 秘书处应在收到这些信息后，立即传送给所有的 CPC。

暂定及现行 IUU 渔船名单

11. 对于列入 IUU 渔船名单草案的 3j 渔船，审查分委员会在其年会上应：

（1）考虑一 CPC 或非 CPC 所提供的适当的记录信息，若有的话，及任何关于基础渔船的调查、司法或行政诉讼的情况，及记录船东在这些诉讼中的合作与回应。

（2）在考虑适当的记录信息后，决定是否将被提名的 3j 渔船纳入根据本决议条文列出的暂定 IUU 渔船名单。

12. 若适当，有 3j 渔船列于现行 IUU 渔船名单的相关船旗国，可在 IATTC 年会召开前至少 30 天或可于任何时间，将证明 3j 渔船不符合本程序第 4 条所列标准的适当的记录信息或任何其他相关信息传送给 IATTC 秘书处。IATTC 秘书处收到这些信息后，应立即将此信息传送给所有 CPC。

13. 若任一 CPC 或相关船旗国提出的适当的记录信息证明，这些渔船不再与根据第 4 条启动提名的基础渔船拥有共同的记录船东，审查分委员会不应将 3j 渔船纳入暂定 IUU 渔船名单。

14. 对于列入现行 IUU 渔船名单的 3j 渔船，审查分委员会应在其年度会议：

（1）考虑一 CPC 或非 CPC 所提供的适当的记录信息，若有的话，及任何关于基础渔船的调查、司法或行政诉讼的情况，及记录船东在此类诉讼中的合作与回应。

（2）在考虑适当的记录信息后，向 IATTC 建议是否将被提名的 3j 渔船自 IUU 渔船名单中移除。

15. 审查分委员会应建议将 3j 渔船自现行 IUU 渔船名单中移除，若提供适当的记录信息：

（1）已提供指出该类渔船不再与根据第 4 条启动提名的基础渔船拥有共同的记录船东。

（2）已提供证明启动 3j 渔船提名的基础渔船案件已经解决，且原提交 3j 渔船列入名单的 CPC 已同意。

IUU 渔船名单

16. 一旦 3j 渔船被列入暂定 IUU 渔船名单，其应被视为暂定 IUU 渔船名单的一部分，及若适当，依本决议第 14 条至第 17 条，视为 IUU 渔船名单的一部分。

IUU 渔船名单的修改

17. 相关船旗国可在休会期的任何时间，通过向 IATTC 秘书处提交适当的记录信息，要求将 3j 渔船自 IUU 渔船名单中移除：

（1）这些渔船不再与根据第 4 条启动提名的基础渔船拥有共同的记录船东。

（2）启动 3j 渔船提名的基础渔船案件已经解决，且原提交 3j 渔船列入名单的 CPC 已同意。

18.3j 渔船的除名要求，应根据本决议第 19 条至第 22 条进行。

19. 若基础渔船自 IUU 渔船名单中移除，与基础渔船记录船东相同的全部或部分其拥有的所有附加渔船，且根据 3j 程序（附图 2-1）列入者，将自动同时除名。

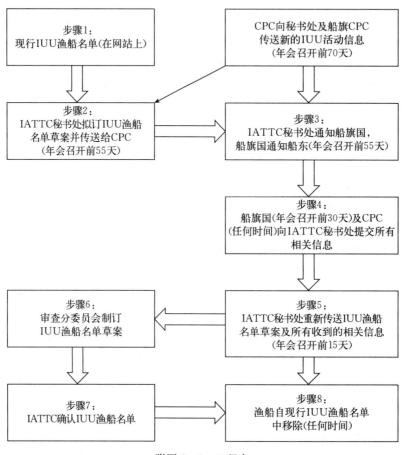

附图 2-1　3j 程序

附表 2-1 本程序步骤、时间要求、采取的行动和对应的条款

步骤	IATTC 年会召开前	将采取的行动	条款
1	70 天	CPC 向 IATTC 秘书处提交新的 IUU 捕捞信息；CPC 及 IATTC 秘书处通知相关船旗国	(4)、(5)
2	55 天	基于现行 IUU 渔船名单及新渔船，IATTC 秘书处拟订订 IUU 渔船名单草案并传送给所有 CPC 及有渔船在名单上的非 CPC	(6)、(7)
3	55 天	(a) IATTC 秘书处通知相关船旗国 (b) 船旗国通知船东	(6)
4	30 天	(a) 船旗国向 IATTC 秘书处提交信息维护其渔船的活动	(8)
	任何时间	(b) CPC 向 IATTC 秘书处提交有关列入 IUU 渔船名单草案渔船的任何额外信息	(11)
5	15 天	IATTC 秘书处重新传送 IUU 渔船名单草案，及将所收到的相关信息给所有 CPC 及有渔船在名单上的非 CPC	(10)
6	审查分委员会	(a) 审查 IUU 渔船名单草案及所收到的信息 (b) 建立临时 IUU 渔船名单	(13)
		1. 建议现行 IUU 渔船名单上的哪些渔船应被移除 2. 建议哪些新的渔船应被保留	(13)
7	IATTC	(a) 审查暂定 IUU 渔船名单及所收到的信息 (b) 若适当，修订暂定 IUU 渔船名单 (c) 通过新的 IUU 渔船名单	(14) (14) (15)
8	任何时间	IATTC 秘书处收到移除渔船的要求及所有佐证信息 收到要求后 15 天：IATTC 秘书处将要求及所有佐证信息传送给 CPC 收到要求后 30 天：CPC 回复其对于移除的意见；若 CPC 同意，IATTC 秘书处将渔船自 IUU 渔船名单中移除	(25) (26) (21)、(28)

18. C-19-04 减缓对海龟影响的决议

在西班牙毕尔巴鄂召开的第 94 届美洲间热带金枪鱼委员会（IATTC）年会：

虑及在捕捞金枪鱼类及类金枪鱼类时，对东太平洋（EPO）海龟种群造成的不利影响。

承认捕捞 IATTC《公约》所管理鱼种的 CPC 需要采取一切合理步骤预防对海龟产生影响；深切关注 EPO 所有海龟种群的状态，包括在东太平洋做巢的雌性棱皮龟（*Dermochelys coriacea*）数量的显著下降，以及东太平洋棱皮龟亚种群已被国际自然保护联盟归类为极危状态。

考虑到海龟系属意外捕获（此称"兼捕"），而根据 FAO 负责任渔业行为准则，各国应尽量减少非目标物种的捕获量。

根据近期最佳实践及技术研究取得的成果，避免对海龟产生影响及/或降低海龟与渔具的相互作用而造成的死亡率，包括：

（1）2009 年《FAO 捕捞作业中降低海龟死亡率的技术指南》及其对区域性渔业实体及管理组织的实施建议。

（2）FAO 共同海洋研讨会（2016 年）对降低海龟兼捕效果综合分析，确定解决延绳钓渔业海龟兼捕的必要性。

（3）有关使用圆形钩及整尾有鳍鱼类作为饵料的国际科学研究显示，延绳钓渔具意外捕获海龟的兼捕率及死亡率均显著降低。

承认 IATTC 与《保护和养护海龟美洲间公约》（IAC）的合作备忘录，有助于促进降低海龟兼捕率及在执行本措施方面的合作。

认识到过去 10 年几乎所有 IATTC 成员都曾在其延绳钓渔业中进行圆形钩实验。

忆及第 7 届、8 届及 9 届兼捕工作小组的讨论及所提出的建议。

注意到延绳钓渔船观察员覆盖率及数据质量的提升，将提供更精确且针对性的措施来解决海龟兼捕问题。

申明 IATTC 渔业应当采取额外措施，以降低海龟兼捕率及死亡率。

同意如下：

（1）IATTC 成员及合作非缔约方（CPC）应：

a. 要求以捕捞 IATTC《公约》所管理鱼种为目标的船东/经营者/船员，在不损害任何人安全的情况下，以尽可能减少伤害的方式尽快释放所有海龟。

b. 在需报告兼捕海龟信息的渔业中，确保以捕捞 IATTC《公约》所管理鱼种为目标的渔船，特别是未搭载科学观察员的渔船，其船上经营者及/或至少一名船员需接受海龟处理及释放技术的培训，以提高海龟释放后的存活率。

c. 对 IATTC 职权范围下可能兼捕海龟的渔业，在考虑经济及实际可行性下，努力实施或强化观察员计划，包括利用经 IATTC 认定的标准的电子监控。

d. 持续参与及促进研究，以确定用以进一步减少在 EPO 使用的所有渔具对海龟兼捕的技术。

e. 调查临时在产卵沙滩或已知的重点摄食区域附近禁渔来减少渔业对海龟影响的效果。

（2）有围网渔船于 IATTC《公约》管辖区域内捕捞 IATTC《公约》所管理鱼种的 CPC 应：

a. 要求围网渔船的船东/经营者于船上携带释放海龟的安全处理工具（如抄网），并在适当时机使用。

b. 若在围网中看到海龟，要求围网渔船的船东/经营者/船员酌情采取一切合理措施，以确保遵循附件 1 中的海龟处理及释放指南安全释放海龟，并与《FAO 捕捞作业中降低海龟死亡率的技术指南》（2009 年）[①] 中的《海龟处理及释放最佳实践》一致。

c. 要求围网渔船的船东/经营者/船员在可行范围内无害释放所有经发现被 FAD 或其他渔具缠络的海龟。

d. 记录围网作业期间所有观察到涉及海龟的情况，并按照第（4）条 a 款 ii 点规定报告此类信息。

（3）有延绳钓渔船于 IATTC《公约》管辖区域内捕捞 IATTC《公约》所管理鱼种的 CPC 应：

a. 要求延绳钓渔船的船东/经营者于船上携带释放海龟的安全处理工具（如脱钩器、剪线器及抄网），并在适当时机使用。

b. 要求延绳钓渔船的船东/经营者/船员酌情采取一切合理措施，以确保遵循附件 1 中的海龟处理及释放指南安全释放任何意外捕获的海龟，并与 FAO《海龟处理及释放最佳实践》一致。

c. 记录延绳钓作业期间所有观察到涉及海龟的情况，并按照第（4）条 a 款 ii 点规定报告此类信息。

d. 要求以浅层投绳方式[②]作业的延绳钓渔船船东/经营者使用至少下列一种减缓措施：

ⅰ. 仅使用大型圆形钩[③]。

ⅱ. 仅使用有鳍鱼类作饵料。

ⅲ. 其他获 IATTC 通过的可减少海龟兼捕率的措施。

这些措施提案应在预期实施的前一年先提交兼捕工作小组会议审查，及向科学咨询分委员会（SAC）提供建议并获 IATTC 同意。

（4）监控及评估：

a. 除已按照其他要求（如观察员计划）提交，CPC 应于每年 6 月 30 日前（自 2020 年开始）以本条的标准格式，向秘书处提交信息。IATTC 科学职员应为本报告制定标准格式，并提交至 2020 年科学咨询分委员会审查及委员会通过。

ⅰ. 为落实《FAO 捕捞作业中降低海龟死亡率的技术指南》（2009 年）及本决议的任何法律、法规及其他文书修改。

ⅱ. 对观察到的海龟情况，以下为最少的资料要求：

（ⅰ）日期。

（ⅱ）地点（经度、纬度）。

（ⅲ）渔具类型。

（ⅳ）物种辨认。

---

① http：//www.fao.org/docrep/012/i0725e/i0725e.pdf.

② 基于此决议的目的，浅层投绳方式包含表层延绳钓，指大多数钓钩位于 100 米以浅的深度。

③ 大型圆形钩的定义为钓钩尖端垂直向钩柄弯入，以形成大致的圆形或椭圆形，且钩尖偏移角度不超过 10°。

（Ⅴ）尺寸（背甲曲线或直线长度）。

（ⅵ）捕获及释放状态（如存活/死亡）。

以及下列详细信息（若有的话）：

（ⅰ）若适当，解剖确定钓钩位置（如鳍状肢、口/颌、吞下、缠络）。

（ⅱ）若适当，留在动物体上的渔具数量（如钓线，估算长度）。

（ⅲ）任何相关照片。

ⅲ. 根据第（3）条 d 款，要求以浅层投绳方式作业的延绳钓渔船采用前一年度减缓措施。

b. 第（4）条 a 款所述的所有标准化 CPC 报告，应通过 IATTC 网站，以向 CPC 提供密码的方式获取报告并供其审查，并符合第 15 - 07 号数据保密决议。

c. 兼捕工作小组应优先确认及评估有关海龟兼捕减缓的新的科学信息，并在需要时向 IATTC 建议强化本决议的额外措施。在 2021 年，兼捕工作小组及 SAC 应分析有关不同圆形钩尺寸及其在减缓海龟兼捕（减少捕获及提高释放后活存率）方面的有效性，并向 IATTC 提供钓钩最小尺寸建议及通过修订本决议有关实施钓钩最小尺寸建议的时间表。

d. 基于这些 CPC 报告，IATTC 职员应每 3 年（2024 年开始）向兼捕工作小组报告执行进度、自本决议通过①以来兼捕减少的程度，以及相关的改进建议，包括本决议的修改。

（5）考虑到沿海发展中国家的特殊情况，第 14 - 03 号决议中所建立的特别基金（来自 CPC 的自愿性捐助，包含特定预算项目）应通过分配来强化促进本决议的实施，包括渔民安全处理及释放的培训、提供相关设备或支持新的减缓技术试验。

（6）除第（4）条 a 款第 2 段文字应提前实施外，本决议应于 2021 年 1 月 1 日生效，并将取代第 07 - 03 号关于减缓金枪鱼船对海龟影响的决议，以及第 04 - 05 号决议（合并有关兼捕决议案的决议）（第二修正版）中的第（4）条［除第（4）条 d 款 ⅱ 点外］。

---

① 兼捕减少程度将通过观测每个钓钩钓获的数量来测量。

附件 1

海龟安全处理及释放指南

1. 围网捕获的海龟的安全处理及释放

（1）每当看见网中有海龟时，应当在其被网具缠络前，尽所有合理的努力解救海龟。

（2）若海龟在起网时被缠络，应使用绞机将网具绞至约 2 米高，将主吊杆移至右舷或左舷（取决于船的方向）并反绞网具，如此船员方能尽快将海龟自网具中释放，并在海龟仍有活动能力的情况下，将其自右舷或左舷（取决于船的方向）放回海中。不应在海龟被解开并释放前重新收绞网具。

（3）若尽管已根据本附件（1）和（2）条采取措施，但海龟仍被意外拉上船，且状态为活着且能活动，则应在可行范围内尽快释放该海龟，若已死亡，也应将海龟丢弃。

（4）若海龟已被拉上船，且处于昏迷或无反应状态，应试图使其苏醒（按照本附件第 3 条）。

2. 延绳钓钓获的海龟的安全处理及释放

（1）在船上经营者或船员已受过培训且可行的情况下，应尽快将昏迷的海龟拉至船上。

（2）若海龟过大或无法以不会对其造成进一步损害/伤害的方式安全拉至船上时，在释放海龟前，应使用剪线器将钓线剪断并尽可能移除过长的钓线。

（3）在起钩期间，若看到海龟被延绳钓具钩到或缠络，渔船经营者应尽快停止起钩作业，直到将海龟自延绳钓具上移除或拉至船上。

（4）若钓钩钩到海龟外部或完全可见，应尽可能快速且小心地将钓钩自海龟身上移除。若钓钩无法自海龟身上移除（如吞下或在上颚），则应尽可能在靠近钩子的地方将钓线剪断。

（5）存活的海龟应在进行下列处理后放回海中：

a. 将渔船主机调至空挡以使螺旋桨停止运转并停船，再将海龟从配置的渔具中释放。

b. 在启动螺旋桨前，观察海龟是否已远离渔船。

（6）若海龟已被拉上船，且处于昏迷或无反应状态，应试图使其苏醒（按照本附件第 3 条）。

3. 海龟船上苏醒法

（1）在处理海龟时，应尝试以外壳固定住海龟，并避开头颈区域及鳍状肢。

（2）努力清除及/或解开海龟身上的各种异物，如各种塑料物品、网具或嵌入的钩子等。

（3）将海龟以壳底（腹甲）朝下的方式放置，使其正面朝上，并将其下半身抬高至少 15 厘米，持续 4～24 小时。抬高的时间视海龟尺寸而定；较大的海龟需要较高的仰角。定期地通过握住外壳（甲壳）边缘以一边抬高约 8 厘米然后交替至另一边的方式，和缓地左右摇动海龟。轻柔地触摸其眼睛，并定期拍一下尾巴（反射测试），来查看其是否有反应。

（4）正在苏醒的海龟应给予遮阴并保持潮湿或湿润，但在任何情况下都不可将其放入盛水的容器中。保持海龟湿润的最有效的方法是将浸湿的毛巾放在其头部、甲壳及鳍状肢上。

（5）只有在未使用渔具、主机传动装置处于空挡且不太可能被渔船再次捕捉或伤害的区域，才能将已复苏且能活动的海龟自船尾释放。

（6）对于未能对反射测试做出回应或 4 小时内（若可能，至 24 小时）仍不动的海龟，应采取与活动能力旺盛的海龟相同的方式将其放回水中。

19. C‑19‑05 为 2020 年及 2021 年修订第 16‑06 号鲨鱼物种特别是镰状真鲨养护措施的决议

在西班牙毕尔巴鄂召开的第 94 届美洲间热带金枪鱼委员会（IATTC）年会：

虑及 IATTC《公约》第 7 条第 1 款 f 项，IATTC 应"视必要通过对属同一生态系的鱼种和受捕捞影响或相关或从属《公约》管理鱼类种群的养护与管理措施及建议案"。

忆及 IATTC《公约》第 4 条第 3 款，说明"如目标种群或非目标或相关或附属种的状态令人关切，IATTC 成员应对此类种群及鱼种加强监测，以审查其状态及养护与管理措施的效力，各成员应根据新的数据定期修订这些措施"。

承认镰状真鲨（*Carcharhinus falciformis*）为在 IATTC《公约》管辖区域中被围网渔船捕捞最多的鲨鱼。

承认须采取措施使 IATTC《公约》管辖区域内的镰状真鲨资源能够恢复。

察觉到有必要制订养护措施来保护鲨鱼，特别是镰状真鲨。

忆及第 16‑06 号决议要求 IATTC 科学职员对镰状真鲨资源进行完整评估，然而因数据不足导致无法完成完整评估及就此获得该鱼种状态的评价指标。

强调必须获得更好的数据，以便根据渔业的变化去执行管理措施，包括通过收集沿岸国家手工渔业船队及工业化延绳钓渔业船队的数据，促进对渔场、产卵场及对影响鲨鱼死亡率的渔获量及捕捞努力量的了解。

决议如下：

（1）尽可能继续执行这些与中美洲金枪鱼类及类金枪鱼类鱼种有关的鲨鱼渔业长期取样计划（C.4.a 计划），这些计划以评估镰状真鲨资源指标改善数据的收集为目的。

（2）成员及合作非缔约方（CPC）应禁止在船上留置、转载、卸下或存放 IATTC《公约》管辖区域内围网渔船所捕获镰状真鲨的任何部分或完整鱼体。CPC 应要求其围网渔船在可能的情况下，释放活体镰状真鲨。然而，若镰状真鲨是在围网渔船作业时非故意地捕获并冷冻，若有船旗 CPC 政府管理当局人员在卸鱼地点，则必须将完整的镰状真鲨上缴给该当局。若船旗 CPC 政府管理当局人员不在卸鱼地点，上缴的完整镰状真鲨不得被贩卖或用来交换，但可捐献，供国内人们食用。以此种方式上缴的镰状真鲨，应向 IATTC 秘书处报告。

（3）CPC 应要求其捕捞许可证的目标鱼种不包括鲨鱼，所有延绳钓渔船意外捕获的镰状真鲨兼捕量最多为每航次总渔获量的 20%。20% 的限制是在养护及管理措施缺乏数据及科学分析下所设定的临时限制，一旦可获得渔获物组成（细分到鲨鱼类各物种级）及渔获量的数据，专家将以此为基础提出建议，进行修订。

（4）CPC 应要求表层延绳钓^①渔船每航次所捕捞全长小于 100 厘米的镰状真鲨最多占镰状真鲨总尾数的 20%。

（5）允许其延绳钓渔船留置镰状真鲨的 CPC 应通过适当的港口 CPC 及船旗 CPC 的监控，

---

① 基于此决议的目的，表层延绳钓指的是，在一般情况下，其主要钓钩作业深度不到 100 米，且目标鱼种为剑鱼以外的鱼种。

以及检查机制来确保遵守第（3）条及第（4）条所定措施，至少于港口首次卸鱼时允许进行检查或检查渔捞日志，包括鱼种辨认、捕捞时的体长验证，当违反这两条措施时，可采取制裁措施，如防止违反本措施的产品进入市场。当适用时，可对镰状真鲨的养护采取国际公认的证书和报告程序以达到执行本条措施的目的。CPC 应通知 IATTC 秘书处采用以上所述的证书和报告程序。按照 IATTC 提交数据的要求，从这些监控和检查措施中获得的数据必须传送给 IATTC 秘书处。

（6）CPC 应要求其渔船勿在 IATTC 依据 IATTC 科学职员建议及与科学分委员会协调后确定的镰状真鲨产卵区域作业。

（7）对那些使用表层延绳钓捕捞的镰状真鲨平均渔获量超过其总渔获量 20% 的多物种渔业，CPC 应每年连续 3 个月禁止其使用钢丝绳。镰状真鲨渔获量平均比例将依前一年度的数据计算。新渔船若从事受此决议影响的多物种渔业且近期无可取得的数据者，应遵守此条规定。

（8）IATTC 科学职员应在 2021 年的 SAC 会议及随后召开的 IATTC 年会中，通过分析卸岸量、观察员及长期取样计划的数据向 SAC 提交中美洲渔业有关鲨鱼渔获量的分析报告，且 IATTC 科学职员应对决议提出改进建议，包括禁止使用钢丝绳的时间的调整（第 7 条）。

（9）CPC 应确保其渔船遵守第（7）条不得使用钢丝绳的时间，与第（8）条所述基于分析所建议的时间相符。

（10）总长小于 12 米并使用手工操作渔具（即没有机械或液压绞机），且在作业航次的任何时间内并无运送镰状真鲨给母船的行为的渔船，不适用此决议。对于此例外的渔船，CPC 应与 IATTC 科学职员合作立即制订数据收集计划，并应于 2020 年及 2021 年在 SAC 会议中提出。

（11）CPC 应于 2020 年 10 月 1 日前，通知 IATTC 秘书处下一年度执行第（7）条所述限制使用钢丝绳的时期间。

（12）CPC 应保存每艘船从业人员或船东承诺执行此决议的渔船记录及时间信息。

（13）CPC 应根据 IATTC 数据提交要求，收集及提交镰状真鲨渔获数据。CPC 也应通过观察员或其他方式，记录所有围网渔船的镰状真鲨捕获或释放尾数及状态（死亡/活存），并向 IATTC 报告。

（14）IATTC 应要求 IATTC 科学职员优先研究下列内容：

a. 认定镰状真鲨产卵区域。

b. 减缓鲨鱼兼捕，尤其是延绳钓渔业，及被所有渔具所捕获的鲨鱼的存活情况，并优先研究渔获量大的渔具。存活实验应包括缩短钓钩停留在水中的时间及使用圆形钩对存活率的影响等研究。

c. 改善操作实践，以保证活体鲨鱼释放后存活率最高。

d. 第（3）条及第（4）条确定的镰状真鲨渔获量最适限制比例。

（15）为了评估此决议措施的合理性，此决议应由 IATTC 科学职员及 SAC 于 2020 年及 2021 年的会议重新审核。

（16）此决议应自 2020 年 1 月 1 日生效，并应于 2021 年 IATTC 年会重新审核。

20. C-19-06　鲸鲨的养护

在西班牙毕尔巴鄂召开的第94届美洲间热带金枪鱼委员会（IATTC）年会：

承认 IATTC《公约》所管理的鱼类种群包括由捕捞金枪鱼渔船所捕获的其他鱼类种群。

忆及 IATTC《公约》第7条第1款 f 项规定，IATTC 应"视必要通过对属于同一生态系的鱼种和受捕捞影响或相关或从属本《公约》管理鱼类种群的养护与管理措施及建议案，旨在维持或恢复到此类种群高于其繁殖可能受严重威胁的水平"。

忆及 IATTC《公约》第4条第3款，说明"如目标种群或非目标或相关或附属种的状态令人关切，IATTC 成员应对此类种群及鱼种加强监测，以审查其状态及养护与管理措施的效力，各成员应根据新的数据定期修订这些措施"。

承认鲸鲨为 IATTC《公约》管辖区域中被围网渔船以兼捕方式捕捞。

承认应当采取措施使 IATTC《公约》管辖区域内的鲸鲨资源得以恢复。

进一步注意到鲸鲨极易受捕捞开发等活动的影响，并注意到这些鱼种可为 EPO 带来生态及经济价值。

关注围网渔船故意或意外地瞄准鲸鲨下网作业对其资源所造成的潜在影响。

同意：

（1）若下网前已看到鲸鲨，CPC 应禁止悬挂其旗帜的渔船，对与活鲸鲨有关联的金枪鱼群进行围网作业。

（2）在非故意将鲸鲨包围在围网网具内时，CPC 应要求船长：

a. 确保采取一切合理的步骤以保障其安全释放。

b. 向船旗 CPC 相关机关报告此事件，包括个体数量、如何围绕及发生细节、发生地点、为确保安全释放所采取的步骤，及评估被释放的鲸鲨的生命状态（包括鲸鲨是否以活体释放后死亡）。

21. C‑19‑08　延绳钓渔船科学观察员决议

在西班牙毕尔巴鄂召开的第 94 届美洲间热带金枪鱼委员会（IATTC）年会：

认识到收集目标鱼种的科学信息及与非目标物种相互影响的综合数据的必要性，特别是海龟、鲨鱼及海鸟。

注意到确保对在 IATTC《公约》管辖区域内作业的所有金枪鱼渔船一致及公平对待的必要性。

注意到在 IATTC《公约》管辖区域内作业的大型围网渔船，已依《国际海豚养护计划规范》在船上搭载科学观察员，及该委员会建议在自愿基础上将科学观察员覆盖范围扩展至小型围网渔船上。

考虑到 IATTC 科学职员及 IATTC 兼捕工作小组重申建议 IATTC《公约》管辖区域内捕捞金枪鱼类的延绳钓渔船科学观察员覆盖率至少 20%，及兼捕工作小组提议可由电子监控系统（EMS）来补足科学观察员覆盖率，以达成该目标。

注意到科学咨询分委员会（SAC）在其 2019 年 5 月的第 10 届年会中决定，适合用于计算科学观察员覆盖率的延绳钓捕捞努力量的计算方式为"下钩数"。

同意：

（1）就本决议而言，延绳钓捕捞努力量定义为有效作业天数[①]或下钩数。

（2）科学观察员及/或 EMS 的主要任务应为依据 SAC 所制定的数据标准，记录任何可得的生物信息、目标鱼种的渔获量、鱼种组成，以及任何与非目标物种，如海龟、海鸟及鲨鱼的相互影响。

（3）每一成员及合作非缔约方（CPC）应确保其全长超过 20 米的延绳钓渔船所投入的捕捞努力量至少有 5% 被搭载的科学观察员所观察。

（4）每一 CPC 应致力于确保覆盖的科学观察员能够观察到其船队的活动情况，包括渔具配置、目标鱼种及作业区域方面。

（5）CPC 应：

a. 确保满足覆盖率最低水平。

b. 采取一切必要措施，以确保科学观察员能够以适当且安全的方式履行其职责。

c. 致力于确保科学观察员在其指派任务期间在不同的渔船上工作。

d. 确保派驻科学观察员的船只在科学观察员派遣期间，在可能的情况下为其提供与干部船员同样水平的适当膳宿。船长应确保与科学观察员进行所有必要的合作，以便他们能够安全的履行其职责，包括根据需要给予接近留置的渔获物及打算丢弃的渔获物的机会。

（6）SAC 根据第 11‑08 号决议制定的报告要求，详见附件 1 及附件 2。SAC 应该决定在必要时修改该报告要求或制定新的报告要求，并应通知 IATTC 以在随后的 IATTC 年会中酌情通过。

（7）CPC 应在每年 6 月 30 日前，将科学观察员收集的前一年度符合最低数据报告标准（附件 2）的作业数据提交给 IATTC 秘书处。

（8）除 SAC 另有指示，CPC 应在每年 3 月 31 日前根据本决议提交其他报告。

---

① 如 2012 年 SAC‑03 所定义。

附件 1

年度摘要报告（SAC-10 制定）

详细内容见附表 1-1。

附表 1-1 作业于 EPO 全长大于 20 米的延绳钓渔船船队信息及科学观察员数据年度摘要报告模板

（经 2019 年 5 月第 10 届 IATTC 科学咨询分委员会通过）

船队信息（船舶全长>20 米）			
	同时具有两种投绳方式	浅层投绳（<15HPB/HBF[①] 或最大钩深<100 米）	深层投绳（≥15HPB/HBF 或最大钩深≥100 米）
覆盖期间	日期范围___年___月___日 至___年___月___日	日期范围___年___月___日 至___年___月___日	日期范围___年___月___日 至___年___月___日
作业区域	自(×××)°W至(×××)°W及 自(×××)°S/N至(×××)°S/N	自(×××)°W至(×××)°W及 自(×××)°S/N至(×××)°S/N	自(×××)°W至(×××)°W及 自(×××)°S/N至(×××)°S/N
	总船队 / 已观测 / 已观测占比（%）	总船队 / 已观测 / 已观测占比（%）	总船队 / 已观测 / 已观测占比（%）
作业渔船数量（只）			
航次数（次）			
实际作业天数（天）			
投绳次数（次）			
投钩数（千钩）（若未知，大约钩数/次数，使用饵料）			
主要[②]钩型/大小（IATTC 编码）			
主要饵料[③]类型			

未留存物种（船舶全长>20 米）											
		观测数量									
		同时具有两种投绳方式			浅层投绳（<15 HPB/HBF 或最大钩深<100 米）			深层投绳（≥15 HPB/HBF 或最大钩深≥100 米）			
		释放			释放			释放			
物种代码	物种	存活	死亡	状态不明	存活	死亡	状态不明	存活	死亡	状态不明	
DKK	棱皮龟（*Dermochelys coriacea*）										
TTL	赤蠵龟（*Caretta caretta*）										
TUG	绿海龟（*Chelonia mydas*）										
LKV	太平洋丽龟（*Lepidochelys olivacea*）										
	可依需求新增物种										

① 每筐钩数/浮子间钓钩数。

② "主要"意指最常见，即>50%。

③ 饵料编码：SQ-鱿鱼；F-鱼（如鲭）；A-拟饵（如塑料饵）。

（续）

鲨鱼及虹										
FAL	镰状真鲨（*Carcharhinus falciformis*）									
OCS	长鳍真鲨（*Carcharhinus longimanus*）									
BSH	大青鲨（*Prionace glauca*）									
SMA	尖吻鲭鲨（*Isurus oxyrinchus*）									
SPL	路氏双髻鲨（*Sphtma lewini*）									
SPZ	锤头双髻鲨（*Sphyrna zygarna*）									
SPK	无沟双髻鲨（*Sphyrna mokarran*）									
RMB	双吻前口蝠鲼（*Manta birostris*）									
	可依需求新增物种									
海洋哺乳类										
FAW	伪虎鲸（*Pseudorca crassidens*）									
DRR	灰海豚（*Granpus griseus*）									
SGF	瓜达卢佩海狗（*Arctocephalus townsendi*）									
	可依需求新增物种									
海鸟										

附件2
最少数据报告标准（SAC-08制定，2个选项）

选项1：最少数据报告标准。详细内容见附表2-1。

附表2-1 最少数据报告标准（与WCPFC协调一致）

数据领域	描述/说明/评论
一般渔船及航次信息	
渔船识别	
船名	名称，包括所有数字或其他字符
船旗注册码	船旗国当局所核发给渔船的号码
国际无线电呼号	若有的话
船东/船公司	若有，船东姓名（个人或公司）及联络信息
国际海事组织（IMO）船舶识别号码或劳氏注册号码	若有的话
渔船航次信息	
出港日期及时间	渔船离开港口进行作业的日期及时间
出港港口	包括港口名称及国家
进港日期及时间	渔船完成其航次后返回港口的日期及时间
进港港口	包括港口名称及国家
科学观察员信息	
科学观察员姓名	全名
科学观察员提供者	雇用科学观察员并派遣其至渔船的组织或机构的名称
登船日期、时间及位置	科学观察员登上渔船开始观察的日期、时间及位置
离船日期、时间及位置	科学观察员离开渔船结束其观察职责的日期、时间及位置
船员信息	
船长姓名	全名
渔捞长姓名	全名
船员总数	船上的总人数，包含科学观察员
渔船特征 注意：这些特征只有在观察到的内容与IATTC渔船登记册所反映的规格不同时才需注意	
渔船鱼舱容量	渔船冷冻机、鱼舱及任何可用于储存渔获的其他区域的合计容量，以吨为单位
冷冻机类型	部分渔船可能拥有一个以上的冷冻机。列出所有冷冻机的类型
全长（指定单位）	全长（LOA）通常可在渔船平面图或其他文件中找到
吨数（指定单位）	渔船吨数记录在渔船登记文件中；可以总吨位（GT）或总注册吨数（GRT）表示
主机功率	主机功率通常列在渔船平面图上
渔船电子设备 若有，请以"Yes"表示；若无，则以"No"表示。若有一种以上类型存在，则指出总数	

（续）

数据领域	描述/说明/评论
雷达	若有，请以"Yes"表示；若无，则以"No"表示
垂直鱼探仪	若有，请以"Yes"表示；若无，则以"No"表示
全球定位系统（GPS）	若有，请以"Yes"表示；若无，则以"No"表示
航迹仪	若有，请以"Yes"表示；若无，则以"No"表示
气象传真机	若有，请以"Yes"表示；若无，则以"No"表示
海水表温（SST）记录器	若有，请以"Yes"表示；若无，则以"No"表示
声呐	若有，请以"Yes"表示；若无，则以"No"表示
无线电/卫星浮标	若有，请以"Yes"表示；若无，则以"No"表示
多普勒海流计	若有，请以"Yes"表示；若无，则以"No"表示
抛弃式温深仪（XBT）	若有，请以"Yes"表示；若无，则以"No"表示
卫星通信设备（电话/传真/电子邮件）	若船上有卫星通信设备，指出渔船卫星通信设备号码
渔业信息服务	若有，请以"Yes"表示；若无，则以"No"表示，并请列出所使用的服务信息
渔船监控系统	指出船上所使用的VMS类型（如INMARSAT、ARGOS等）
冷冻方式	列出所有船上使用的冷冻机的型号
渔具特征	
干线材质	列出渔船使用的干线（如粗绳、辫结的尼龙绳、单股尼龙绳等）
干线长度（指定单位）	干线完全投放后的总长度
干线直径（指定单位）	
支线材质	支线可由一种材料组成，如单丝，也可以由许多不同的材料组成，如辫结的尼龙钢丝绳及单丝等。若不同支线位置使用不同的种类，请描述
特殊渔具特征	
钢丝绳	在航次层级以"Yes"或"No"表示渔船是否部分或所有支线使用钢丝绳。若整个航次都使用钢丝绳，则记录为"ALL LINES"。若渔船在航次间仅有部分支线位置使用钢丝绳，请描述其配置。例如，每筐的第1个及第10个支线使用钢丝绳 若航次间系钩绳的绑附的比例是变动的，则记录该航次间一系列投绳作业的其中10筐样本的平均值
干线扬绳机	渔船在投绳后，是使用工具绞收干线还是以手工方式绞收
支线卷扬机	渔船是否使用特殊的卷扬机来盘绕支线
投绳机	渔船是否使用投绳机
自动投饵机	渔船是使用投饵机或用手动方式将挂有饵料的支线丢出船外
自动支线挂扣机	渔船是否有自动支线挂扣机械装置可定期挂扣支线，还是通过手动完成
钓钩类型	使用钓钩目录的编码记录每次投放的钓钩的类型或所使用的钓钩（如J形钩、圆形钩、偏角圆形钩等）
钓钩尺寸	记录每次所使用的钓钩的尺寸。若不确定，询问水手长或参考钓钩目录

（续）

数据领域	描述/说明/评论
惊鸟绳	记录每次投绳渔船是否使用惊鸟绳；若有，记录其数量及长度
使用避鸟帘及加重支线的舷边投绳	记录每次投绳渔船是否使用避鸟帘结合加重支线的舷边投绳方法
支线加重	记录使用支线加重的每一航次中支线所结附的铅块的重量。若航次间有超过一种以上的加重方式，请描述所有类型，并指出在一系列不同作业中 10 筐样本的比例
鲨鱼支线	记录每次投绳所观测到的鲨鱼支线（直接系于浮子或浮标绳上的支线）数量。若可能，记录每次投绳该支线的长度
染成蓝色的饵料	记录每次投绳渔船是否使用染成蓝色的饵料
钓钩与支线加重物的间距（以米为单位）	记录每次投绳支线加重物的底端至钓钩眼环的距离
深层投绳机	记录每次投绳渔船是否使用深层投绳机
内脏排放管理	记录每次投绳渔船是否使用内脏排放管理方法
投绳开始的日期及时间	记录每次投绳第一个浮子被扔进水中开始投放钓线的日期及时间
投绳开始的经纬度	记录每次投绳第一个浮子被扔进水中时 GPS 的读数
投绳结束的日期及时间	记录每次投绳干线末端最后一颗浮子（通常有绑附无线电信标）被扔进水中的日期及时间
投绳结束的经纬度	记录每次投绳最后一颗浮子被扔进水中时 GPS 的读数
总筐数或浮子总数	记录每次投绳所用的筐数。一筐指的是两个浮子间投放的钓钩总数；总筐数通常等于浮子投放数减一
每筐钩数（浮子间的钓钩数）	记录每次投绳从一个浮子至另一个浮子间使用多少钓钩，该数字通常沿线不变，但在有些情况可能会改变。此外，如果渔船另在浮子下投放一支线，同样将其算进浮子间钩数
总使用钩数	记录每次投绳使用多少钓钩。通常通过将筐数与每筐钩数相乘来计算
投绳机速度	记录渔船每次投绳投绳机的速度。投绳机通常具有指示器来显示其运作速度，以及需要挂扣支线时，会定期发出"哔哔"的声音
浮子绳长	记录每次投绳结附在浮子上的绳长，任拿一卷来测量长度。该长度在整个航次间通常不变
支线间距	记录每次投绳支线挂扣在干线间的距离。若船上具电子附属指示器的投绳机，可轻松确定该距离
支线长度	测量每次投绳大多数所使用的支线样本的长度，某些支线可能因维修而有微小的差异
时间深度记录器（TDR）	渔船是否在其支线上使用 TDR，若有，记录所用的 TDR 数量及其在干线上的位置
荧光棒数量	指出每次投绳渔船是否在其支线上使用荧光棒，记录其使用数量，并在可能的情况下记录其位置信息（如在离开浮子第 1 根及第 10 根支线上使用）
目标鱼种	渔船的目标鱼种是哪些，金枪鱼类（大眼金枪鱼、黄鳍金枪鱼）、剑鱼、鲨鱼等
饵料种类	记录每次投绳所使用的饵料种类，沙丁鱼、鱿鱼、人工假饵等

（续）

数据领域	描述/说明/评论
起绳开始的日期及时间	记录每次投绳将干线第一个浮子拉离水中的起绳开始日期及时间
起绳结束的日期及时间	记录每次投绳将干线最后一个浮子拉离水中起绳结束日期及时间
一次作业中由科学观察员观测到的浮子总数及总筐数	记录每次投绳由科学观察员所观测到的浮子总数或总筐数
每次投绳的渔获信息	
钩号（浮子间位置）	每一次个体被捕获时，记录动物上钩的钩号，从被拉上船的一个浮子开始算起
物种	使用 FAO 物种代码
鱼体长度	使用建议的物种测量方法进行样本长度测量
体长测量代码	使用适当的测量代码反映所采取的长度测量类型。例如，所有金枪鱼类都是从上吻端测量至尾叉，其测量代码即为 UF
性别	若可能，辨别物种性别。若尝试辨别个体性别失败，以"I"表示不确定；若未辨识个体性别，则以"U"表示未知
捕获时的状态	针对兼捕物种（如鲨鱼、海龟、海鸟、海洋哺乳类等），记录其钩挂位置〔如口部、钩挂较深（喉咙/胃）及外部钩挂〕
处置方式	使用适当的代码记录钓获后的最终处置方式（如留存、丢弃等）
释放后的状态	若被释放，记录该动物被放回大海时的状态
标识回收信息	任何标识回收时，尽可能多地记录信息
特别关注物种：海龟、海洋哺乳类、海鸟及鲨鱼	
一般信息	
相互作用类型	指出相互作用的类型（如缠络、吞钩钓获、鱼钩钩挂、仅与船只相互作用等）
相互作用的日期及时间	记录与船只相互作用的日期时间
相互作用的经纬度	记录相互作用的位置
海龟、海洋哺乳类或海鸟物种代码	使用 FAO 物种代码
拉上甲板	
长度	以厘米为单位，测量长度
体长测量代码	使用该物种特定的测量方法进行测量
性别	若可能，辨识物种性别
估算鱼翅重量（适用鲨鱼）	若鱼翅已被船员割下，则将鱼翅分别称重。若无磅秤，则估算其重量
估算胴体重量（适用鲨鱼）	测量割掉鱼翅的鲨鱼胴体重量。若无磅秤可用、鱼体被丢弃或太大无法处理，则估算其重量
拉上甲板时的状态	使用适合代码记录动物被拉上甲板时的状态
释放后状态	若被释放，使用适当的代码记录该动物被放回大海时的状态
标识回收信息	任何标识回收时，尽可能多地记录信息
标识释放时的信息	在释放物种前，尽可能多地记录物种身体上的标识信息

选项 2：IATTC 制订的延绳钓科学观察员表格（附表 2-2 至附表 2-6）。

附表 2-2 延绳钓渔具记录表（1）

渔船：_____ 采样编号：_____ 科学观察员：_____

注册		船长		燃料容积		船员数	
公司名称		船宽		使用的燃料		淡水舱容积	
船长姓名		吃水		燃料种类		渔获保存方法	
离港日期/时间		甲板到水面距离		类型（玻璃钢母船）		若为"玻璃钢船"母船名称	
进港日期/时间		鱼舱容积		玻璃钢数量			
出港港口		主机		航海及渔捞设备			
进港港口		辅机					

特征	数量	材质*	直径（厘米）	长度	颜色	钓钩间距	干线上挂的最大钩数	灯的数量	电浮标数量
干线									
上段支线						干线加重：		干线收回：	
中段支线						有（ ）无（ ）		手动（ ）转轴（ ）	
						浮子绳连接干线的方法：		液压转轴（ ）其他（ ）	
下段支线						打结（ ）挂扣（ ）			
浮子绳									
浮标						渔具图解			
旗帜									
浮子									

钓钩	种类(J/圆形)	尺寸	J-直/J-曲	材质*	制造	偏角	环（有/无）	其他细节	观察意见
钓钩 A									
钓钩 B									
钓钩 C									

注：* 使用 IATTC 代码表数字。

附表 2-3 延绳钓渔具记录表（2）

渔船：_____ 采样编号：_____ 科学观察员：_____

投绳次数		投绳		起绳		不同种类的钓钩的	钓钩 A	钓钩 B	钓钩 C		饵料种类	占全部的百分比
		开始	结束	开始	结束							
日期	经度					投放数量：					饵料 1	
	纬度					下钩总数					饵料 2	
	时间					钓钩遗失数量					饵料 3	

目标渔业		投绳	收回方向	海表温度	浮子间钩数	钓钩平均深度(托①)	底层延绳钓	
	特殊 □		开始至结束 □				是 □	否 □
	巡渔 □		结束至开始 □					

观察意见：

---

① 托为非法定计量单位。1 托＝133.322 4 帕。

（续）

投绳次数	投绳		起绳		不同种类的钓钩的	钓钩 A	钓钩 B	钓钩 C		饵料种类	占全部的百分比
	开始	结束	开始	结束							
↓日期↓ 经度					投放数量：				饵料 1		
↓日期↓ 纬度					下钩总数				饵料 2		
↓日期↓ 时间					钓钩遗失数量				饵料 3		

目标鱼种	投绳		起绳方向		海表温度	浮子间钩数	钓钩平均深度(托)	底层延绳钓			
	特殊 □		开始至结束 □					是 □	否 □		
	巡渔 □		结束至开始 □								

观察意见：

投绳次数	投绳		起绳		不同种类的钓钩的	钓钩 A	钓钩 B	钓钩 C		饵料种类	占全部的百分比
	开始	结束	开始	结束							
↓日期↓ 经度					投放数量：				饵料 1		
↓日期↓ 纬度					下钩总数				饵料 2		
↓日期↓ 时间					钓钩遗失数量				饵料 3		

目标鱼种	投绳		起绳方向		海表温度	浮子间钩数	钓钩平均深度(托)	底层延绳钓			
	特殊 □		开始至结束 □					是 □	否 □		
	巡渔 □		结束至开始 □								

观察意见：

附表 2 - 4　延绳钓渔具记录表（3）

渔船：_____　采样编号：_____　科学观察员：_____

投绳次数	时间	物种名称	捕捞数量	钓钩类型ABC	钓钩位置*	处置*	性别雄=1雌=2	重量(千克)	长度（厘米）			雄性鲨鱼			观察意见
									POL - FL - TL - CCL	PCL - DL	IDS - DW - CCW	CL (厘米)	CAL	SEMEN	

（续）

投绳次数	时间	物种名称	捕捞数量	钓钩类型ABC	钓钩位置*	处置*	性别雄=1雌=2	重量（千克）	长度（厘米） POL-FL-TL-CCL	PCL-DL	IDS-DW-CCW	雄性鲨鱼 CL（厘米）	CAL	SEMEN	观察意见

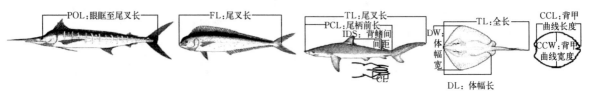

注：* 使用 IATTC 代码表数字。

附表 2-5　海龟记录表

（仅记录所见的玳瑁、赤蠵龟及棱皮龟）

渔船：_____　采样编号：_____　观察员：_____

日期	时间	投绳次数	种类	性别	CCL[1]	CCW[2]	尾部 LTC（厘米）	钓钩种类 ABC	最近的浮子或浮标颜色

钓获位置：		纬度		经度					
状态* （　）		缠络* （　）		钓获* （　）		处理方法* （　）	观察意见：		

钓获海龟渔具的相对位置	钓获位置及海龟缠络	
表层渔业 底层渔业		现有标识 1： 现有标识 2： 新标识 1： 新标识 2： 腹部视角　背甲 LTC

[1]CCL：背甲曲线长　　[2]CCW：背甲曲线宽

注：* 使用 IATTC 代码表数字。

附表 2-6　海鸟记录表

渔船：_____　　采样编号：_____　　观察员：_____

投绳次数	日期	时间	物种名称	位置 纬度	位置 经度	年龄 未成年=1 成年=2	性别 雄=1 雌=2	投绳时捕获 是/否	钓钩种类 ABC	状态*	减缓措施1*	减缓措施2*	处置*	照片 有/无	观察意见

注：* 使用 IATTC 代码表数字。

第五章
中西太平洋渔业委员会
(WCPFC，中西太平洋)
决议及养护和管理措施

一、决议

1. 第 2004 - 04 号决议　第一届中西太平洋渔业委员会通过的养护与管理措施决议

中西太平洋渔业委员会决议：

科学分委员会及技术与纪律分委员会的工作：

(1) 利用过渡时期安排向 WCPFC 提供科学建议，并考虑经科学协调工作小组（SCG）所认定的可实行的管理选项，应在 WCPFC 第二届年会上就下述内容提出建议：

a. 大眼金枪鱼、黄鳍金枪鱼及南方长鳍金枪鱼的可持续渔获量及捕捞努力量。

b. 预测 5 年期及 10 年期的总生物量及产卵种群生物量：对 WCPFC《公约》管辖区域内对大眼金枪鱼及黄鳍金枪鱼资源（个别及两者）造成影响的围网、延绳钓及其他表层渔业的 2003 年渔获量及捕捞努力量可能变化的情况，即渔获量及捕捞努力量进行个别分析，包括按作业方式分别对大眼金枪鱼及黄鳍金枪鱼可能采取禁渔期/禁渔区以降低对这类种群的影响。

c. 包括控制针对漂浮物下网次数等措施来减少大眼金枪鱼幼鱼及黄鳍金枪鱼幼鱼渔获量对资源产生的影响。

d. 非目标物种的死亡率，初期目标定为对海鸟、海龟及鲨鱼的死亡率进行估计。

(2) 经科学分委员会审核的初步分析，应至少于第二届 WCPFC 年会召开前 60 天完成并提供给 WCPFC。

（3）技术与纪律分委员会在第二届 WCPFC 年会召开前，应就为执行有效养护与管理的可能措施，包括禁渔期/禁渔区限制或控制漂浮物下网的替代措施等所需考虑的议题提供建议。

第二届 WCPFC 年会拟通过的养护与管理措施：

（1）为响应科学分委员会及技术与纪律分委员会的建议，以及在第二届 WCPFC 年会召开前 30 天由 WCPFC 成员所提出的任何信息，WCPFC 应按照 WCPFC《公约》第 5 条通过养护与管理措施以处理可持续性的问题。前述措施除其他外，应包括，CMM2004 - 04 养护与管理措施：

a. 渔获量及/或捕捞努力量的限制。

b. 大型金枪鱼渔船的容量限制。

c. 处理大型金枪鱼渔船影响的措施，以确保适用此类渔船的管理措施在国家管辖水域以外与沿海国管辖区域内措施的兼容性。

d. 禁渔期与禁渔区。

e. 采取减缓措施，降低海鸟、海龟及鲨鱼等兼捕物种的死亡率。

（2）根据 WCPFC《公约》第 6 条，采取预防性措施，且不应以缺乏适当的科学信息作为推迟或不采用养护与管理措施的理由。

监管与纪律：

技术与纪律分委员会应在其 2005 年召开的年会中优先考虑区域观察员及 VMS 计划。

先前决议的持续存在条款：

多边高层会议（MHLC）及筹备会议期间通过的决议（第 4 次与第 5 次 MHLC 及筹备会议通过的 WCPFC/PrepCon/22 及 WCPFC/PrepCon/34 决议），要求包括对 WCPFC《公约》管辖区域内捕捞努力量与能力扩张的合理限制的措施将持续适用。

2. 第 2005 - 03 号决议　关于非目标鱼种的决议

中西太平洋渔业委员会按照 WCPFC《公约》：

注意到鲯鳅（*Coryphaena hippurus*）、纺锤鲕（*Elagatis bipinnulata*）及沙氏棘鲅（*Acanthocybium solandri*）等许多非目标鱼种在 WCPFC《公约》管辖区域内对许多社区可持续生计的重要性。

承认 WCPFC 成员有必要通过措施使非目标鱼种的丢弃量、渔获量以及对有关或依赖物种的影响降至最低。

决议如下：

（1）WCPFC 成员、合作非缔约方及参与领地（合称 CCM）应鼓励其从事 WCPFC《公约》所管理的渔业的渔船，在可实行的范围内，避免捕获所有无意保留的非目标鱼种。

（2）任何此类无意保留的非目标鱼种，应在可实行范围内立即被不受伤害地释放回水中。

3. 第2008-01号决议　有关发展中小岛国及领地的主权权利诉求

中西太平洋渔业委员会：

承认沿海国，特别是WCPFC《公约》管辖区域发展中小岛国（SIDS）及领地的主权权利，发展及管理其国内渔业的权利诉求。

认识到WCPFC《公约》或WCPFC通过的措施不应损害各国在《1982年12月10日联合国海洋法公约》（以下简称《1982年公约》）与《执行〈1982年12月10日联合国海洋法公约〉有关养护和管理跨界鱼类种群和高度洄游鱼类种群的规定的协定》（以下简称《协定》）中的权利、管辖权与义务。

进一步承认WCPFC其有权在其不应损及沿海国家（特别是在《公约》管辖区域的SIDS及领地）的主权权利，管辖区域内勘探与开发、养护与管理高度洄游鱼类种群。

意识到依赖海洋生物资源的开发，包括满足其人民或部分人民的营养需求的发展中国家（特别是SIDS及领地）的脆弱性。

承认WCPFC应完全承认发展中国家（特别是SIDS及领地），关于在WCPFC《公约》管辖区域内对高度洄游鱼类种群的养护与管理，及对此类鱼类种群发展渔业的特殊需求。

进一步承认WCPFC《公约》管辖区域内较小的SIDS及领地所具有的独特需求，要求在提供财务、科学与技术援助上给予特别的关注与考虑。

牢记中西太平洋渔业委员会25个成员，有15个是SIDS及领地，且为太平洋岛国论坛渔业局（FFA）成员国，WCPFC《公约》管辖区域内有相当大比例的高度洄游鱼类渔获是在其水域所捕获的。

注意到这些沿海国行使其主权权利，已采取措施养护与管理WCPFC《公约》管辖区域的高度洄游鱼类种群，包括监测及管控WCPFC《公约》管辖区域的渔业活动。

呼吁WCPFC根据WCPFC《公约》第8条于国家管辖水域外制订兼容措施，包括有效监测及管控公海区域渔业活动的措施。

根据WCPFC《公约》第4条、第8条、第10条及第30条，决议：

CCM（WCPFC成员、合作非缔约方及参与领地，合称CCM）将在符合《1982年公约》及《协定》的规定下，制订及应用养护与管理措施。为此目的，CCM应直接或通过与WCPFC合作，提高WCPFC《公约》管辖区域内发展中国家，特别是需要发展的国家、SIDS及领地的能力，以发展其本身的高度洄游鱼类种群渔业，包括但不限于WCPFC《公约》管辖区域的公海区域。

（1）为执行本决议，已发展的CCM应共同努力并考虑新的方式，减少渔船及/或调整其船队结构，以配合《公约》管辖区域SIDS及领地发展其本身的渔业。

（2）已发展的CCM应在SIDS及领地投资建造渔船及设施或开展其他渔业相关活动，此类投资应直接与SIDS及领地按其法律所设立的本国捕捞渔业的发展有关。

（3）CCM承诺，发展中国家，特别是最需要发展的SIDS及领地的国内渔业及相关产业于2018年占《公约》管辖区域内捕捞的高度洄游鱼类种群总渔获量及价值的份额达到比目前占份额更多的目标。

（4）在 WCPFC 采取养护与管理措施时，应当考虑下述原则：

a. CCM 应确保这类措施不会把不相称的养护负担直接或间接移转给 SIDS 及领地。

b. CCM 应执行措施，包括通过直接与 SIDS 及领地合作，提高发展中成员国，特别是最需要发展的 SIDS 的能力，以发展包括但不限于《公约》管辖区域公海海域的其本身的高度洄游鱼类种群的渔业。

（5）已发展的 CCM 应确保执行养护与管理措施不会影响 SIDS 及领地的沿海加工、转载设施及相关渔船的投资，或损害 FFA 成员国的合法投资。

4. 第 2012 - 01 号决议　最佳可用科学数据

中西太平洋渔业委员会（WCPFC），承认健全的科学建议在符合国际法及 WCPFC 科学服务提供商的需求及建议下，对养护及管理中西太平洋金枪鱼类及类金枪鱼类的重要性。

认识到获得足够的科学信息，是实现 WCPFC《公约》第 2 条所述目标的基础。

回顾根据 WCPFC《公约》第 5 条，WCPFC 成员、合作非缔约方及参与领地（合称 CCM）应根据可获得的最佳可用科学数据通过相关措施，以确保《公约》管辖区域高度洄游鱼类种群的长期可持续性。

意识到发展中国家，特别是发展中小岛国及参与领地的脆弱性，其发展依赖海洋生物资源的可持续开发，因此需要获得科学数据。

注意到太平洋共同体秘书处-海洋渔业计划署（SPC - OFP）其独立提供科学建议的任务。

注意到北太平洋金枪鱼类和类金枪鱼类国际科学委员会（ISC）提供北方种群科学建议的任务。

承认发展中沿海小岛国及参与领地的财务资源有限，并希望协助其提高科学研究的能力。

认识到需要增加用来提出科学建议的数据的数量并提高数据质量，包括增加兼捕、丢弃数据的数量及提高这类数据的质量。

形成"神户流程"的意见及建议。

注意到 WCPFC 绩效审查报告中关于科学建议的条文和质量改进的建议。

按照 WCPFC《公约》第 5 条、第 10 条、第 12 条及第 13 条规定，决议：

（1）采取所有适当的措施：

a. 通过建立持续对话的机制，如通过视频会议，改善 CCM、WCPFC、SPC - OFP、ISC 及专家间的联系。

b. 改善收集与提交给 SPC - OFP 及 ISC 的数据，包括兼捕数据的质量。

c. 支持 WCPFC、SPC - OFP 和 ISC 所需信息相关的研究计划及方案。

d. 鼓励具有相应科学资格的科学家参加科学分委员会会议及其他相关的科学组织的会议。

e. 促进 WCPFC 与 WCPFC 间的科学合作。

f. 为培养科学研究人员做出贡献，包括年轻的科学家。

（2）维持并提倡科学分委员会、SPC - OFP 及 ISC 的专业独立性，并保证其工作与 WCPFC 所需信息的关联性，经由：

a. 加强科学家参与科学分委员会会议，保证科学家参加其他区域性金枪鱼类渔业管理组织及其他相关科学组织的会议。

b. 提倡 SPC - OFP 及 ISC 科学家间的协调。

c. 起草科学分委员会、SPC - OFP 及 ISC 的行为准则，经 WCPFC 研究后正式通过。为此目的，科学分委员会、SPC - OFP 及 ISC 应制定规定以避免利益冲突，确保科学活动质量、关联性及专业独立性，及若适用，确保所使用数据的机密性。

d. 起草科学分委员会、SPC - OFP 及 ISC 的策略计划，经 WCPFC 研究后正式通过。该策略计划应用于指导科学分委员会、SPC - OFP 及 ISC 协助委员会的工作，以保证其有效地履行其职责。

e. 确保科学分委员会、SPC - OFP 及 ISC 基于最佳可用科学数据进行科学分析并通过同行评审，为 WCPFC 提出恰当的、专业的、独立的且客观的科学建议。

f. 确保所有提交供科学分委员会、SPC - OFP 及 ISC 评估的文件，其来源及修订过程被完整地记录。

g. 以清楚的、透明的及标准化的格式，为 WCPFC 提出科学建议。

h. 提供定义明确的规则，以向 WCPFC 提供科学建议，并在建议中反映出努力达成共识过程中的不同见解，以提倡一致性及透明度。

i. 确保科学分委员会在审查 WCPFC 计划、提案及研究计划，以及在审查任何有关评估、分析、研究或工作及由 SPC - OFP 及 ISC 准备给 WCPFC 的建议，在 WCPFC 考虑这类建议前，应完成按 WCPFC《公约》第 12 条布置的关键任务。

（3）通过邀请专家（例如，来自其他 RFMO 或学术界）参与科学分委员会、SPC - OFP 及 ISC，特别是资源评估工作，来强化科学分委员会的同类审查机制。这些外部专家应受到现行可适用的 WCPFC 数据保密规定与程序的限制。

（4）持续支持科学分委员会、SPC - OFP 及 ISC 的倡议，在通过同行评审的学术性期刊发表其科学研究成果。

（5）为达到上述目标，考虑扩大财务支持，除其他外，还包括为履行本决议而捐助"自愿捐助基金"，特别是：

a. 捐助发展中小岛国及参与领地，以提高其科学能力，并提升其参与科学分委员会工作的能力。

b. 给科学分委员会提供必需的资源。

二、养护和管理措施

1. 第2004-03号　渔船标识与识别规范

一般条款：

（1）目的、根据与范围：

a. 本规范作为中西太平洋渔业委员会拟执行《FAO 渔船标识与识别标准》。

b. 本规范应适用于委员会成员所批准的在国家管辖水域之外 WCPFC《公约》管辖区域内作业的所有渔船。

c. 本规范应被应用于与 WCPFC《公约》的内容相关及相符的情况。

（2）定义：

在本规范中：

a.《公约》是指《中西太平洋高度洄游鱼类种群养护与管理公约》。

b. "甲板" 是指水平面上的任何表面层，包括驾驶室顶部。

c.《FAO 渔船标识与识别标准》是指 1989 年 4 月 10—14 日 FAO 于罗马召开的第 18 届渔业委员会（COFI）所通过的标准规范与指南。

d. "渔船" 是指 WCPFC《公约》第 1 条 e 款，且经一委员会成员批准于其国家管辖水域外的 WCPFC《公约》管辖区域捕鱼的任何渔船，包括渔船上携带供渔船作业使用的小艇、网艇或筏（包括气涨筏）。

e. "经营者" 是指任何负责、指挥或控制渔船者，或是经营渔船直接获取经济利益者，包括船长、船东或租用者。

规定与适用：

（1）一般规定：

a. WCPFC 各成员应确保渔船经营者：

ⅰ. 必须在其渔船上标示国际电信联盟电台呼号（IRCS）。

ⅱ. 必须在未取得 IRCS 的渔船上标示国际电信联盟（ITU）所授予 WCPFC 成员的代号，或其他可能在双边渔业合作协议所要求的国家识别代号，若适当，再标示 WCPFC 所授予的成员的捕鱼或渔船注册号码。在这种情况下，连字号应置于国家识别代号与执照或渔船注册号码之间。

b. 任何采用上述 i 或 ii 方法的识别标识，下文均简称为 WCPFC 识别号码（WIN）。

c. WCPFC 成员应确保：

ⅰ. 除国际惯例或国内法令要求标示的船名或识别标识及船籍港要求标示外，上述 WIN 应为渔船唯一的识别标识，WIN 为涂写于船身或上层结构的英文字母及数字组合。

ⅱ. 渔船标示 WIN 的要求是授权其在国家管辖水域外的《公约》管辖区域内作业的一个先决条件。

ⅲ. 以下情形属于违反国家法令：

未遵守本规范。

渔船无标识或标识错误。

蓄意移除或遮蔽 WIN。

将 WIN 交由其他经营者或渔船使用。

d. 违反上述 c 款 iii 各点时将成为拒绝授权其捕鱼的依据。

（2）标示及其他技术规范：

a. 委员会每一成员应确保经营者随时以英文明显地展示其 WIN。

ⅰ. 在船体或上层结构及船只左右舷。经营者可将 WIN 标示于船边倾斜的装置或其上层结构上，且其角度不致妨碍从另一艘船或从空中看到。

ⅱ. 在甲板上，除 d 款所述情况外。若有任何遮篷或暂时性遮盖物致甲板上的标识遭到遮蔽，这些遮盖物也应有标示。标识应以横过船的方式进行，前端的号码或字母朝向船首。

b. WCPFC 成员应确保经营者标示 WIN：

ⅰ. 高于船身两边水线位置，并避免船身及船尾摇晃时标识进入水线下。

ⅱ. 避免标识遭收存或被使用中的渔具遮蔽。

ⅲ. 远离排水管或甲板上的排水口，包括因捕获特定鱼种而易造成磨损或褪色的区域。

ⅳ. 其字母或数字不要延伸于水线下。

c. 不应要求无甲板船只将 WIN 展示在水平表面上；然而，WCPFC 成员应鼓励经营者尽可能将 WIN 标示于能清楚地从空中看见的位置。

d. 由大型船携带从事捕捞作业的小艇、网艇或筏也需标示与该船相同的 WIN。

e. WCPFC 成员须确保渔船经营者遵照下述 WIN 标示规定：

ⅰ. 字母大写及数字均须清楚标示。

ⅱ. 字母及数字的宽度须和高度成一定比例。

ⅲ. 字母及数字的高度须遵照下面的要求：

WIN 标示于船壳或其上层结构及/或倾斜表面时（表 5-1）：

表 5-1　WIN 标示的字母及数字的高度要求

渔船全长	字母及数字的高度不得小于
25 米以上	1 米
20 米以上未满 25 米	80 厘米
15 米以上未满 20 米	60 厘米
12 米以上未满 15 米	40 厘米
5 米以上未满 12 米	30 厘米
未满 5 米	10 厘米

WIN 标示于甲板时：5 米或以上的任何渔船，其高度不得小于 30 厘米。

ⅳ. 连字号的长度为字母及数字高度的一半。

ⅴ. 所有字母、数字及连字号的笔画宽度为高度的 1/6。

ⅵ. 各字母及/或数字间的空格标准为不超过其高度的 1/4 或低于高度的 1/6。

ⅶ. 有斜边的字母（如 A、V）的相邻空格标准为不超过其高度的 1/8 或低于高度的 1/10。

ⅷ. 底色为黑色时 WIN 为白色，底色为白色则 WIN 为黑色。

ⅸ. 围绕 WIN 的渔船底色宽度应超过 WIN 高度的 1/6。

ⅹ. 整个作业应使用质量优良的船用漆。

ⅹⅰ. 在使用反折射或发热材料时，WIN 应符合本规范要求。

ⅹⅱ. WIN 及底色需随时维持良好状况。

WIN 的记录：

WCPFC 成员应按 WCPFC《公约》24 条第 4 款于渔船记录中输入 WIN。

规范的检视与修正：

WCPFC 应保持对本规范的审查，并做适当修正。

2. 第 2006－04 号　西南太平洋条纹四鳍旗鱼养护与管理措施

中西太平洋渔业委员会按照 WCPFC《公约》及《联合国海洋法公约》的条文：

注意到针对西南太平洋地区条纹四鳍旗鱼（*Tetrapturus audax*）进行的第 1 次区域性资源评估指出，该鱼种的资源丰度持续降低。

进一步注意到科学分委员会建议，由于捕捞死亡率升高可能使条纹四鳍旗鱼资源出现过度捕捞的状态，作为预防性措施，条纹四鳍旗鱼的捕捞死亡率不应再升高直至资源状态较稳定。

按照 WCPFC《公约》第 10 条，通过：

（1）WCPFC 成员、合作非缔约方及参与领地（合称 CCM），应限制其在 WCPFC《公约》管辖区域内南纬 15°以南捕捞条纹四鳍旗鱼的渔船数达 2000—2004 年任一年的水平。

（2）第 1 条不应损及 WCPFC《公约》管辖区域内希望在南纬 15°以南，发展其本国条纹四鳍旗鱼渔业至 2000—2004 年水平的发展中小岛国及 CCM，及希望在其渔业水域内发展条纹四鳍旗鱼渔业达 2000—2004 年水平的沿岸国，国际法所赋予他们的合法权利与义务。

（3）CCM 应合作保持西南太平洋条纹四鳍旗鱼渔业的长期可持续性及经济可行性，特别是应合作研究降低此种群状态的不确定性。

（4）按第 1 条，CCM 应于 2007 年 7 月 1 日向 WCPFC 提供 2000—2004 年在 WCPFC《公约》管辖区域内南纬 15°以南曾捕捞条纹四鳍旗鱼的渔船船数信息，并据此提出其在前述区域内批准捕捞条纹四鳍旗鱼的最大渔船数。CCM 应每年向 WCPFC 报告在南纬 15°以南 WCPFC《公约》管辖区域内其渔船对条纹四鳍旗鱼的兼捕量，以及其捕捞条纹四鳍旗鱼的渔船数及渔获量。

（5）第 1 条至第 4 条不适用于位于 WCPFC《公约》管辖区域内南纬 15°以南的沿海国，该沿海国已采取及持续采取重大措施以表达其对西南太平洋地区条纹四鳍旗鱼状况的关切，包括制定在其管辖水域禁止将所捕获的条纹四鳍旗鱼商业性卸岸的暂时措施。

（6）WCPFC 执行秘书应按第（4）条规定汇总及传播 CCM 提供给 WCPFC 的信息。技术及纪律分委员会应监控及审查这些措施并视需要向 WCPFC 提出建议。

3. 第 2006 - 07 号　区域性观察员计划

中西太平洋渔业委员会，按照 WCPFC《公约》第 28 条：

回顾 WCPFC 于第 2 届年会决定推进 WCPFC 筹备会议第三工作小组所提建议及 WCPFC TCC - 2005/14 所认定的综合建议。

承诺执行 WCPFC《公约》第 30 条关于承认发展中国家的特殊需求。

注意到 WCPFC 应发展区域性观察员计划，以在 WCPFC《公约》管辖区域收集经核实的渔获数据、其他科学数据及与渔业相关的额外信息，并监督 WCPFC 所通过的养护与管理措施的执行情况。

进一步注意到区域观察员计划应雇佣 WCPFC 秘书处所核准的独立且公正的观察员，且该计划应就其最大可能范围内与其他区域、分区域及国家的观察员计划相互协调。

按照 WCPFC《公约》第 10 条，通过下述关于发展 WCPFC 区域性观察员计划的条款。

（1）WCPFC 兹制定发展 WCPFC 区域性观察员计划的程序。

（2）2007 年 WCPFC 第 4 届年会将通过区域性观察员计划（ROP）。

（3）WCPFC 据此设立一内部工作小组以制订区域性观察员计划，该区域性观察员计划内部工作小组（IWG - ROP）的权限由第 2 届技术及纪律分委员会所通过并附于附件 1。

（4）WCPFC 注意到太平洋岛国论坛渔业局成员国的 WCPFC 3 - 2006 - DP05 号养护与管理措施提案。该提案应送交 IWG - ROP，以供其制订区域性观察员计划参考。

附件1

内部区域性观察员计划工作小组

1. 技术及纪律分委员会（TCC）：

（1）回顾 WCPFC《公约》第 28 条要求 WCPFC《公约》管辖区域内区域性观察员计划，有下列特征：

a. 以灵活的方式筹设。

b. 具成本效益且与现存的区域、分区域及科学观察员计划相互协调以避免重复。

c. 包含 WCPFC 秘书处所核准的独立且公正的观察员。

d. 区域性观察员的培训及认证按统一的程序进行。

（2）进一步回顾 WCPFC 同意以综合建议推进区域性观察员计划。

（3）认同为迅速执行区域性观察员计划有进一步工作的必要。

（4）建议 WCPFC 为此目的，建立一 IWG‒ROP，TCC 拟订建立该小组权限的草案列于第 2 款及第 3 款，作为 WCPFC 的指南。

（5）权限草案。

2. TCC 进一步建议 IWG‒ROP 应当开展的工作，除其他外包括：

（1）对区域性观察员计划近期及长期目标的适用性进行讨论。

（2）考虑支持区域性观察员计划及其执行所需的组织及财务方面的安排。

（3）考虑区域性观察员计划的科学性、技术性、遵守情况、区域性、经济性以及其可行性。

（4）考虑每一渔业的特点，制订详细的策略计划，包括制订及阶段性执行区域性观察员计划的实际时间表。

（5）拟订区域性观察员计划中的观察员的派遣程序。

（6）考虑区域性观察员计划的每一渔业观察员的工作。

（7）考虑区域性观察员标准及协调一致程序，包括数据、通报格式及任务报告程序。

（8）考虑其他观察员计划及收集 WCPFC 所要求数据的其他方法，考虑区域性观察员计划的观察员覆盖率。

（9）考虑保证区域性观察员数据安全的作业程序及指南。

（10）与 WCPFC《公约》管辖区域内主要的现有科学观察员计划合作，建立一区域性观察员提供者的认证标准及程序草案，特别是包括：

a. 人员的征募、选拔、核发资格及培训。

b. 有能力执行 WCPFC 所要求的区域性观察员任务及任务的技术与作业规定，包括数据的管理。

c. 区域性观察员日常管理，包括所有人员与财务事务，以及所有后勤要素的协调。

d. 有能力、有效率及安全地派遣与召回区域性观察员。

e. 有能力安排与区域性观察员进行面谈，及初步检查与验证所收集的数据与所准备的报告。

f. 安全规章及程序。

g. 与委托国家、公司及接受区域性观察员渔船保持良好的联系。

（11）准备区域性观察员权利、职务及责任的指南。

（12）拟订程序便于发展区域性观察员计划以取得 WCPFC 认证。

（13）考虑区域性观察员计划数据管理的要点。

（14）准备区域性观察员海上安全课程的标准。

（15）考虑区域性观察员行为准则及监测区域性观察员是否遵守该行为准则的程序。

（16）向 WCPFC 提出关于接受区域性观察员需遵守安全标准的建议。

3. TCC 建议 IWG‑ROP 应根据第 2 届 TCC 会议的讨论，如该会议报告的第 52～69 段内容，审查包括 WCPFC‑TCC2‑2006‑11 号文件中的区域性观察员计划第 1 版草案文件，并准备一修正草案。

4. 承认发展区域性观察员计划应包括科学性数据议题的需求，TCC 建议 WCPFC 与科学分委员会（SC）主席就 IWG‑ROP 的工作指南进行讨论。TCC 也建议科学分委员会主席与 WCPFC 秘书处合作，促进科学分委员会于会议期间就 IWG‑ROP 工作指南进行讨论，WCPFC 秘书处应为 WCPFC 成员、合作非缔约方及参与领地（合称 CCM）、参与 TCC 及 SC 会议的人员提供该工作指南，以协助 CCM 准备在 WCPFC 会议上进行后续讨论。

5. 为处理第 2 款及第 3 款所提及的工作指南，TCC 建议 IWG‑ROP 应于会议期间工作，并尽可能以电子方式开展其工作。

6. TCC 进一步建议区域性观察员计划修正文件及其他 IWG‑ROP 需要准备的其他文件，应于第 3 届 TCC 及 SC 会议召开前两个月提交给这两个分委员会，供其考虑及准备向 WCPFC 提出建议。WCPFC 秘书处应于 WCPFC 第 4 届年会召开前至少 40 天，准备并向 WCPFC 提交有关区域性观察员计划修正文件及其他文件，以及第 3 届 TCC 及 SC 会议的评论。

4. 第 2006 - 08 号　中西太平洋渔业委员会登临及检查程序

第 1 条：兹根据 WCPFC《公约》第 26 条，中西太平洋渔业委员会（WCPFC）的登临及检查程序如下。

定义

第 2 条：就解释及履行本程序的目的，应适用如下定义：

（1）《公约》是指 2000 年 9 月 5 日在夏威夷檀香山所通过的《中西太平洋高度洄游鱼类种群养护与管理公约》。

（2）"委员会"是指按 WCPFC《公约》第 9 条所设立的委员会，一般称为中西太平洋渔业委员会。

（3）"检查船舶当局"是指对检查船舶具有管辖权的缔约方当局。

（4）"渔船当局"是指对渔船具有管辖权的 WCPFC 成员当局。

（5）"经授权检查船舶"是指任何包括在 WCPFC 船舶记录名单内，经授权按本程序参与登临及检查活动的船舶。

（6）"经授权检查员"是指受雇于负责登检的当局并在 WCPFC 名单记录内，经授权按本程序进行登临及检查活动的检查员。

目的

第 3 条：按本程序进行的登检及相关活动，其目的应是确保遵守 WCPFC《公约》条文及 WCPFC 所通过且有效的养护与管理措施。

适用范围

第 4 条：本程序应适用于 WCPFC《公约》管辖区域内的公海。

一般权利与义务

第 5 条：在本程序条文规范下，每一缔约方，可对按照 WCPFC《公约》规范从事或据称已从事渔业的渔船，在公海进行登临及检查。

第 6 条：除 WCPFC 另有决定外，本程序应整体适用于缔约方与捕鱼实体，但仅限于通知同意的本条的相关缔约方。

第 7 条：每一 WCPFC 成员应确保悬挂其旗帜的渔船能接受依此程序经授权检查员所进行的登临及检查。经授权检查员在进行任何此类活动时应遵守本程序。

一般原则

第 8 条：本程序要履行及实施 WCPFC《公约》第 26 条、附件 3 的第 6 条（2），且本程序的解读必须与这类条文相一致。

第 9 条：本程序应以透明及无差别待遇的方式履行，除其他外考虑：

（1）在被登临的渔船上观察员的有无，以及检查的频率及效果等因素。

（2）监测遵守 WCPFC《公约》条文及养护与管理措施的整体机制，包括 WCPFC 成员渔船当局对其所属渔船所进行的检查活动。

第 10 条：为尽力确保所有渔船能遵守规定，按本程序所进行的登临及检查，优先执行于：

（1）悬挂 WCPFC 成员旗帜，但不在 WCPFC 渔船注册记录内的渔船。

（2）合理相信从事或已从事任何违反 WCPFC《公约》或任何养护与管理措施活动的渔船。

（3）船旗国没有派遣巡逻船在适用区域执行监控其所属渔船（WCPFC 成员所属的渔船）。

（4）没有科学观察员在其上的渔船。

（5）大型金枪鱼渔船。

（6）曾有记录违反国际养护与管理措施，或任何国家按法律与规章所制定的养护与管理措施的渔船。

第 11 条：WCPFC 应持续检视本程序的履行情况。

参与

第 12 条：WCPFC 应保存所有经授权检查船舶及当局或经授权检查员的记录名单。仅 WCPFC 记录名单所列的船舶及当局或经授权检查员，才有权按本程序在 WCPFC《公约》管辖区域内的公海登临及检查悬挂外国船旗的渔船。

第 13 条：若要按本程序进行登临及检查，每一缔约方应通过执行秘书通知 WCPFC，并提供以下信息：

（1）关于按本程序赋予登临及检查活动的每艘经授权检查船舶应具有：

a. 有关船舶细节〔名称、叙述、照片、登录号码、注册港（如果注册港有异时，船体所标示的港口）、国际无线电呼号及通信能力〕。

b. 有关经授权检查船舶有清楚的标识及可辨识是为政府服务的通知。

c. 有关全体船员已按 WCPFC 通过的标准与程序，接受并完成有关执行海上登临及检查培训。

（2）关于按本程序指派的经授权检查员：

a. 提供负责登临及检查的当局名称。

b. 有关此当局的经授权检查员充分熟悉所要执行检查的渔业活动、WCPFC《公约》条文及有效的养护与管理措施。

c. 有关此当局的经授权检查员已按 WCPFC 通过的标准与程序，接受并完成有关执行海上登临及检查培训。

第 14 条：当在军事船舶上执行登临及检查时，检查船舶当局应确保登临及检查是由充分接受过渔业执行程序培训的检查员进行，且该检查员需符合本程序所述的要求。

第 15 条：缔约方按第 13 条所通知的经授权检查船舶及经授权检查员，一旦经执行秘书确认其已符合要求时，应记入 WCPFC 记录名单中。

第 16 条：为提高 WCPFC 登临及检查程序效能及最大限度地利用已受训的检查员，缔约方可建立良好的机制，将经授权检查员派遣到其他缔约方的经授权检查船舶上。有此需要时，缔约方应就此目标尝试缔结双边安排，或促进彼此间的沟通，以达到履行本程序的目的。

第 17 条：执行秘书应确保经授权检查船舶及当局或经授权检查员的名单，在任何时候均可为所有 WCPFC 的成员获得，且应立即传送任何变更数据。更新名单应公布在 WCPFC 的网站上。每一 WCPFC 成员应采取必要措施，以确保这些名单能传送给其所属在 WCPFC《公约》管辖区域作业的每一艘渔船。

程序

第 18 条：经授权检查船舶应以清楚明显的方式悬挂 WCPFC 设计的 WCPFC 检查旗帜。

第 19 条：经授权检查员应携带核准的身份证件，以证明该检查员是根据本程序，经 WCPFC 授权进行登临及检查。

第 20 条：经授权检查船舶欲对在公海上从事或据称从事 WCPFC《公约》管理的渔业的渔船采取登临及检查前，应：

（1）尽最大努力以无线电、国际专用的代号信息或其他可被接受的警示方法与渔船取得联系。

（2）证明自身为经授权检查船舶，并提供相关信息，包括船名、注册号码、国际无线电呼号及联系频率。

（3）告知船长，经 WCPFC 授权并按本程序，其要登临及检查该船的意图。

（4）经由执行登临及检查的检查船舶当局通知渔船当局。

第 21 条：依本程序进行登临及检查时，经授权检查船舶及经授权检查员应尽最大努力，用渔船船长能理解的语言与其沟通。如有必要促进经授权检查员与船长间的沟通，经授权检查员应使用由秘书处准备并传送给经授权检查船舶缔约方的标准化多国语言的调查表。

第 22 条：经授权检查员应有检查渔船、渔船证照、渔网、装备、记录、设施、渔获与渔产品及任何相关文件的权限，以核实其是否遵守 WCPFC《公约》养护与管理措施。

第 23 条：按本程序进行登临及检查应：

（1）按国际所接受的良好航海技术原则执行，以避免危害渔船及船员的安全。

（2）以尽可能不干预渔船合法行动的方式进行。

（3）合理注意，以避免不利于渔获质量的行动。

（4）不采取会对渔船、渔船干部或船员造成困扰的方式进行。

第 24 条：在进行登临及检查时，经授权检查员应：

（1）向渔船船长出示他们的身份证件以及遵照 WCPFC《公约》在相关公海区域内相关措施进行登临及检查。

（2）不干涉船长与渔船当局联络。

（3）在 4 小时内完成渔船检查，除非发现有重大违规证据。

（4）收集及清楚地记录任何他们认为违反 WCPFC《公约》措施的证据及信息。

（5）离开渔船前，向船长提供临时登检报告的复印件，内容包括船长希望纳入该报告的任何异议及声明。

（6）完成检查后，迅速离开该渔船。

（7）按第 30 条规定，将完整的登检报告提供给渔船当局，该报告应包括船长的任何声明。

第 25 条：在进行登临及检查时，渔船船长应：

（1）遵循国际所接受的良好航海技术原则，以避免危害检查船舶及经授权检查员的安全。

（2）接受并协助经授权检查员迅速且安全地登临。

（3）配合及协助按本程序所进行的渔船检查。

（4）不能攻击、抵抗、恐吓、干预或不适当地阻挠或延迟经授权检查员履行其职责。

（5）允许经授权检查员联系检查船舶上的船员、检查船舶当局，及接受检查渔船的当局。

（6）提供合理设施，若适当，包括食物及住宿。

第 26 条：若渔船船长拒绝经授权检查员按本程序进行的登临及检查，该船长应对其拒绝进行合理的解释。检查船舶当局应将船长的拒绝与解释立即通知渔船当局及 WCPFC。

第 27 条：除按一般可被接受的有关海上安全的国际规章、程序及惯例而有必要延迟登临及检查外，渔船当局应指示船长接受登临及检查。若船长不遵守指示，该成员应中止该船的捕鱼许可并令其立即返港。该成员应将其在这种情况下所采取的行动，立即通知检查船舶当局及 WCPFC。

使用武力

第 28 条：避免使用武力，但为确保经授权检查员的安全和在经授权检查员执行任务时不受到阻碍而必须使用除外。使用的武力不应超过按情况为合理需要的程度。

第 29 条：任何涉及使用武力的事件，应立即报告渔船当局及 WCPFC。

检查报告

第 30 条：经授权检查员应按 WCPFC 指定的格式就每次按本程序进行的登临及检查准备完整的报告。检查船舶当局应在完成登临及检查后 3 个工作日内，将登临及检查报告复印件传送给被检查渔船当局及 WCPFC。如果检查船舶当局无法在规定时间内将该报告提供给渔船当局，检查船舶当局应通知渔船当局，并应具体告知何时提供该报告。

第 31 条：这类报告应包括经授权检查员姓名及所属当局，及清楚载明经授权检查员认为违反 WCPFC《公约》或已生效的养护与管理措施的任何活动或情况，并提供确切违规的事实证据。

重大违规

第 32 条：进行登临及检查时，若经授权检查员观察到的活动或情况构成第 37 条所定义的重大违规时，检查船舶当局应直接或经由 WCPFC，立刻通知渔船当局。

第 33 条：当收到第 32 条所述的通知时，渔船当局应毫不延迟地：

（1）承担职责进行调查，若该违规事项被证实，则对此渔船采取执法行动，并通知检查船舶当局及 WCPFC。

（2）委托检查船舶当局对可能的违规情况完成调查，并通知 WCPFC。

第 34 条：就第 33 条（1）的情况而言，检查船舶当局应迅速将经授权检查员所收集的具体证据提供给渔船当局。

第 35 条：就第 33 条（2）的情况而言，检查船舶当局在完成调查后，应将经授权检查员所收集的具体证据，并同其调查的结果，迅速提供给渔船当局。

第 36 条：当收到第 32 条所述的通知时，渔船当局应尽最大努力有所回应，且在任何情况下均不迟于 3 个工作日。

第 37 条：为本程序的目的，重大违规是指下列违反 WCPFC《公约》条文及 WCPFC 所通过的养护与管理措施的行为：

（1）未持有 WCPFC《公约》第 24 条规定船旗成员所核发的证照、许可或授权的捕捞作业。

（2）未保有 WCPFC 需求的渔获及渔获相关数据的充分记录，或对相关渔获数据有重大的不实报告。

（3）在禁渔区捕捞。

（4）在禁渔期捕捞。

（5）有意捕捞或留存违反 WCPFC 养护与管理措施的鱼种。

（6）严重违反按 WCPFC《公约》所定的渔获限制或配额。

（7）使用禁用的渔具。

（8）伪造或故意隐藏有关渔船的标识、身份或登记。

（9）隐藏、篡改有关调查违反行为的证据。

（10）多项违反行为并举，构成严重藐视 WCPFC 已生效的措施的事实。

（11）攻击、抵抗、恐吓、性骚扰、干预或不当阻挠或延迟经授权检查员登临。

（12）故意篡改或损坏渔船监控系统。

（13）经本程序修改并公布的其他违规行为中 WCPFC 确定的重大违规行为。

执行

第 38 条：任何按本程序进行登临及检查而取得有关渔船违反 WCPFC《公约》或 WCPFC 已通过的生效的养护与管理措施的证据，应提交给渔船当局，使渔船当局依 WCPFC《公约》第 25 条采取行动。

第 39 条：为本程序的目的，渔船当局应将其所属渔船、船长或船员对经授权检查员或检查船舶的干扰行为，视为是在其专属管辖权下的干扰行为。

年度报告

第 40 条：有授权检查船舶执行本程序的缔约方，每年应向委员会报告其所属检查船舶的登临及检查作为，及所观察到的可能违规行为。

第 41 条：各 WCPFC 成员按《公约》第 25 条第 8 项提出的报告内容，应包含其遵守情况的年度声明，表示已对其遭登临及检查渔船的可能违规提出响应，其中包括所有的调查过程与处罚。

其他条文

第 42 条：经授权检查船在履行本程序时，应确认非缔约方渔船在 WCPFC《公约》管辖区域公海内所从事的渔业活动。一旦确认该类船舶后，应立即向委员会报告。

第 43 条：经授权检查船舶应通报第 41 条所述的渔船，并转告该船已被目击或确认从事损害《公约》有效性的捕捞行为，且此类信息将分发给 WCPFC 成员及这类有问题的渔船的船旗国。

第 44 条：若认为适当，经授权检查员可要求该渔船或其船旗国答应登临属第 42 条所述的渔船。若渔船船长或船旗国同意，任何因检查而发现的信息，应传送给执行秘书。执行秘书应将此信息传送给所有成员及渔船船旗国。

第 45 条：当履行本程序的行动不合法或超出当时情况下应采取的正当措施时，缔约方须对该行动所造成的损失及损害负责。

委员会的协调及监督

第 46 条：在同一行动区域内的经授权检查船舶应建立一个常态的联系机制，以达到分享有关按本程序在该区域巡逻、执行登临及检查，及其他职责的执行情况等相关信息的目的。

第 47 条：WCPFC 应持续审查本程序的履行及运作情况，包括审查成员所提交的有关本程序的年度报告。在适用本程序时，各缔约方可尝试促进经授权检查船舶及经授权检查员更好地工作，经：

（1）确认按本程序执行登临及检查的区域和（或）渔业的优先性。

（2）确保在公海上的登临及检查行为能充分与 WCPFC《公约》所定其他的监视及监测手段相结合。

（3）在不会失去对重大违规进行调查的机会时，确保对 WCPFC 成员在公海渔船的登临及检查无差别待遇。

（4）考虑 WCPFC 成员为监控及确保其所属渔船，尤其是在属其管辖海域内但延伸至邻近公海作业的小型渔船遵守适用于公海作业渔船的登临及检查。

分歧的解决

第 48 条：有关本程序的解释、适用或履行存在分歧时，当事方应尝试以协商方式解决分歧。

第 49 条：若该分歧在协商后仍未解决，在当事方请求及 WCPFC 同意下，WCPFC 执行秘书应将该分歧提交给技术及纪律分委员会（TCC）。TCC 应成立具代表性且被当事方所接受的 5 人专门小组考证该事项。

第 50 条：专门小组在 TCC 召开审查会议前 2 个月内完成对分歧的考证并做出报告，并经由 TCC 主席送交 WCPFC。

第 51 条：在收到该报告后，WCPFC 可对任何这类分歧提供适当建议供有关成员考虑。

第 52 条：有关分歧解决条文的适用应无约束力。其条文规定应不损及任何成员运用 WCPFC《公约》所提供争端解决程序的权利。

5. 第2008-04号　禁止在WCPFC《公约》管辖区域的公海使用大型流网

中西太平洋渔业委员会（WCPFC）：

回顾联合国大会（UNGA）第46/215号决议呼吁暂停全球公海大型流网捕鱼作业及《威灵顿公约》寻求在WCPFC《公约》区域禁止流网捕鱼作业。

注意到若干渔船持续在北太平洋公海，包括WCPFC《公约》管辖区域从事大型公海流网捕鱼作业。

注意到任一渔船在WCPFC《公约》管辖区域的公海从事大型流网捕鱼作业，或准备从事大型公海流网捕鱼作业，该渔船会捕捞到WCPFC所关注的鱼种，且可能削弱WCPFC所通过的养护与管理措施的有效性。

注意到最近有信息指出，该类渔船与高度洄游物种，如金枪鱼类、剑鱼、鲨鱼及WCPFC《公约》所包括的其他物种的相互作用更频繁；及与遗失或丢弃流网有关联的幽灵捕捞（ghost fishing）已对这些受关注鱼种及海洋环境产生严重的负面作用。

察觉WCPFC北方分委员会第4届年会建议WCPFC通过养护与管理措施，禁止在WCPFC《公约》管辖区域的公海使用大型流网作业。

按WCPFC《公约》第10条规定，通过下列养护与管理措施。

（1）禁止在WCPFC《公约》管辖区域的公海使用大型流网[①]，且此类网具应视为禁用渔具。使用这类渔具应构成WCPFC《公约》第25条所称的严重违规。

（2）CCM应采取所有必要措施，禁止其渔船在WCPFC《公约》管辖区域的公海使用大型流网。

（3）任一CCM所授旗的渔船若被发现在WCPFC《公约》区域的公海水域作业，且已配置使用大型流网或持有大型流网，将被推定在WCPFC《公约》管辖区域的公海水域使用大型流网捕鱼。

（4）经CCM正式授权而在国家管辖水域使用大型流网作业的渔船，且在WCPFC《公约》管辖区域的公海时，以无法立即用于捕鱼的方式，存舱或牢靠紧绑其所有大型流网及相关渔捞设备，第（3）条规定对这类渔船不适用。

（5）CCM应于年度报告第2部分的监测、管控及侦察行动摘要中，描述关于在WCPFC《公约》管辖区域的公海大型流网捕鱼作业的情况。

（6）WCPFC应定期评估是否应当通过及执行额外措施，以确保不在WCPFC《公约》管辖区域的公海使用大型流网。

（7）本措施不妨害CCM制定更严厉的措施，以规范大型流网的使用。

---

① 大型流网被定义为长度超过2.5千米的刺网或其他网衣或网衣的组合，其目的是当这些网衣在海表面或水中漂流时，使鱼刺入、陷入，或缠络。

6. 第 2009 - 02 号　公海 FAD 禁渔期和渔获物留存

回顾 2008 - 01 号[①]（CMM 2008 - 01）规定在南北纬 20°区域间围网渔船的 FAD 禁渔期及渔获物留存的管理措施。

关注以明确有关 FAD 禁渔期及渔获物留存条款。

关注以确保，按 WCPFC《公约》第 8 条第 1 款，公海和国家管辖区域的养护与管理措施需保持一致。

意识到 CMM 2008 - 01 有关措施执行时的不完整或不一致将削弱本措施的有效性。

回顾《瑙鲁协定》成员国（PNA）已制订详细规定以执行这类国家专属经济区内的 FAD 禁渔期和渔获物留存规定。

按照 WCPFC《公约》第 10 条，通过下述被视为 CMM 2008 - 01 的一部分的措施：

目的：

（1）本措施的目的为：

a. 通过设立最低标准，确保在南北纬 20°间公海完全执行 FAD 禁渔期和渔获物留存的措施。

b. 对 FAD 禁渔期和渔获物留存采取高标准，以排除以聚集鱼类为目标或丢弃小鱼的任何可能性。

（2）WCPFC 成员、合作非缔约方及参与领地（合称 CCM）应采取必要措施，确保在公海上悬挂其旗帜的围网渔船，遵守 CMM 2008 - 01 有关 FAD 禁渔期和渔获物留存条款的规则。

FAD 的禁渔期规则：

（3）CMM 2008 - 01 脚注 1 关于 FAD 的定义应被诠释为：用于聚集鱼类的任何大小的物体或一群物体，不论是投放与否，生物或非生物，包括但不限于浮标、浮筒、网具、网片、塑料、竹子、圆木及漂浮在海面或接近海面的鲸鲨。

（4）在 CMM 2008 - 01 规定的 FAD 禁渔期间，围网渔船不应在 FAD 1 海里范围内下网。即，当渔船下网后，渔船或其任何渔具或小艇不能在任何时间位于 FAD 1 海里范围内。

（5）渔船经营者不应将渔船用于聚集鱼类，或以包括水下灯光及撒饵方式移动被聚集的鱼。

（6）FAD 禁渔期间，渔船不应回收 FAD 及/或有关电子设备，除非：

a. FAD 及/或有关电子设备被回收且置于渔船上，直到被卸下或禁渔期结束。

b. 渔船在回收后的 7 天时间或在回收任何 FAD 位置半径 50 海里的范围内不进行捕捞。

（7）除第（6）条外，渔船不应用来与其他渔船相互合作以捕捞所聚集的鱼。在 FAD 禁渔期间，渔船不应在其他渔船回收 FAD 后 24 小时内的 1 海里范围内下网。

渔获留存的规则：

（8）当渔船经营者决定鱼类因体长、可销售性或鱼种组成有关原因而不应在船上留存时，鱼类应在围网完全收拢且一半网具已回收前释放。

（9）当渔船经营者决定鱼类因不适合人类食用而不应在船上留存时，应适用下述定义：

a. 不适合人类食用，包括但不限于这些鱼：

---

① 中西太平洋大眼金枪鱼及黄鳍金枪鱼养护与管理措施。

ⅰ. 被围网缠住或压碎。

ⅱ. 被鲨鱼或鲸鱼类咬食造成损伤。

ⅲ. 在网内已死亡及腐烂，由于设备故障导致无法正常收回网具与渔获，也无法将活鱼释放。

b. 不适合人类食用，并不包括这些鱼：

ⅰ. 因体长、可销售性或鱼种组成而被认为不被人类喜食。

ⅱ. 由于渔船船员作为或不作为造成的鱼类腐烂或污染。

（10）当渔船经营者认为一个航次最后一网鱼，因鱼舱没有足够空间容纳该网次的鱼而不应留存在渔船上时，该渔获物可丢弃，如果：

a. 渔船船长及船员试图尽可能释放活鱼。

b. 渔获物被丢弃后不再进行捕捞，直到船上的渔获物已卸岸或转载。

（11）渔获物不应自船上丢弃，除非经科学观察员估算被丢弃渔获物的鱼种组成。

（12）渔船经营者应在任何渔获丢弃后 48 小时内，向 WCPFC 执行秘书提交包括下述信息的报告：

a. 渔船船名，船旗及 WCPFC 识别号码，船长姓名及国籍。

b. 执照号码。

c. 渔船上科学观察员姓名。

d. 丢弃发生的日期、时间和位置（经纬度）。

e. 该网次的日期、时间、位置（经纬度）和类型（漂流 FAD、锚碇 FAD、自由群等）。

f. 渔获物丢弃的理由（如果渔获按第 6 条丢弃，应包括回收状态的声明）。

g. 估计丢弃渔获物的吨数和鱼种组成。

h. 估计该网次所留存渔获物的吨数和鱼种组成。

i. 如果渔获物按第（10）条丢弃，应提出直到船上渔获物卸下前，不再进行捕捞的声明。

j. 其他船长认为有关的数据。

（13）渔船经营者也应提供第（12）条所述数据的复印文件给船上的科学观察员。

7. 第 2009 - 03 号　剑鱼养护与管理措施

中西太平洋渔业委员会，按照 WCPFC《公约》及《1982 年 12 月 10 日联合国海洋法公约》的条文：

注意到对西南太平洋剑鱼资源所进行的评估指出，近年来西南种群资源丰度的增加，且模型预测在目前捕捞死亡率水平下资源丰度将进一步增加；可信的评估指出并未发生生产型过度捕捞，且西南太平洋剑鱼种群并未处于资源型过度捕捞的状态。

注意到由于 2008 年西南太平洋剑鱼资源评估的不确定性，科学分委员会（SC）建议渔获量或努力量不应增加，以维持该种群高于其相关限制参考点。

进一步注意到在缺少正式资源评估情况下，SC 已建议，作为预防性措施，太平洋中南部剑鱼的捕捞死亡率不应再增加，且把捕捞死亡率限制在目前的水平，直至较好地掌握捕捞对太平洋中南部剑鱼种群的影响，且已确定该种群与其他南太平洋种群的关系。

承认 IATTC 对共同关心鱼种建立互补养护与管理措施的重要性，且在太平洋中部的剑鱼种群可能存在于 WCPFC 及 IATTC 两者皆有管辖权限的水域内。

承认 IATTC 及 WCPFC 皆有必要通过养护与管理措施，以便于对太平洋剑鱼种群进行可持续管理。

承认良好管理的太平洋中南部剑鱼资源，对发展中小岛国及参与领地国内渔业而言，是其重要的长期的经济来源。

按照 WCPFC《公约》第 10 条，通过：

（1）WCPFC 成员、合作非缔约方及参与领地（合称 CCM）应限制其在南纬 20°以南 WCPFC《公约》管辖区域内捕捞剑鱼的渔船的船数，使其介于 2000—2005 年（附件 1）任一年的水平。

（2）除按第（1）条规定的限制船数外，CCM 应限制悬挂其旗帜的渔船在南纬 20°以南 WCPFC《公约》管辖区域内的剑鱼渔获量介于 2000—2006 年任一年的水平。

（3）由于本措施的结果，CCM 不应将其捕捞剑鱼的渔船转移至南纬 20°以北区域。

（4）CCM 应于 2010 年 4 月 30 日前，确定允许在南纬 20°以南 WCPFC《公约》管辖区域持续捕捞剑鱼的最大总渔获量。该数量不应超过其向 WCPFC 申报的 2000—2006 年任一年经核实的最大渔获量。

（5）第（1）条至第（4）条及第（9）条不应损害 WCPFC《公约》管辖区域内，希望追求发展其本身剑鱼渔业达到负责任水平的发展中小岛国及参与领地，在国际法下的合理权利与义务。

（6）为达到第（1）条至第（4）条及第（9）条管理措施的目的，由发展中沿海国家通过租赁、租借或其他类似机制经营的渔船，作为其国内渔船的一部分，应视为该发展中岛国及参与领地所属的渔船。此类租赁、租借或其他类似机制应不得租赁已知的非法的、不报告的及不受管制的（IUU）渔船。

（7）CCM 应共同保护西南太平洋剑鱼渔业的可持续性及经济上可维持经营，特别是应合作研究减少剑鱼种群状况的不确定性。

（8）CCM 应向 WCPFC 报告捕捞剑鱼的渔船总数及总渔获量：

a. 在 WCPFC《公约》管辖区域南纬 20°以南悬挂其旗帜的船数，但排除以租赁、租借或其他 CCM 经营的渔船（排除渔船的相关数据作为南纬 20°以南国内渔业的一部分进行提交）。

b. 以租赁、租借或其他类似机制经营，作为南纬 20°以南国内渔业一部分的渔船。

c. 在南纬 20°以南其专属经济区水域内作业的任何其他渔船。

d. 本信息应在各 CCM 的年度报告第 1 部分中提供。开始时，本信息将以附件 2 的格式提供 2000—2009 年的数据，以后每年进行更新。

（9）作为一临时措施，且不损害 WCPFC 未来关于监测和响应养护与管理措施的遵守决定，直到 WCPFC 通过一关于遵守养护与管理措施的机制，包括船旗国超用所分配年度渔获量限额的应对措施。若 WCPFC 决定悬挂一 CCM 旗帜的渔船渔获量超过上述第（2）条及第（4）条所述的总渔获量，该 CCM 渔获量限额将扣除超出部分。该项扣除将立即适用于 WCPFC 决定的渔获量限额已超用后的一年。

（10）执行秘书应每年汇总并向技术与纪律分委员会（TCC）发送 CCM 按上述第（8）条提供给委员会的信息。TCC 应监控及审查本措施的遵守情况，并视需要向 WCPFC 提供建议。

（11）WCPFC 将于 2011 年审查本措施，包括根据 SC 基于未来南太平洋剑鱼资源评估的建议。

（12）本措施取代 2008 - 05 号养护与管理措施。

附件 1

详细内容见附表 1-1。

附表 1-1 2000—2007 年在南纬 20°以南 WCPFC《公约》管辖区域已捕捞剑鱼的 CCM 船旗渔船数
（各 CCM 的最大渔船数以粗体标出）

［来源：中西太平洋渔业委员会-TCC4-2008/10（3Rev.）2008 年 9 月 30 日附录 2］

年度	澳大利亚	伯利兹	库克群岛	欧盟	韩国	新喀里多尼亚（兼捕）	新西兰	中国台湾			美国
								季节性>100总登记吨数	兼捕>100总登记吨数	兼捕<100总登记吨数	
2000	140	0		0	22	15	103	10	41	17	
2001	159	0		0	22	12	132	10	41	17	
2002	144	0		0	22	11	151	10	42	17	
2003	134	0	16^2	0	24	15	132	12	55	17	
2004	121	0	15	8	22	25	99	8	39	17	
2005	100	0	6	14	23	15	57	6	40	19	
2006	55	0	8			6		4	27	26	2
2007	54	1^1		15^3	4		74^4	3	16	30	2

注：[1] 见伯利兹 2008 年 4 月 29 日报告委员会的渔获量及捕捞努力量数据（兼捕）。

[2] 注意到第 5 条的适用：本数据并不损害库克群岛发展其国内渔业的权利。

[3] 见欧盟 2007 年 1 月 1 日至 12 月 31 日年度报告第 1 部分。

[4] 见新西兰 2007 年 1 月至 12 月 31 日的年度报告（第 2 部分）。

附件 2

详细内容见附表 2-1。

附表 2-1　各船旗 CCM 及沿岸国 CCM 剑鱼渔获量报告格式（在各 CCM 年度报告第 1 部分提交）

年度	南纬 20°以南悬挂 CCM 船旗的渔船 *		租赁渔船 **		南纬 20°以南 CCM 管辖水域内作业的其他渔船		
	渔获量（吨）	船数（只）	渔获量（吨）	船数（只）	船旗	渔获量（吨）	船数（只）
2000							
2001							
2002							
2003							
2004							
2005							
2006							
2007							
2008							
2009							

注：* 按照第（6）条和第（8）条 a，船旗 CCM 不需要报告租赁渔船。

　　** 按照第（6）条和第（8）条 b，租船 CCM 需报告租赁渔船。

8. 第 2009－05 号　禁止在数据浮标周围作业

中西太平洋渔业委员会（WCPFC）：

察觉许多国家，包括 WCPFC 成员，在 WCPFC《公约》管辖区域和全球海域投放及操作数据浮标，收集信息以改善天气及海洋预报精度，由此测量海洋表面和次表层数据为渔业提供协助，为海上搜救提供协助，及收集关键数据用以进行气候预测和以气象学和海洋学为题的研究。

了解高度洄游鱼类，特别是金枪鱼类聚集在数据浮标附近。

注意到减少数据浮标周围的捕捞作业次数，有助于协助 WCPFC 减少大眼金枪鱼及黄鳍金枪鱼幼鱼的渔获量。

承认世界气象组织（WMO）及政府间海洋学委员会（Intergovernmental Oceanographic Commission）已确定在太平洋及世界各地渔船任意破坏及损害数据浮标是重大问题。

关注恣意破坏或损害数据浮标，导致对气象预报、海洋况研究、海啸预警和海上搜救等工作提供支持或援助的关键数据丢失，且 WCPFC 成员需花费相当多的时间和资源去寻回、替换和维修因捕捞方法或恣意破坏而受损的数据浮标。

注意到数个数据浮标计划的描述、型号和位置的信息可在因特网上获得。

进一步注意到 WCPFC 的授权是，通过一般所建议的关于负责任捕捞行为的国际最低标准。

按照 WCPFC《公约》第 10 条，通过下述养护与管理措施：

（1）WCPFC 成员、合作非缔约方及参与领地（合称 CCM）应禁止其渔船在 WCPFC《公约》管辖区域公海的数据浮标 1 海里范围内作业或互相影响，禁止行为包括但不限于，将渔具围绕浮标；将数据浮标捆绑或系于渔船或任何渔具或渔船的一部分或至另一个数据浮标或其系泊设备；或剪断数据浮标锚绳。

（2）为本管理措施的目的，数据浮标被定义为由政府或经承认的科学组织或实体，为收集测量海洋环境数据，而非为渔业活动目的所投放的浮动装置，无论其为漂浮或锚碇。

（3）CCM 应禁止渔船将数据浮标拉上船，经负责管理或拥有对该数据浮标的成员要求或特别授权的除外。

（4）CCM 应鼓励其在 WCPFC《公约》管辖区域作业的渔船留意在海上泊碇的数据浮标，并采取所有合理措施避免渔具缠络或以任何方式与这些数据浮标直接互动。

（5）CCM 应要求与数据浮标发生缠络的渔船，尽可能以对数据浮标造成的损害最小的方式移除缠络的渔具。鼓励 CCM 要求其渔船报告所有缠络情况，并提供数据、位置和缠络情况，以及任何该数据浮标所包含的识别信息。CCM 应将所有这类报告发送给 WCPFC 秘书处。

（6）与上述第（1）条及第（2）条不一致的渔业活动将被视为损害 WCPFC《公约》及WCPFC 养护与管理措施，并应构成 WCPFC《公约》第 25 条所称的严重违规。

（7）尽管有第（1）条，向 WCPFC 申请并取得授权的科学研究计划，可在一数据浮标 1 海里范围内操作渔船作业，只要该渔船不会与数据浮标产生如第（1）条所述的互动。

9. 第 2009 - 06[①] 号　转载规定

中西太平洋渔业委员会（WCPFC）：

承认有效的高度洄游鱼类种群养护与管理措施，依赖于 WCPFC《公约》管辖区域内此类种群渔获量的准确报告。

承认海上转载是常见的运营方式，但不受管制和未报告的高度洄游鱼类种群渔获海上转载，特别是在公海，造成此类种群渔获量的报告失真，并助长 WCPFC《公约》管辖区域的非法的、不报告的及不受管制的（IUU）捕捞。

回顾 WCPFC《公约》第 29 条（1）款规定为支持确保正确的渔获量报告所做的努力，WCPFC 成员应鼓励其渔船，在可行的范围内，于港内进行转载。

也回顾《公约》第 29 条（2）款及（3）款有关在 WCPFC 成员的港口或其国家管辖海域内的转载，应按适用的国内法进行，且 WCPFC 应制订程序以取得并核实在 WCPFC《公约》管辖区域内的港口及海上所转载渔获数量及种类的数据，并制订程序以决定 WCPFC《公约》所管辖的转载在何时完成。

进一步回顾 WCPFC《公约》第 29 条（4）款规定在国家管辖区域外的 WCPFC《公约》管辖区域海上进行转载，仅应按 WCPFC《公约》附件 3 第 4 条所设定的条件及第 29 条第 3 款所制订的程序进行，这些程序应考虑相关渔业的特性。

进一步回顾 WCPFC《公约》第 29 条（5）款规定除 WCPFC 为反映现有的作业情况所通过的特定例外外，禁止在 WCPFC《公约》管辖区域内作业的围网渔船进行海上转载。

承认港口作业对发展中小岛国成员、合作非缔约方及参与领地（合称 CCM）经济利益的重要性。

注意到那些可从转载活动中得到利益的、并对公海转载活动进行监测、管控和侦察活动的 CCM，需在 WCPFC《公约》管辖区域转载活动发生前获得信息。

渴望建立程序，以取得及核实在 WCPFC《公约》管辖区域内转载的数量及鱼种数据，以确保正确的渔获量的报告及加强对高度洄游鱼类种群资源的评估。

按照 WCPFC《公约》第 10 条，通过：

第 1 部分　一般条款

（1）这些措施将尽早实施，不得迟于 2010 年 7 月 1 日[②]。

（2）本措施条款应适用在 WCPFC《公约》管辖区域内进行的所有转载的 WCPFC《公约》所管理的高度洄游鱼类种群。在 WCPFC《公约》管辖区域内捕捞 WCPFC《公约》所管理的高度洄游鱼类种群，但在 WCPFC《公约》管辖区域外转载的 CCM，应提供第（10）条、第（11）条和第（12）条所要求的有关活动的信息。与本措施第（25）条一致，围网渔船不应在 WCPFC《公约》管辖区域外转载 WCPFC《公约》所管理的高度洄游鱼类种群。

---

① WCPFC 15（2018）同意对附件 1 和附件 3 标一脚注来反映 WCPFC 采用公海转载声明和公海转载通知电子报告的标准。也同意在年度报告第 11 段中使用的模板。

② 除第 13 条（c）外，本措施应于 2011 年 1 月 1 日生效。

（3）本措施条款不适用于完全在群岛水域或领海水域捕捞且转载的高度洄游鱼类种群的渔获物。

（4）在一 CCM 港口或国家管辖水域的转载，应根据可适用的国内法进行。除第 2 部分外［适用 WCPFC《公约》第 29 条（5）项］，当转载发生于一 CCM 国家管辖区域时，本措施不损及国内法的适用，包括适用更严格的要求。

（5）每一 CCM 应通知执行秘书其为转载所指定的一个或多个进行转载的港口。执行秘书应定期通报所有成员有关此类指定港口的列表。港口包括岸外转运点及其他卸鱼、转载、加工、补给燃料或再补给等设施。

（6）本措施不应损害船旗国确保悬挂其旗帜且在公海作业的渔船遵守的义务。每一 CCM 应采取必要措施确保悬挂其旗帜的渔船遵守本措施。

（7）为本措施的管理目的，CCM 应负责报告悬挂其旗帜的渔船的活动，除非该渔船是以租用、租赁或通过其他类似机制经营，作为 WCPFC《公约》管辖区域内一沿海国国内渔船队一部分。在此类情况下，租船国应为负责对该船提出报告的 CCM。

（8）按第（7）条，租船 CCM 和船旗国 CCM 将为渔船的适当管理进行合作，以确保遵守本管理措施。

（9）对悬挂非 CCM 旗帜且列入 WCPFC 非缔约方运输船及油轮临时登记（简称临时登记）的运输船而言，其船长应有责任对该船提出报告，除非该船在 WCPFC 缔约方租船协议下作业。

（10）WCPFC 转载申报，包括附件 1 所列信息，应在 WCPFC《公约》管辖区域内每次转载由卸载和收受渔船填报。如果本措施有所要求，转载申报应送交执行秘书。

（11）CCM 应按本措施附件 2 准则，报告本措施所包括的所有转载活动（包括发生在港口或专属经济区的转载活动）。作为年度报告的一部分，CCM 应采取所有合理步骤以证实报告的信息，如果可能，使用如渔获量及捕捞努力量数据、船位数据、区域性观察员报告及港口监测报告等所有可获得的信息，校正来自从事转载活动的渔船的信息。

（12）按第（24）条及第（35）条 a 款 iii 点向执行秘书提供的转载通知，应通过双向数据通信（如电报、传真及电子邮件）进行联系。对卸载及收受渔获物的渔船进行报告负有责任的 CCM，有责任提供转载通知，但应授权渔船或渔船经营者直接提供转载通知。转载通知必须包括附件 3 所列的信息。

（13）每一 CCM 应确保其负责的渔船搭载来自 WCFPC 区域性观察员计划（ROP）的观察员以观察海上转载：

a. 就转载至渔船长度小于或等于 33 米的收受渔获物的船只，且不涉及围网捕捞的渔获物或冷冻延绳钓捕捞的渔获物，100% 区域性观察员覆盖率始于本措施生效日，区域性观察员应被安排到卸载或收受渔获物的船只上。

b. 就 a 款以外的转载，且仅涉及曳绳钓或竿钓渔获物，100% 区域性观察员覆盖率始于 2013年 1 月 1 日，且区域性观察员将被安排到收受渔获物的船只上。

c. 就 a 款及 b 款以外的转载，100% 区域性观察员覆盖率始于本措施生效日，区域性观察员将被安排到收受渔获物的船只上。

（14）区域性观察员应监督本措施的执行，并在可能的范围内确认渔获物转载量与区域性观察员可获得的其他信息一致，这类信息应包括：

a. WCPFC 转载申报的渔获量报告。

b. 渔捞日志上的渔获量及捕捞努力量数据，包括在沿海国水域捕鱼时，报告给该沿海国的渔捞日志。

c. 渔船船位数据。

d. 预定卸鱼的港口。

（15）区域性观察员应完全接近卸载及收受渔获物的船只，以确保能够核查渔获物。作为 ROP 的一部分，WCPFC 应建立区域性观察员在两船间移动的安全准则。

（16）在每一区域性观察员监督转载的情况下，收受渔获物的船只应仅收受一艘卸载船的渔获物。

（17）WCPFC 所同意及建立的来自其他区域性渔业管理组织（RFMO）观察员相互认证，作为 ROP 一部分的任何方案或程序，应适用本措施。

（18）WCPFC 应为发展中国家，特别是发展中小岛国，提供适当的财务及技术援助，以执行本措施及《公约》第 30 条。

（19）本措施应定期审查以应对 WCPFC 通过的其他措施或决定，并考虑本措施及其他措施的执行。

1A‑转载发生在非 CCM 渔船上

（20）CCM 应采取措施确保渔船不与悬挂非 CCM 旗帜的渔船进行转载，除非该渔船已由 WCPFC 所批准，如：

a. 列入按第 2009‑01 号养护与管理措施临时登记的非 CCM 运输船。

b. 按 WCPFC 决定，在一 CCM 专属经济区捕鱼的非 CCM 渔船取得入渔许可证。

（21）为维持有关第（20）条 WCPFC 所批准的许可，非 CCM 渔船不应与另一未经批准的非 CCM 渔船进行转载。

（22）当转载涉及第（20）条的非 CCM 船只时，任何要求发送给执行秘书的通知，包括本措施不同部分中所要求的事前转载通知及转载申报，应为租船 CCM 或运输船船长的责任。

1B‑不可抗力或严重机械故障

（23）除非另外说明，本措施的限制不应在可能威胁船员安全或因鱼品腐烂导致重大经济损失的不可抗力或严重机械故障下阻止渔船进行转载。

（24）在此情况下，在完成转载后 12 小时内必须向执行秘书提交转载通知，并报告造成不可抗力的原因。对每一艘船负责任的 CCM 在符合第（10）条规定下，应在转载 15 天内向执行秘书提供 WCPFC 转载申报。

第 2 部分 来自围网渔船的转载

（25）按 WCPFC《公约》第 29 条第 5 款，围网渔船海上转载应予禁止，除 WCPFC 核准以下例外情况：

a. 符合下述条件的现有悬挂巴布亚新几内亚及菲律宾旗帜的小型围网渔船（鱼舱容积为 600 吨或以下）所构成的船组式围网作业：

ⅰ. 与一艘或多艘冷冻运输船联合作业以冷冻渔获物，或如果作业位置邻近基地，与一艘或多艘冰藏运输船联合作业以存放渔获物。

ⅱ. 以一个小组方式与辅助船，如一艘或多艘冷冻运输船或冰藏运输船共同作业。

ⅲ. 冷冻或冰藏运输船沿围网渔船停泊，由捕捞船将渔获物转载给冷冻或冰藏运输船。

b. 涉及悬挂新西兰旗帜的围网渔船，并依据新西兰现有法律进行监测与管控的转载活动及渔获物查核作业框架的转载活动，且其捕捞活动、转载及渔获物卸岸皆在新西兰水域内。

（26）为符合第（25）条所订条件的渔船寻求申请豁免的CCM，应于任一年度7月1日前向执行秘书提交书面申请，至少包括下述信息：

a. 申请渔船在第2004-01号养护与管理措施WCPFC渔船记录中的详细信息。

b. 渔船先前豁免转载规定的历史。

c. 预计转载的主要鱼种及产品形式。

d. 转载将发生的区域，并尽可能详细。

e. 申请豁免的期限。

f. 申请豁免的理由。

（27）执行秘书应汇总所有豁免转载规定的申请，并至少在技术及纪律分委员会（TCC）年会召开前30天向所有的CCM通报。TCC应审查这些要求，并向WCPFC提出关于第（26）条豁免申请的建议。

（28）考虑TCC建议，WCPFC召开年会时，应考虑每一要求并应按WCPFC《公约》第29条第5款通过豁免。WCPFC应在每一审核通过的豁免附加其认为有必要的条件或要求，以达到WCPFC《公约》的目的，如限制区域、期间或鱼种，可转载的渔船及为监测、管控及侦察目的而追加的任何要求。

（29）CCM应仅授权已取得WCPFC豁免的围网渔船在港口外进行转载。CCM应核发WCPFC或CCM所认定的任何条件或规定的特定渔船许可证，并应要求渔船经营者在任何时间在船上携带此许可证。

（30）任何如此经授权被要求列入WCPFC渔船记录的围网渔船的船旗CCM，应通知执行秘书，按WCPFC审核通过的豁免，该渔船已被授权在港外从事转载，并应在通知中指出其批准的任何限制、条件或规定。

（31）执行秘书应维持并公开，包括在WCPFC网站上公布，经审核通过的豁免且经授权在港外进行转载的围网渔船列表，以及任何附加于豁免的对应的限制或规定。

（32）所有围网渔船，包括按第（26）条至第（30）条所述程序取得豁免而可在海上转载者，应禁止在WCPFC《公约》管辖区域的公海进行转载。

第3部分　非围网渔船的转载

（33）延绳钓、曳绳钓及竿钓渔船在国家管辖水域内的转载，应按有关国内法及第（4）条所述程序加以管理。

（34）不应在公海进行转载，除非一CCM按照下述第（37）条所述准则已决定对其负责的某些渔船而言，不能在公海进行转载是不可实施的，并已向WCPFC通知该决定。

（35）当转载确实在公海发生时：

a. 负责对卸载及收受的船只进行报告的CCM应，如果适当：

ⅰ. 通知WCPFC其监测及查核转载的程序。

ⅱ. 指出决定适用的渔船。

ⅲ. 在每一转载至少36小时前通知执行秘书附件3中包括的信息。

ⅳ. 在每一转载完成后 15 天内提供给执行秘书 WCPFC 转载申报。

ⅴ. 提交 WCPFC 一计划书，详细说明未来鼓励在港内转载采取的步骤。

（36）WCPFC，通过 TCC，3 年后应每 2 年定期审查相关 CCM 的豁免申请，以确认监测和查核是否有效。在审查后，WCPFC 可禁止被证明转载监测和查核无效的渔船进行公海转载，确定或变更公海转载的任何条件。

（37）执行秘书应制定某些渔船在港内或在国家管辖水域转载无法实施的准则草案。TCC 应考虑这些准则，并视需要进行修改，并向 WCPFC 提出建议。同时，当决定公海转载是可实施时，CCM 应运用下列准则：

a. 禁止公海转载将造成重大的经济困难，就公海以外在可实行及可允许的位置，进行转载或卸鱼所需要的成本进行估算，并与总作业成本、净收益，或采取其他方法产生的成本及/或收益相比较。

b. 如果禁止在公海转载，渔船将必须做出与历史作业模式不同的实质的改变。

（38）当通过第（37）条提及的准则时，WCPFC 应考虑是否禁止在完全被 WCPFC 成员及参与领地专属经济区所包围的 WCPFC《公约》管辖区域的公海水域进行转载。考虑的内容包括这些区域的渔船所报告的渔获量及捕捞努力量、转载申报信息以及该区域进行 IUU 捕捞的情况。

附件 1

转载申报应包括的信息

1. 独立文件识别号码。

2. 渔船船名及其 WIN。

3. 运输船船名及其 WIN。

4. 捕鱼所使用的渔具。

5. 预计转载产品[①]的数量（包括鱼种及其加工状态[②]）。

6. 鱼品状态（生鲜或冷冻）。

7. 预计转载副产品[③]的数量。

8. 高度洄游鱼类渔获物的地理位置[④]。

9. 转载日期及位置[⑤]。

10. 如果适用，WCPFC 区域性观察员的姓名和签字。

11. 收受渔船上已有的产品数量及其来源[⑥]。

[①] 金枪鱼及类金枪鱼类。

[②] 全鱼，去内脏及去头，去内脏、去头及去尾，仅去内脏但未去鳃，去鳃及去内脏，去鳃、去内脏及去尾，鲨鱼鳍。

[③] 非金枪鱼及类金枪鱼类。

[④] 渔获物的地理位置是指足够的信息以识别多少比例的渔获物是来自下列区域：公海、WCPFC《公约》管辖区域外、专属经济区（分别列出）、收受渔获物的渔船不需填写渔获物位置。

[⑤] 转载位置的经纬度精确到 0.1°，并说明地点，如公海、WCPFC《公约》管辖区域外或在一个特定的专属经济区。

[⑥] 产品来源应以 RFMO 区域方式报告，并包括不同区域的产品数量。

附件 2

CCM 每年应报告的转载信息

每一 CCM 送交 WCPFC 年度报告的第 1 部分应包括：

1. 其负责报告渔船进行转载本措施所包括的高度洄游鱼类的总量，以重量计，并将该数量划分为：

（1）已卸载及收受。

（2）港口、国家管辖水域及国家管辖区域外的转载。

（3）WCPFC《公约》管辖区域内及 WCPFC《公约》管辖区域外的转载。

（4）WCPFC《公约》管辖区域内及 WCPFC《公约》管辖区域外的渔获物。

（5）鱼种。

（6）产品形式。

（7）使用的渔具。

2. 其负责报告渔船涉及本措施包括的高度洄游鱼类种群的转载次数，并划分为：

（1）已卸载及收受。

（2）港口、国家管辖水域及国家管辖区域外的转载。

（3）WCPFC《公约》管辖区域内及 WCPFC《公约》管辖区域外的转载。

（4）WCPFC《公约》管辖区域内及 WCPFC《公约》管辖区域外的渔获物。

（5）渔具。

附件 3

通知执行秘书应包括的信息

1. 卸载渔船的船名及其 WIN。
2. 预计转载的产品（包括鱼种及其加工状态）。
3. 预计转载的产品吨数。
4. 日期及估计或计划的转载位置[①]（经纬度填写到小数点后一位，误差值在 24 海里内）。
5. 高度洄游鱼类种群渔获物的地理位置[②③]。

[①] 转载位置经纬度精确到 0.1°，误差值在 24 海里内，并附有地点的说明，如公海、WCPFC《公约》管辖区域外或在一个指明的专属经济区。如果位置变更，可更新通知。

[②] 接收渔获物的渔船不需填报。

[③] 渔获物的地理位置是指足够的信息以识别多少比例的渔获物是来自下列区域：公海、WCPFC《公约》管辖区域外、专属经济区（分别列出）、收受渔获物的渔船不需填写渔获物的地理位置。

10. 第 2009 - 09 号 无国籍渔船

中西太平洋渔业委员会（WCPFC）：

承认无国籍渔船在无管辖和监督下进行作业。

关注无国籍渔船的作业破坏 WCPFC《公约》目标的实现和 WCPFC 的工作。

回顾 FAO 理事会通过的《预防、制止及消除非法的、不报告的及不受管制的捕捞的国际行动计划》（IPOA - IUU），并建议国家采取与国际法有关无国籍渔船涉及公海 IUU 捕捞管理措施一致的措施。

坚决抵制 WCPFC《公约》管辖区域内所有 IUU 捕捞。

按照 WCPFC《公约》第 10 条，通过下述养护与管理措施：

（1）声明按国际法相关条款被判定为无国籍的渔船，如在 WCPFC《公约》管辖区域公海从事捕捞作业，将被推定为违反 WCPFC《公约》和据此《公约》通过的养护与管理措施。

（2）进一步声明无国籍渔船在 WCPFC《公约》管辖区域公海的任何渔业活动，应被视为违反 WCPFC 所通过的养护与管理措施，并应构成根据 WCPFC《公约》第 25 条所称的严重违规。

（3）为本措施的目的，无国籍渔船是指未悬挂任何国家旗帜的渔船或《1982 年 12 月 10 日联合国海洋法公约》第 92 条所称悬挂两国或两国以上旗帜的渔船。

（4）鼓励 WCPFC 成员、合作非缔约方及参与领地（合称 CCM）采取一切必要措施，如果适当，包括制订国内法以预防无国籍渔船违反 WCPFC 通过的养护与管理措施。

（5）当目击渔船似乎是无国籍而在 WCPFC《公约》管辖区域公海捕捞 WCPFC 所管理的鱼种时，该目击渔船或飞机的 CCM 相关机关应尽快向 WCPFC 秘书处报告。

11. 第 2009 - 10 号　监测围网渔船港口卸鱼以确保各鱼种的可靠渔获物数据

中西太平洋渔业委员会（WCPFC）：

回顾 WCPFC 第 5 届年会通过的第 2008 - 01 号养护与管理措施，以达到最低削减 2001—2004 年年平均水平或 2004 年大眼金枪鱼捕捞死亡率 30％的目的。

承认在没有取得区域内围网渔获物的可靠鱼种及体长组成数据，将无法评估第 2008 - 01 号养护与管理措施的成效。

注意到由于围网作业的特性，大量渔获物直接从网具堆积到鱼舱内、转载并于卸岸后分类，造成在船上取得鱼种及体长组成可靠数据比较困难，围网渔船所报的大眼金枪鱼渔获量很可能远低于实际大眼金枪鱼渔获量。

也注意到在卸岸处或罐头厂进行大小及鱼种的分类已是一般作法，且商业实体拥有该类鱼种及体长组成数据，同时也承认改善数据质量的需要。

强调通过建立在卸岸处进行分类活动及汇总数据的机制，有可能改善围网大眼金枪鱼渔获物数据质量。

进一步注意到在 WCPFC《公约》管辖区域围网渔获物大量卸于非成员的港口，如泰国。

回顾，依据第 2008 - 01 号养护与管理措施第 43 条，WCPFC 成员、合作非缔约方及参与领地（合称 CCM）有责任，如果适用，在卸岸处进行监测并每年向 WCPFC 报告结果。

按照 WCPFC《公约》第 10 条，通过：

（1）WCPFC 及有关 CCM 在 2010 年应共同合作与一非缔约方达成协议，以自该非缔约方罐头厂收集关于 WCPFC《公约》管辖区域围网渔获物的鱼种及体长组成数据。本条文的进展应向 WCPFC 报告。

（2）按本养护与管理措施所取得的数据，应以非公开领域数据方式处理。

12. 第 2010-01 号 北太平洋条纹四鳍旗鱼养护与管理措施

中西太平洋渔业委员会（WCPFC）：

注意到北太平洋金枪鱼及类金枪鱼国际科学委员会（ISC）对北太平洋条纹四鳍旗鱼最佳可得数据的建议，显示此种群正处于捕捞死亡率高于资源长期可持续的水平。

进一步注意到 ISC 的建议显示此种群捕捞死亡率应在 2003 年的基础上进行削减。

也注意到太平洋论坛渔业局（FFA）成员国将通过以区域为基础的延绳钓限制体系，以取代现行在其专属经济区内以船旗为基础的限制体系。

承认科学分委员会的建议，显示 ISC 所提供的信息不足以支持将北太平洋条纹四鳍旗鱼作为 WCPFC 议事规则附录 1 的北方鱼种。

按照 WCPFC《公约》第 10 条，通过下述养护与管理措施：

（1）本措施适用于 WCPFC《公约》管辖区域内赤道以北的公海及专属经济区。

（2）基于本措施的目的，沿海国通过租赁、租借或其他类似机制经营的渔船，作为其国内渔船的一部分，应视为租船国或领地所属的渔船。此类租赁、租借或其他类似机制不应租赁已知的非法的、不报告的及不受管制的（IUU）渔船。

（3）本措施不应损及 WCPFC《公约》管辖区域内有意发展其国内渔业的发展中小岛国成员及参与领地的正当权利与义务。

（4）北太平洋条纹四鳍旗鱼总渔获量将进行阶段性削减，在 2013 年 1 月 1 日达成总渔获量为 2000—2003 年渔获水平的 80%。

（5）有渔船在 WCPFC《公约》管辖区域赤道以北区域捕捞的每一船旗/租船 CCM，2011 年及以后年度的北太平洋条纹四鳍旗鱼渔获量限额应依下述标准：

a. 2011 年：减少 2000—2003 年最高渔获量的 10%。

b. 2012 年：减少 2000—2003 年最高渔获量的 15%。

c. 2013 年及以后：减少 2000—2003 年最高渔获量的 20%。

（6）每一船旗/租船 CCM 应决定所需的管理措施，以确保其悬挂其旗帜/承租渔船依第 5 条制订的渔获限额运作，并注意到以前的此类措施包括捕捞努力量限制、渔具改变及空间管理。

（7）每一船旗/租船 CCM 应于 2011 年 4 月 30 日前向 WCPFC 报告，有关其悬挂其旗帜/承租渔船在赤道以北核实的北太平洋条纹四鳍旗鱼渔获量。

（8）每年 CCM 应在年度报告第 2 部分报告本措施的执行情况，包括按照第（5）条及第（7）条所制订的适用于其悬挂其旗帜/承租渔船的措施，以减少渔获量及总渔获量。

（9）本措施应于 2011 年按重新进行的北太平洋条纹四鳍旗鱼资源评估结果进行修正。

13. 第 2011-03 号　围网作业中保护齿鲸类

中西太平洋渔业委员会（WCPFC）：

根据 WCPFC《公约》：

承认齿鲸类在中西太平洋（WCPO）生态及文化中的重要性。

留意到由于金枪鱼鱼群随附齿鲸类的习性或齿鲸类与金枪鱼由于相同捕食对象的吸引，致齿鲸类特别容易被围网网具所围困。

承诺确保围网作业导致的齿鲸类意外死亡对齿鲸类可持续性的可能影响应得到减缓。

由于齿鲸类在中西太平洋围网渔业中是意外捕获的，WCPFC《公约》第 5 条 d 款和 e 款要求通过将齿鲸作为非目标、相关或依赖物种的管理措施。

认识到养护这些物种，依赖于国际层面的合作及协调活动，及区域性渔业管理组织在减缓此类物种捕捞影响方面具有不可或缺的作用。

注意到区域性观察员报告指出，悬挂委员会成员、合作非缔约方及参与领地旗帜的渔船的渔业活动中有许多与此类物种的相互作用情况，以及渔捞日志上此类相互作用的错误报告。

根据 WCPFC《公约》第 10 条，通过下述养护与管理措施：

（1）WCPFC 成员、合作非缔约方及参与领地（合称 CCM）应禁止悬挂其旗帜的渔船在 WCPFC《公约》管辖区域公海及专属经济区内针对随附齿鲸类的金枪鱼鱼群下网，如果该齿鲸类在开始下网前被发现。

（2）CCM 应规定，若围网作业过程中误捕齿鲸类，则该渔船船长应：

a. 确保采取所有合理手段以确保齿鲸类的安全释放。此手段应包括停止收网及中止渔捞作业直到齿鲸类已被释放，且没有再被捕捞的风险。

b. 向船旗国有关当局报告此事件，包括围困物种的细节（如果获悉）、个别物种的数量、围困的位置及日期、采取确保安全释放的手段及评估所释放齿鲸类的生命状态（如果可能，包括齿鲸类是否以活体释放后死亡）。

（3）根据第（2）条 a 款要求采取手段以确保齿鲸类安全释放时，CCM 应要求船长遵守 WCPFC 为执行本管理措施所通过的任何准则。

（4）采用第（2）条 a 款和及第（3）条提及的手段时，最重要的仍应该是船员的安全。

（5）CCM 应于年度报告第 1 部分内纳入悬挂其船旗围网渔船按第（2）条 b 款报告的任何围困齿鲸类事件。

（6）WCPFC 秘书处应根据区域性观察员报告报告本养护与管理措施的执行情况，作为区域性观察员计划年度报告的一部分。

（7）本养护和管理措施于 2013 年 1 月 1 日生效。

14. 第 2012 - 03 号 北纬 20°以北以生鲜方式冰藏渔获物的渔船执行区域性观察员计划

中西太平洋渔业委员会（WCPFC）：

回顾 WCPFC《公约》第 28 条第 1 款要求 WCPFC 应建立一个区域性观察员计划（ROP），除其他外，以收集经核实的渔获物资料，并监测 WCPFC 所通过的养护与管理措施的执行情况。

进一步回顾 WCPFC《公约》第 28 条第 7 款要求 WCPFC 为区域性观察员计划的运作，制订程序及准则。

认识到制订程序以发展区域性观察员计划的第 2007 - 01 号养护与管理措施，特别是附件 C 第 9 条考虑在北纬 20°以北以生鲜方式冰藏渔获物的渔船的特殊情况。

按照附件 K 9 款和 CMM 2007 - 01 附件 C，建议：

仅在北纬 20°以北作业，并以生鲜方式冰藏渔获物的渔船的区域性观察员计划应以下列方式执行：

（1）不晚于 2014 年 12 月 31 日，WCPFC 成员、合作非缔约方及参与领地（合称 CCM）应对在北纬 20°以北国家管辖区域外以生鲜方式冰藏渔获物的渔船，开始执行区域性观察员计划。

（2）对此类渔船，CCM 应于 2014 年 12 月底对以生鲜方式冰藏渔获物的各渔业的捕捞努力量的 5% 派遣观察员。

（3）北纬 20°以北的次区域性观察员应来自 WCPFC 区域性观察员计划。

15. 第2013－04号　中西太平洋渔业委员会执行渔船单一识别号码的养护与管理措施

说明

渔船单一识别号码（UVI）有助于快速及准确地辨识渔船，并随着时间追踪及验证渔船活动，不管其是否更换船名、所有权或船旗。由于这类原因，各界广泛认同UVI能有助于协助打击非法的、不报告的及不受管制的（IUU）捕捞（例如，请参阅网址 http：//www.fao.org/fishery/topic/166301/en）。

国际海事组织（IMO）船舶识别号码方案牵涉商船运输部门广泛使用的UVI。大于特定大小的客轮及货船需要取得IMO船舶识别号码，仅渔船可以免除。渔船可申请IMO船舶识别号码，但即使提出申请，管理机构在没有明确的协议下，将不会给较小型的渔船［船舶小于100总吨位（GT）或总注册吨数（GRT）］核发IMO船舶识别号码。因此，若要求所有在WCPFC管辖下的船舶取得UVI，则有必要通过WCPFC及/或其他国际倡议采取进一步的行动。截至目前，WCPFC对UVI议题的审议以及有关国际倡议的进展摘要如下：

全球倡议

FAO全球渔船记录

《捕捞渔船、冷冻运输船和供应辅助渔船全球记录》（全球渔船记录）是FAO为提高渔业领域的透明度和渔船可追踪性的一项倡议，该记录可提供可靠的、识别渔船的历史资料等信息（http：//www.fao.org/fishery/topic/18051/en）。FAO认为建立全球渔船记录的一个必要条件是每艘列入该记录的渔船取得UVI。参与FAO全球渔船记录是自愿的。

第29届FAO渔业分委员会（COFI）同意FAO应负责管理全球渔船记录，且全球渔船记录最终将包括所有大于或等于10GT、10GRT或12米总船长（LOA）的渔船。FAO有意分3个阶段执行此倡议，并从24米、100GT或100GRT的渔船开始推行。IMO船舶识别号码方案的管理者IHS－Fairplay，已承诺对此类较大型渔船免费核发IMO船舶识别号码，并仍在考虑是否核发以及如何给较小型的渔船核发UVI。联合国大会2012年通过的67/79号决议，鼓励迅速发展包含UVI的FAO全球渔船记录，而行动的第一步是大于100GRT的渔船使用IMO船舶识别号码方案。

国际海事组织

许多人认同利用IHS－Fairplay运作良好的IMO船舶识别号码方案（http：//www.imo.org/ourwork/safety/implementation/pages/imo－identification－number－scheme.aspx）也许是渔业部门拓展运用UVI最有效的做法。根据《国际海上人命安全公约》（SOLAS），所有300GT以上的货船及所有100GT以上的客轮皆被要求取得IMO船舶识别号码形式的UVI，仅渔船免除适用。除SOLAS的要求外，不具约束力的文书IMO A.600（15）号决议，呼吁100GT以上的渔船适用IMO船舶识别号码方案。然而，该决议也排除仅从事渔业的渔船。2013年6月，IMO分委员会认可删除仅从事渔业的渔船免除的提案。这份提案送交2013年11月IMO大会审查。若获得同意，IMO船舶识别号码方案将以非强制性的形式，适用于100GT以上的渔船。尽管有SOLAS的免除要求和不具强制性的IMO决议，IHS－Fairplay已核发IMO船舶识别号码给大量的渔船（大约为 23 500 艘，请参阅 http：//www.fao.org/fishery/topic/18021/en）。[①] 这些案例部分是根据船东的申请而核发 IMO 船舶识别号码，而部分是收到船旗国的渔船数据后，由IHS-Fairplay 自动核发。

金枪鱼类区域性渔业管理组织及统一的授权渔船名单

金枪鱼类区域性渔业管理组织，通过"神户流程"，已认可有需要建立协调一致的包括 UVI 的金枪鱼渔船全球记录，并通过 UVI 与 FAO 全球渔船记录达到协调一致。统一的授权渔船名单将促进渔船信息的交换，并支持如港口国措施、渔获物文件、转载验证及渔船监控系统等广泛的监测、管控与侦察。

WCPFC 的进展

WCPFC 考虑执行渔船单一识别号码方案已经有很多年了。在第 6 届技术及纪律分委员会会议上，CCM 对许多 CCM 提供所有第 2009-01 号养护与管理措施所要求信息的困难表示关切，且部分 CCM 指出改善渔船记录的维护和使用应优先于推动渔船单一识别号码。第 7 届技术及纪律分委员会，包括太平洋论坛渔业局（FFA）成员国的部分 CCM，表示 WCPFC 渔船记录的数据要求应成为增列渔船单一识别号码的依据。FFA 成员国注意到 FFA 渔船名单已修改为兼容于 UVI 的方案。WCPFC 第 9 届年会上，有成员建议：①渔船记录应包括渔船取得的国际海事组织（IMO）船舶识别号码；②WCPFC 可立即采取措施要求所有符合取得 IMO 船舶识别号码的渔船（即总吨数大于等于 100 吨）取得该号码。第 9 届技术及纪律分委员会考虑美国提出的包括前述建议的提案。美国已根据第 9 届技术及纪律分委员会的讨论修改其提案，并删除非钢壳渔船的免除条款。

表 5-2 认定 2013 年 4 月渔船记录上的渔船数量，并依据渔船大小分类：

表 5-2　各种规格的渔船数量

渔船大小	船数（艘）
不小于 100GRT	2 671
50～99GRT	1 364
10～49GRT	1 831

WCPFC 决定

为改进 WCPFC 监测、管控与侦察计划，WCPFC 同意应建立一方案，即如何保证列入渔船记录名单的所有渔船获得全球渔船单一识别号码。就小型渔船而言，仍需进一步研究再决定如何建立。针对大型渔船，能立即利用现存的国际海事组织（IMO）船舶识别号码方案。为执行这些方案，WCPFC 采取下述决定：

（1）自 2016 年 1 月 1 日起，船旗 CCM 应确保其所有的授权在 WCPFC《公约》管辖区域内船旗 CCM 国家管辖水域外作业的 100GT 或 100GRT 以上的渔船，取得核发给该类船只的 IMO 船舶识别号码或 LR。

---

① 就未包含在海事组织 A.600（15）号决议的渔船而言，经 IHS-Fairplay 核发的号码技术上并非国际海事组织船舶识别号码，但也是源自相同的编号方案。在这份提案内，这些号码被称为"劳氏登记号码"或 LR。

（2）评估前段条文的遵守情况时，WCPFC应考虑尽管船东已按照适当程序申请，却无法取得IMO渔船识别号码或LR的特殊情况。船旗CCM应于其年度报告第2部分报告任何此类特殊情况。

（3）第2009-01号养护与管理措施移除已过期的原始提交截止日期，并增加新的分段及脚注如下：

（s）IMO渔船识别号码或LR，若核发。[①]

（4）WCPFC将持续研究如何确保列入渔船记录名单的所有渔船取得渔船单一识别号码。

---

① 自2016年1月1日起，船旗CCM应确保其所有的授权在WCPFC《公约》管辖区域内船旗CCM国家管辖水域外作业的100GT或100GRT以上的渔船皆取得核发给该船只的IMO船舶识别号码或LR。

16. 第 2013 - 05 号　每日渔获量和捕捞努力量报告

中西太平洋渔业委员会（WCPFC）：

关注需要向资源评估及其他科学估算提供渔船完整且准确的数据。

注意到太平洋共同体秘书处成员国，通过不时修正区域渔捞日志（太平洋共同体秘书处/太平洋论坛渔业局区域渔捞日志）确保提交的科学数据与 WCPFC 一致，并确保其在其专属经济区内取得一致的科学数据。

进一步注意到 WCPFC《公约》第 8 条，要求 WCPFC 对公海渔业采取与适用于专属经济区内措施兼容的措施。

渴望确保 WCPFC《公约》管辖区域内所有作业渔船数据的实用用性及报告的一致性。

按照 WCPFC《公约》第 10 条，通过：

（1）各 WCPFC 成员、合作非缔约方及参与领地（合称 CCM）应确保在 WCPFC《公约》管辖区域内悬挂其旗帜的渔船的船长，在 WCPFC《公约》管辖区域内公海时，应每日填报准确的手写或电子渔捞日志：

a. 进行渔捞作业的日期，必须在每次渔捞作业结束后记录捕捞努力量和渔获量，以完成填报渔捞日志（亦即围网网次结束后、延绳钓起绳后或所有其他渔具作业于每日结束时）。

b. 未进行渔捞作业，但发生捕捞努力量①的日期，相关活动（例如，寻鱼、投放/取回人工集鱼装置）必须于每日结束时填入渔捞日志。

c. 未进行渔捞作业，也无捕捞努力量的日期，当日的主要活动必须于每日结束时填入日志。

（2）进行渔捞作业，则每日记录的渔捞日志应至少包括下列内容：

a. 提交 WCPFC 科学数据附件 1 第 1.3 节至 1.6 节说明的信息。

b. 未列入前述章节，但 CCM 根据 WCPFC 其他决定要求报告的其他鱼种的渔获物信息，除其他外，例如，按照 FAO 鱼种代码填写的主要鲨鱼鱼种。

c. 未列入前述章节，但 CCM 根据 WCPFC 其他决定要求报告的其他物种相互作用的信息，除其他外，例如，主要鲸豚类、海鸟及海龟。

（3）各 CCM 应要求在 WCPFC《公约》管辖区域内悬挂其旗帜的渔船的船长，于航次或转载结束后 15 天内或在任何现存提交此类信息国家规定的期限内，向国家主管部门提交准确及未修改所要求信息的正本或副本。

（4）各 CCM 应要求在 WCPFC《公约》管辖区域内悬挂其旗帜的渔船的船长，在一航次期间，在船上随时保存关于目前航次的准确和未修改所要求信息的正本或副本。

（5）不遵守本措施，应按第 2010 - 06 号养护与管理措施或后继措施进行处理。

（6）本养护与管理措施不损及现存或额外的报告要求。

---

① 根据 WCPFC《公约》第 1 条（D）条的内容。

17. 第 2013 - 07 号　发展中小岛国及领地特殊需求

中西太平洋渔业委员会（WCPFC）：

认识到 WCPFC 应完全认同发展中国家，特别是发展中小岛国及领地，关于在 WCPFC《公约》管辖区域内养护与管理高度洄游鱼类种群及发展此类种群渔业的特殊需求。

认同沿海国，特别是 WCPFC《公约》管辖区域内发展中小岛国及领地的主权权利，及其发展及管理其国内渔业及在公海参与捕捞和相关活动的渴望。

意识到 WCPFC《公约》管辖区域内发展中小岛国及领地依赖海洋生物资源的开发，及符合其人民的营养需求的脆弱性及独特需求。

牢记 WCPFC 多数成员是发展中小岛国及领地，其水域中有相当大比例的 WCPFC《公约》管辖区域内高度洄游鱼类种群被捕获。

渴望落实 WCPFC《公约》管辖区域内发展中小岛国及领地的特殊需求，这些特殊需求包括但不限于其积极参加养护与管理措施的制订及发展渔业的渴望。

按照 WCPFC《公约》第 10 条及第 30 条，通过下述养护与管理措施：

一般条款

（1）尽管在此未认定发展中小岛国及领地的其他特殊需求，WCPFC 成员、合作缔约方非及参与领地（合称 CCM）应完全认同 WCPFC《公约》管辖区域内发展中小岛国及领地在执行 WCPFC《公约》、本措施及其他措施的特殊需求。

（2）CCM 应按《1982 年 12 月 10 日联合国海洋法公约》及《执行〈1982 年 12 月 10 日联合国海洋法公约〉有关养护和管理跨界鱼类种群和高度洄游鱼类种群的规定的协定》第 24 条、第 25 条及第 26 条的内容且与条文内容一致的方式，发展、诠释及执行养护与管理措施。为此目的，CCM 应直接或通过与 WCPFC 合作，提高发展中国家，特别是 WCPFC《公约》管辖区域内最需要发展的及发展中小岛国及领地，发展其自身包括但不限于 WCPFC《公约》管辖区域内公海高度洄游鱼类种群渔业的能力。

（3）WCPFC 应确保任何养护与管理措施，不直接或间接造成养护行动不合比例地转移至发展中小岛国及领地。

人员的能力发展

（4）CCM 应直接或通过与 WCPFC 合作，支持 WCPFC《公约》管辖区域内发展中小岛国及领地，有关渔业或相关学科研究人员能力的提高，包括为学术研究及培训提供赞助。

（5）CCM 应直接或通过 WCPFC，支持和援助发展中小岛国及领地，以提高其有关渔业或学科人员的能力，包括：

a. 个别的培训，包括实习。

b. 区域或分区域观察员培训计划的支持，包括通过提供财务和技术支持以改进目前的科学观察员项目。

c. 数据收集、科学研究、资源评估、减少兼捕、渔业科学与管理、渔业行政与生物经济分析的技术培训及援助，包括在国内的培训、研讨会、学术交换与借调。

d. 与监测、管控与侦察活动有关的培训，包括在国内的培训、召开研讨会、人员借调及人员交流。

技术转移

（6）CCM 应根据其能力，在符合国内法规条件下，直接或通过 WCPFC 在公平合理的条件下主动与发展中小岛国及领地合作，促进、提高 CCM 的渔业科学和技术的发展并将这些科学和技术转移至 WCPFC《公约》管辖区域内发展中小岛国及领地。

（7）CCM 应在符合国内法规的条件下，促进发展中小岛国及领地有关高度洄游鱼类种群的勘探、开发及养护与管理，以及海洋环境保护与维护的渔业科学和技术能力的发展，以期使发展中小岛国及领地的社会与经济加速发展。

渔业养护与管理

（8）CCM 应在符合国内法规条件下，直接或通过 WCPFC，协助发展中小岛国及领地执行 WCPFC 的规定，包括但不限于执行：

a. WCPFC《公约》的义务。

b. 养护与管理措施。

c. WCPFC 其他决定。

（9）CCM 应直接或通过 WCPFC，协助 WCPFC《公约》管辖区域内发展中小岛国及领地，通过渔业数据与有关信息的收集、报告、验证以及交换与分析，改善高度洄游鱼类种群的养护与管理。

监测、管控与侦察

（10）CCM 应在符合国内法规条件下，直接或通过 WCPFC，并经由适当的区域、分区域或双边安排合作，以增进发展中小岛国及领地在监测、管控与侦察方面的参与度，包括当地的培训及能力建设、国家和分区域观察员计划的发展和经费支持，以及技术和设备的取得。

（11）为增进发展中小岛国及领地在海上监测、管控与侦察及执法活动的参与度，CCM 应适当通过与 WCPFC《公约》管辖区域内发展中小岛国及领地的双边安排，达到检查船、飞机、设备和技术方面的协同。

国内渔业部门与金枪鱼渔业有关产业及市场进入的支持

（12）CCM 应在符合国内法规条件下，与发展中小岛国及领地合作，通过提供技术和经济支持，以协助 WCPFC《公约》管辖区域内发展中小岛国及领地，达到其渔业资源利益最大化的目标。

（13）CCM 应努力确保 WCPFC《公约》管辖区域内发展中小岛国及领地的国内渔业和有关产业，至少占 WCPFC《公约》管辖区域内捕获高度洄游鱼类种群总渔获量及价值的 50%。为达此目的，鼓励 CCM 支持与发展中小岛国及领地的合作安排与投资。

（14）CCM 应在符合国内法规条件下，确保不采取行动限制沿海加工及发展中小岛国及领地有关渔船和转载设施的使用，或减少在 WCPFC《公约》管辖区域内发展中小岛国及领地的合法投资。

（15）CCM 应与 WCPFC《公约》管辖区域内发展中小岛国及领地合作，并努力：

a. 在符合国内法规条件下，采取行动，以期维持和增加 WCPFC《公约》管辖区域内发展中小岛国及领地国民的就业机会。

b. 在符合国内法规条件下，促进在 WCPFC《公约》管辖区域内发展中小岛国及领地特定港口的渔获物加工、卸岸或转载业务的发展。

c. 在符合国内法规条件下，鼓励向位于 WCPFC《公约》管辖区域内发展中小岛国及领地的供货商购买设备和补给，包括油料补给。

d. 鼓励，若适当，使用位于 WCPFC《公约》管辖区域内发展中小岛国及领地的船坞或维修设施。

（16）CCM 应直接与 WCPFC《公约》管辖区域内发展中小岛国及领地合作，以促进对其海关有关物资规定进口的认识。

（17）考虑到鱼类及渔产品贸易对发展中小岛国及领地特别重要，CCM 应努力采取适当行动，以消除不符合国际法规的鱼类及渔产品贸易障碍。

（18）CCM 应努力与发展中小岛国及领地合作，确定并促进一些工作。若可行，在发展中小岛国及领地，发展国内金枪鱼渔业及与金枪鱼渔业有关的商业活动。

执行报告与审查

（19）CCM 应在提交给 WCPFC 的年度报告（第 2 部分）中报告本措施的执行情况。

（20）WCPFC 于每年年会时审查 WCPFC《公约》和本措施的执行进展情况。

18. 第 2014 - 02 号 中西太平洋渔业委员会渔船监控系统[①]

中西太平洋渔业委员会（WCPFC）：

回顾 WCPFC《公约》相关条文，特别是第 3 条及第 24 条第（8）、（9）及（10）款。

注意到渔船监控系统作为有效支持 WCPFC《公约》管辖区域内高度洄游鱼类种群养护与管理原则及措施的一项工具的重要性。

留意到 WCPFC 成员、合作非缔约方及参与领地（合称 CCM）在促进 WCPFC 所通过的养护与管理措施有效执行方面的权利与义务。

进一步留意到渔船监控系统（VMS）所依据的主要原则，包括该系统所处理数据的机密性、安全性，及其效率、成本效益与灵活性。

按照 WCPFC《公约》第 10 条，通过下述关于执行 WCPFC VMS 的程序：

（1）WCPFC VMS。

（2）在北纬 20°以南的 WCPFC《公约》管辖区域，及北纬 20°以北、东经 175°以东的 WCPFC《公约》管辖区域，应于 2008 年 1 月 1 日启用本系统。

（3）在北纬 20°以北、东经 175°以西的 WCPFC《公约》管辖区域，启用本系统的日期由 WCPFC 另定[②]。

（4）在第（2）条所称在 WCPFC《公约》管辖区域内的公海捕捞高度洄游鱼种的任一渔船，前往北纬 20°以北、东经 175°以西的 WCPFC《公约》管辖区域时，应维持其自动船位发报器（ALC）开启并持续按本养护与管理措施向 WCPFC 报送。

（5）定义：

a. 自动船位发报器是指一接近实时的卫星船位发送装置。

b. 太平洋岛国论坛渔业局秘书处（FFA Secretariat）指位于所罗门群岛霍尼亚拉的太平洋岛国论坛渔业局的秘书处。

c. 太平洋岛国论坛渔业局渔船监控系统（FFA VMS）指由 FFA Secretariat 及太平洋岛国论坛渔业局成员国所发展、管理及操作的渔船监控系统。

（6）适用范围：

a. 委员会 VMS 应适用于在 WCPFC《公约》管辖区域内的公海水域捕捞高度洄游鱼类种群的所有渔船。

b. 所有船长大于 24 米的渔船应于 2008 年 1 月 1 日启用委员会 VMS；船长 24 米或以下的渔船则应于 2009 年 1 月 1 日启用。

c. 任何 CCM 可要求 WCPFC 考虑及同意，其国家管辖水域纳入委员会 VMS 的范围。提出该要求的 CCM 应自行负担将其水域纳入委员会 VMS 所产生的必要费用。

（7）委员会 VMS 的规格及特性：

a. 委员会 VMS 应为一独立系统：

---

① 本养护与管理措施（CMM 2014 - 02）取代 2011 - 02 号养护与管理措施。
② 启用日期为 2013 年 12 月 31 日。

ⅰ．由 WCPFC 秘书处发展及掌管，在 WCPFC 指导下，在 WCPFC《公约》管辖区域内的公海作业的渔船直接接收信息。

ⅱ．具附加功能可以接受来自 FFA VMS 传送的 VMS 数据，因此在 WCPFC《公约》管辖区域内的公海作业的渔船将有权选择通过 FFA VMS 通报的数据。

b. WCPFC 应建立委员会 VMS 运作的规则及程序，尤其包括：

ⅰ．渔船报告，包括所要求数据的规范、格式及报告频率。

ⅱ．查询规则。

ⅲ．自动船位发送装置故障的备案。

ⅳ．成本复原。

ⅴ．成本分担。

ⅵ．预防篡改的措施。

ⅶ．渔船、CCM、FFA Secretariat 及 WCPFC 秘书处的职责与任务。

c. WCPFC 应建立 WCPFC VMS 数据的安全标准，并与 WCPFC 信息安全政策一致。

d. 所有需向 WCPFC 报告的 CCM 渔船，应使用一正常运作且遵循 WCPFC 自动船位发送装置最低标准的自动船位发送装置。

e. WCPFC VMS 所使用自动船位发送装置的最低标准详见附件 1。

（8）WCPFC 于制定前述标准、规格及程序时，应考虑发展中国家传统渔船的特性。

（9）CCM 的义务：

a. 每一 CCM 应确保在 WCPFC《公约》管辖区域内的公海作业的渔船，遵守 WCPFC 为 VMS 所制定的规定，并装有能传送 WCPFC 所要求的数据的自动船位发送装置。

b. CCM 应合作以确保国内及公海 VMS 系统间的兼容性。

（10）审议：

本养护与管理措施执行两年后，WCPFC 应对本养护与管理措施的执行情况进行审议，并按需要考虑进一步改善此系统。

附件 1

用于委员会 VMS 自动船位发送装置（ALC）的最低标准

按照 WCPFC《公约》第 24 条（8）款，WCPFC 兹制定下述自动船位发送装置的最低标准：

1. 自动船位发送装置应不受渔船上任何干扰而能自动地且独立地传递下列数据：

（1）ALC 固定唯一的标识符。

（2）渔船当时的地理位置（纬度及经度）。

（3）前述（2）点渔船船位的日期及时间（以世界标准时间 UTC 格式表示）。

2. 第 1 条（1）及（2）点提及的数据应取自卫星定位系统。

3. 装在渔船的 ALC 需有能力每小时传输第 1 条所要求的数据。

4. 在正常运作情况下，第 1 条所要求的数据应自 ALC 发送后 90 分钟内 WCPFC 可收到。

5. 装在渔船上的 ALC 必须受保护以维护第 1 条所要求数据的安全性与完整性。

6. 在正常运作情况下，ALC 内的信息储存必须安全、有保障及完整。

7. 任一监控当局以外的人士不得修改存于 ALC 的任何数据，包括报送该局的船位频率。

8. 任何 ALC 内或其终端软件内协助维修的功能，不能导致可随意进入 ALC 系统并使 VMS 运作不达标。

9. ALC 应根据制造商的规范及适用标准安装在渔船上。

10. 在正常卫星导航情况下，由数据传递中取得的位置，其定位准确度须达到在真实船位周围 100 米^2 以内（98％的位置在此范围内）。

11. ALC 及/或数据传送服务提供商须能支持将数据传送至多个独立的目的地。

12. 卫星导航译码器及传输器应完全整合，并装置在同一防篡改的密封的机壳内。

19. 第 2014-03^① 号　中西太平洋渔业委员会渔船记录数据的标准、规格和程序

适用

本标准、规格和程序根据 WCPFC《公约》第 24 条第 7 款制定，并由后续通过的有关渔船记录的养护与管理措施进一步规范。

本标准、规格和程序，包括任何同意的修正内容，应于 WCPFC 通过后 6 个月生效。

WCPFC 渔船记录

（1）WCPFC 渔船记录应为一电子数据库，并至少包括：

a. 有能力按照附件 1 的格式，将目前版本的渔船记录呈现为单一表格。

b. 除任何 WCPFC 认定为非公开领域的数据及/或仅在 WCPFC 机密网站维护的数据外，渔船记录应可供一般大众用户搜寻。

c. 储存 CCM 提供的所有历史数据，并有能力呈现过去任一时间的渔船记录。

d. 包括渔船记录内渔船的电子照片。

WCPFC 成员、合作非缔约方及参与领地（合称 CCM）的责任：

CCM 的责任是：

（2）提交 WCFPC 秘书处符合附件 1 格式的完整的渔船记录数据及符合附件 2 规格的渔船照片。

（3）通过下述任一模式^②向 WCPFC 秘书处提交渔船记录数据：

a. 电子传输：通过电子邮件或其他电子方式提交符合附件 3 电子格式规范的电子数据。

b. 手动传输：通过 WCPFC 秘书处为渔船记录数据设定的网页接口（附件 4）。

WCPFC 秘书处的责任

（4）以与 WCPFC《公约》、WCPFC 养护与管理措施及所通过与渔船记录有关的标准、规格和程序一致的方式，维护与应用渔船记录。

（5）提供稳定、可靠、妥善维护和支持，包括确保适当备份系统的渔船记录，以避免数据损失，并提供及时的数据恢复。

（6）一旦自 CCM 收取渔船记录数据时，除根据这些标准、规格和程序合并这类数据得到完整的渔船记录数据外，还要确保渔船记录数据不会以其他任何方式被更改、被篡改。

（7）设计及维护渔船记录，使现行的记录得以按照附件 1 的格式呈现。

（8）设计及维护渔船记录，使数据能以应用一般的定量单位展示和下载。

（9）确保渔船记录，除 WCPFC 认为的非公开数据及/或仅在 WCPFC 机密网站维护的数据外，通过 WCPFC 网站持续公开。

（10）发展及维护所需的技术和管理系统，以通过下述模式接收 CCM 的渔船记录数据：

a. 电子传输：通过电子邮件或其他电子方式，提交符合附件 3 电子格式规范的电子数据。

---

① 通过本养护与管理措施（CMM 2014-03），WCPFC 撤销经修正并取代的 2013-03 号养护与管理措施。

② WCPFC 应考虑额外传输模式，例如，WCPFC 数据库和 CCM 数据库的直接连接模式。

b. 手动传输：由 CCM 通过符合附件 4 规格的网页接口，手动直接输入渔船记录数据。

（11）在收到 CCM 的渔船记录数据后的下一个 WCPFC 工作日内（24 小时内），向该 CCM 确认收到该数据并说明数据是否符合最低数据要求（即附件 1 标有最低数据要求所有字段的数据皆已提交）、附件 1 和附件 2 的格式规格，若适用，还要符合附件 3 的电子格式规范。

（12）收到符合最低数据要求（即附件 1 标有最低数据要求所有字段的数据）、附件 1 及附件 2 的格式规格，以及若适用，符合附件 3 电子格式规范的 CCM 渔船记录数据后，下一个 WCPFC 工作日 24 小时（手动数据传输）或 48 小时（电子数据传输）内，应合并这类数据得到完整的渔船记录数据①。

（13）提供 CCM 提交的每一年度渔船作业/未作业状态信息，并与渔船记录数据整合，并能展示、搜索和分析该信息。

（14）监测及每年向技术及纪律分委员会报告渔船记录的运作情况，并视需要提出本系统及支持本系统的标准、规格或程序的改善或修正，以确保渔船记录持续在稳定、安全、可靠、具成本效益、有效率、在妥善维护和支持系统下运作。

（15）定期提出这些标准规格和程序的改善建议，若适当，包括与 FAO 及联合国贸易便捷化与电子商务中心（UN/CEFACT）等其他国际论坛所使用的标准和代码一致。

（16）维护渔船注册港口的渔船记录港口代码列表，以容纳 CCM 根据本标准、规格和程序所提交的渔船数据。渔船记录港口代码的格式为国际标准化组织（ISO 3166）国家代码的 2 个字母及 4 个字符，且该列表将由 WCPFC 秘书处根据，若可获得，国际标准代码决定。CCM 可就 WCPFC 秘书处所维护渔船记录港口代码列表中目前未列入的注册港口，向 WCPFC 秘书处提出核发新渔船记录港口代码的要求。WCPFC 秘书处将告知收到要求，并将根据本标准、规格和程序第（11）条及第（12）条的规定时间，核发新渔船记录港口代码。WCPFC 秘书处也将确保 CCM 可通过附件 4 所述来自秘书处的入口网页，取得更新的渔船记录港口代码列表。

（17）审查自 CCM 接收及其他有关来源的渔船数据，若适当，并对提交数据的 CCM 提出其可能存在的错误、疏漏或与该 CCM 所提交渔船记录数据重复的建议。

---

① 尽管附上最低要求数据的渔船将被加入及维持在渔船记录内，并不免除应负责的 CCM 根据 WCPFC 适用的养护与管理措施提交所有数据的义务。未提交此类数据的后果将列于本标准、规格和程序之外，如 WCPFC 的遵守监督机制。

附件 1

详细内容见附表 1-1。

附表 1-1　渔船记录的表格格式和内容列表

最低要求①	域名	字段格式	字段说明/指示	范例	养护与管理措施的参考条文
√	提交数据的 CCM	文字	国家名称-2个字母的国际标准化组织（ISO）代码格式（ISO 3166；附件7）	克罗地亚（HR）	2013-10：5/6
√	数据行动代码	文字	本栏并未纳入渔船记录，但 CCM 必须在提交数据时使用。尚未列入渔船记录，而要新增的渔船，请输入新增（ADDITION）目前已列入渔船记录，包括无前曾在渔船记录、但某阶段被相同提交数据的 CCM（重新登录）或是由不同的 CCM（转换船籍）所提交，请输入修改（MODIFICATION）；或目前已列入渔船记录，且由相同的 CCM 所提交、要自渔船记录删除的渔船，请输入删除（DELETION）	修改	（需要指示 WCPFC 秘书处所做的渔船记录变更）
√	VID	数字	渔船要从渔船记录删除或修改时，必须提供渔船纳入渔船记录时自动产生的号码。若渔船要新增至渔船记录或渔船记录先前未曾列入渔船记录），则无需填写	10503	（需与渔船相符）
√	渔船船名	文字	船旗国注册所登载的渔船船名，以大写字母呈现	海枫 II	2013-10：6（a）
√	渔船船籍	文字输入 2 个字母的 ISO 国家代码（ISO 3166；附件7）	2字母的 ISO 国家代码格式（ISO 3166）	克罗地亚（HR）	2013-10：5/6
√	注册号码	文字	船旗国注册所指定的字母和数字识别号码，以大写字母呈现	XX123	第 2013-10 号养护与管理措施：第 6（a）条
√	WCPFC 号（WIN）	文字	船旗国根据第 2004-03 号养护与管理措施指定的渔船识别号码，以大写字母呈现	ABC1234	第 2013-10 号养护与管理措施：第 6（a）条

① 第 11 条和第 12 条所述的最低数据要求系由标示的字段所构成。

（续）

最低要求	域名	字段格式	字段说明/指示	范例	养护与管理措施的参考条文
√	曾用名	文字 若有多个先前的船名，以";"分隔	该船先前船名的列表。若CCM知道，以大写字母呈现 若CCM知道该渔船无先前的船名，输入无（NONE） 若CCM不清楚渔船是否有先前的船名，输入未知（NONE KNOWN）	阿尔法龙 阿尔法龙；海枫I	第2013-10号养护与管理措施：第6(a)条
√	注册港口	文字	就渔船注册的城市（港口）输入由WCPFC秘书处①所维护的渔船记录港口代码列表的6个字符代码。渔船记录港口代码格式为秘书处所分配的2个字母的ISO国家代码（ISO 3166；附件7），一个连接号（—）及3个字符的字母数字代码	FJ - SUV JP - 004	第2013-10号养护与管理措施：第6(a)条
√	船东或众船东的姓名	文字 若有多个船东，以";"分隔 若为公司，输入公司全名 若为个人，输入"姓，名"		海枫有限责任公司 多，约翰；戈麦斯，史蒂文	2013-10; 6 (b)
√	船东或众船东的地址	文字 以";"分隔地址的每个组成 若有多个地址，以";"分隔		1234 乌木伦。檀香山，HI 12345，美国 1234 乌木伦，檀香山，HI 12345，美国，Ynobe 路，4 321 檀香山，HI 54321，美国	2013-10; 6 (b)
√	船长姓名	文字输入"姓，名" 若有多个船长，以";"分隔		杜，约翰 多伊，约翰；多伊，吉尔	2013-10; 6 (c)
	船长国籍	文字输入2个字母格式的ISO国家代码（ISO 3166；附件7）；若有多个船长，以";"分隔	列出渔船船长的国籍	克罗地亚（HR）HR；HR	2013-10; 6 (c)

① 渔船记录港口代码将由秘书处根据第16条维护和公布。

（续）

最低要求	域名	字段格式	字段说明/指示	范例	养护与管理措施的参考条文
√	先前的船旗（若有）	文字 2个字母格式的ISO国家代码（ISO 3166；附件7；若有多个先前的船旗，以";"分隔	列出船舶先前的船旗（若有）若船舶没有先前的船旗，输入无（NONE）；若CCM不清楚该船先前是否有船旗，则输入未知（NONE KNOWN）	没有	2013-10: 6 (d)
√	国际无线电呼号	文字 勿输入任何标点符号或空白间隔	指定给该船的国际无线电呼号 若该船未经指定国际无线电呼号，则输入无（NONE）	ABC1234	2013-10: 6 (e)
√	渔船通信的类型及其号码[国际海事卫星组织（Inmarsat）A、B、C的号码及其卫星电话号码]	文字 通信类型： 通信对象： 号码： 若有多个通信装置，以";"分隔。	输入船上运用Inmarsat A, B或C任何一个通信装置或卫星电话的描述 若船上没有此类通信装置，输入无（NONE）	国际海事卫星组织移动 电话：123456789 国际海事卫星组织C卫星电话：123456789	2013-10: 6 (f)
√	渔船的彩色照片	文字 以下列格式输入电子数据文件的名称：（WIN）-（船名）-（拍摄日期：日.月.年）.（扩展名）（jpg或tif）	渔船照片的文件名	XXX123_SEA MAPLE_01.Jul.2010.jpg	2013-10: 6 (g)
√	渔船建造地点	文字 2个字母的ISO国家代码（ISO 3166；附件7）	船旗国注册或其他适当记录所指的渔船建造国家	立陶宛（LT）	2013-10: 6 (h)
	渔船建造日期	数字（4位整数）	船旗国注册或其他适当记录所指的渔船建造年度	1994	2013-10: 6 (h)
√	渔船类型	文字	如附件5所述，精确地使用缩写列于WCFPC渔船类型列表（附件5）的单一最适当渔船类型	金枪鱼延绳钓（LLT）	2013-10: 6 (i)
√	正常的渔船定员人数	数字（整数）	渔船上正常的定员人数，包括干部船员	6	2013-10: 6 (j)
	作业类型	文字 若有多个渔法类型，以";"分隔	渔船使用的渔具类型 如附件6所述，精确地缩写列于WCFPC渔具类型列表的所有渔具用以捕捞高度洄游种群，或者渔船并未用以捕鱼，则无需填写	漂流延绳钓（LLD）	2013-10: 6 (k)

（续）

最低要求	域名	字段格式	字段说明/指示	范例	养护与管理措施的参考条文
√	长度	数字（保留小数点）		50	2013－10：6（l）
√	长度类型	文字	长度类型的说明 如果长度类型为总长，则输入"OVERALL" 如果长度类型为注册长，则输入"REGISTERED" 如果长度类型为两柱间长，则输入"BETWEENPP" 若为水线长，则输入"WATELINE"	总长 注册长 两柱间长 水线长	2013－10：6（l）
√	长度单位	文字	"米"输入"m"，或"英尺"输入"ft"	m	2013－10：6（l）
√	型深	数字（保留小数点）	"米"输入"m"，或"英尺"输入"ft"	7	2013－10：6（m）
√	型深单位	文字	"米"输入"m"，或"英尺"输入"ft"	m	2013－10：6（m）
√	型宽	数字（保留小数点）	"米"输入"m"，或"英尺"输入"ft"	7	2013－10：6（n）
√	型宽单位	文字	"米"输入"m"，或"英尺"输入"ft"	m	2013－10：6（n）
√	总注册吨数（GRT）或总吨位（GT）	数字（保留小数点）		138	2013－10：6（o）
√	吨位类型	文字	总注册吨数输入"GRT"，或总吨位输入"GT"。	GT	2013－10：6（o）
	所有主机总功率	数字（保留小数点）		350	2013－10：6（p）
	主机功率单位	文字	马力**输入"HP"，千瓦输入"kW"，德制马力输入"PS"，德制马力也被称为Pferdestärke	HP	2013－10：6（p）
	冷冻机类型	文字 若有多种冷冻机型式，以";"分隔	船上用来冷冻渔获装置的类型 输入下述的一种或多种类型： 盐水（brine）；风冷（blast）；平板（plate）；坑道式（tunnel）；冷海水（rsw）；冰（ice）	brine；blast；ice	2013－10：6（q）

* 英尺为非法定计量单位。1英尺＝0.304 8米。

** 马力为非法定计量单位。1马力＝735.499瓦。

（续）

最低要求	域名	字段格式	字段说明/指示	范例	养护与管理措施的参考条文
	冷冻能力	文字 若冷冻机型式字段输入多个，此栏以"；"分隔相对应的输入，并确保依冷冻机型式字段相同的顺序输入	冷冻渔获的能力基准，以每单位时间可冷冻鱼类的数量呈现。若无冷冻能力，输入0	100 2；5 0	2013-10：6（q）
	冷冻能力单位	文字 若冷冻机型式字段输入多个，此栏以"；"分隔相对应的输入，并确保依冷冻机型式字段相同的顺序输入	若无冷冻能力，输入无（NA）	吨 吨/天；吨/天 NA	2013-10：6（q）
	冷冻机数量	文字 若冷冻机型式字段输入多个，此栏以"；"分隔相对应的输入，并确保依冷冻机型式字段相同的顺序输入	船上的冷冻机数量（例如，制冰机、盐水冷冻机或风冷冻机的数量）	2 1；2 0	2013-10：6（q）
	鱼舱容量	数字（保留小数点）	渔船能存放的总渔获量，不包括饵料和供船员食用的鱼类，以容积或重量计量	100	2013-10：6（q）
	鱼舱容量单位	文字	立方米输入"CM"，或输入"MT"	CM	2013-10：6（q）
	船旗国核发的许可证/执照的形式	文字	输入执照、许可证或授权的名称或说明。例如，核发当局的名称。若该船未经其船旗国授权以在国家管辖区域外捕捞洄游种群（即，未授权在公海作业），输入不适用（not applicable）	公海捕鱼许可证（high seas fishing permit）	2013-10：6（r）
	船旗国核发许可证号码	文字	输入许可指定的渔船单一识别号码（如有）若许可证无渔船单一识别号码，输入NONE。若该船未经其船旗国授权以在国家管辖区域外捕捞洄游种群，输入不适用（not applicable）	XX123	2013-10：6（r）

（续）

最低要求	域名	字段格式	字段说明/指示	范例	养护与管理措施的参考条文
	任何特定的授权捕鱼区域	文字	输入授权捕鱼限定WCPFC《公约》管辖区域内的任何特定区域的说明；若授权没有限定任何特定区域，输入没有特定区域（no specific areas）；若该船未经其船旗国授权用以在国家管辖区域外捕捞高度洄游种群，输入不适用（not applicable）	无特定区域（no specific areas）	2013-10: 6 (r)
	任何特定的授权捕捞鱼种	文字	输入授权捕捞限定任何特定鱼种的说明；若授权没有限定任何特定鱼种，输入（无特定物种）；若该船未经其船旗国授权用以在国家管辖区域外捕捞高度洄游种群，输入不适用（not applicable）	无特定物种，除太平洋蓝鳍金枪鱼外的所有高度洄游种群	2013-10: 6 (r)
√	授权开始生效的日期	日期（日-月-年）	若该船未经其船旗国授权用以在国家管辖区域外捕捞高度洄游种群，请留出空白	2010年07月01日（01-Jul-2010）	2013-10: 6 (r)
√	授权到期日期	日期（日-月-年）	若该船未经其船旗国授权用以在国家管辖区域外捕捞高度洄游种群，请留出空白	2011年6月30日（30-Jun-2011）	2013-10: 6 (r)
	授权在公海进行转载	文字	若负责任的CCM已根据第2009-06号养护与管理措施第37条做出决定，并已授权该船用以在WCPFC《公约》管辖区域公海转载高度洄游种群，输入是（yes），否则输入否（no）	是的（yes）	2009-06: 34
	授权在海上转载的围网船	文字	若该船为经WCPFC核予免除、可在WCPFC《公约》管辖区域海上进行转载、且经负责的CCM授权进行转载、目前授权和免除仍然有效的围网渔船，输入是（yes）；若该船该权或免除仍然有效，输入否（no）；或若该船为未经免除的围网渔船、或该船该权或免除为非围网渔船，输入不适用（not applicable）	不	2009-06: 29-30

（续）

最低要求	域名	字段格式	字段说明/指示	范例	养护与管理措施的参考条文
√	租船（charter）－悬挂该船旗（CCM－flagged vessel）	文字	若第 2012－05 号养护与管理措施第 2 条适用该船、输入租船（charter）、租用（lease）或类似机制的描述（descriptor）；否则输入不适用（not applicable） 备注：若第 2012－05 号养护与管理措施第 2 条适用该船、船旗 CCM 应负责将该船纳入渔船记录，并向委员会执行秘书提交所需的信息	租船（charter）	2012－05：2
√	租船（charter）－悬挂非 CCM－旗帜的运输船或油轮（flagged carrier or bunker）	文字	若第 2013－10 号养护与管理措施第 41 条适用该船（悬挂非 CCM 旗帜的运输船或油轮），输入租船（charter）、租用（lease）或类似机制的描述（descriptor）；否则输入不适用（not applicable） 备注：若第 2013－10 号养护与管理措施第 41 条适用该船（悬挂非 CCM 旗帜的运输船或油轮），租用该船的 CCM 应负责将该船纳入渔船记录，并向委员会执行秘书提交所需的信息	租船（charter）	2013－10：41
√	租用该船的 CCM	文字	若渔船是通过租船、租赁、类似机制目第 2013－10 号养护与管理措施第 41 条或第 2012－05 号养护与管理措施第 2 条适用该船、输入或借用其他机制的租用该船的 CCM 名称。输入 2 个字母的 ISO 代码格式（ISO 3166；附件 7）；否则输入不输入	（奥地利）AT	2013－10：41, 2012－05：2
√	租船人姓名	文字 若有多个租船人，以“；”分隔 若为公司，输入公司全称 若为个人、输入姓、名（以逗号分隔）	若渔船是通过租船、租赁、类似机制目第 2013－10 号养护与管理措施第 41 条或第 2012－05 号养护与管理措施第 2 条适用该船，输入租船人姓名；否则不输入	海枫有限责任公司 多．约翰；戈麦斯 史蒂文	2013－10：41, 2012－05：2

（续）

最低要求	域名	字段格式	字段说明/指示	范例	养护与管理措施的参考条文
√	租船人的地址	文字 英文地址以";"分隔 如有一个以上地址，以";"分隔	若渔船是通过租船、租赁、类似机制目第 2013 - 10 号养护与管理措施第 2012 - 05 条或第 41 条养护与管理措施第 2 条适用该船，输入租船人的地址；否则不输入	1234 乌木伦，檀香山，HI 12345，美国 1234 乌木伦，檀香山，HI 12345，美国；4321 Ynobe 路，檀香山，HI 54321，美国	2013 - 10：41，2012 - 05：2
	租船开始日期	日期（日-月-年）	若渔船是通过租船、租赁、类似机制目第 2013 - 10 号养护与管理措施第 2012 - 05 条或第 41 条养护与管理措施第 2 条适用该船，输入租船、租借或其他机制的开始日期，否则，留空	2011 年 6 月 30 日	2013 - 10：41，2012 - 05：2
	租船结束日期	日期（日-月-年）	若渔船是通过租船、租赁、类似机制目第 2013 - 10 号养护与管理措施第 2012 - 05 条或第 41 条养护与管理措施第 2 条适用该船，输入租船、租借或其他机制的结束日期；否则不输入	2016 年 6 月 30 日	2013 - 10：41，2012 - 05：2
	删除理由	文字	本字段不须纳入渔船记录单一表格内，但 CCM 提交数据时须使用。输入下述内容： voluntary relinquishment or non - renewal（自愿放弃或不续约）；withdrawal（撤销）；no longer entitled to fly flag（不再悬挂该国旗帜）；scrapping，decommissioning or loss（拆除、退役或灭失）；other：（specify reason）（其他：说明理由），或 not applicable（不适用）（若渔船未被删除）	自 愿 放 弃 或 不 续 约（voluntary relinquishment or non - renewal）	2013 - 10：7（c）
	国际海事组织（IMO）或劳氏登记号码（LR）	数字（整数）	国际海事组织（IMO）船舶识别号码由 "IMO" 3 个字母加 7 位数字表示，由 IHS Fariplay（曾用名为劳氏注册-Fariplay）指定每艘船 自 2016 年 1 月 1 日起，此将成为授权在船旗 CCM 的国家管辖区域内作业渔船的必需字段，且该船大小至少 100GT 或 100GT 以上（CMM 2013 - 10 脚注4） 辖区域外《公约》管辖区域内作业船只小至少 100GT 或 100GT 以上（CMM 2013 - 10 脚注 4）	1234567	CMM 2013 - 10：6（s）

附件 2

渔船照片规格

提交给 WCPFC 秘书处渔船记录的渔船照片，必须符合下列所有规格。若渔船的外观在提交照片后显著地发生改变（包括但不限于渔船以其他颜色涂漆、渔船改变名称或渔船进行结构修改）或照片的日期已逾 5 年，则必须提交新的照片。照片必须[1]：

1. 彩色。

2. 展现渔船目前的外观。

3. 展现渔船船艏至船艉侧面的外观。

4. 清楚及容易辨认渔船名称及 WIN。

5. 照片的日期不能超过 5 年。

6. 形式是单一电子文档，且有以下属性。

a. 文件格式为 jpg 或 tif。

b. 分辨率至少为每英寸[2] 150 像素，6 英寸乘以 8 英寸大小。

c. 照片文件大小不大于 500 kB。

d. 按以下命名规范命名：WIN_船名_照片日期（日-英文月份的 3 个字母的缩写- 4 位数的年份）.jpg 或 tif（例如，×××123_SEA MAPLE_01. Jul. 201. jpg）。

---

[1] 除第 1 条和第 6 条 d 款外，本照片规格 2017 年 1 月 1 日起生效。

[2] 英寸为非法定计量单位。1 英寸＝2.54 厘米。

附件 3
电子格式规范

本规范说明 CCM 必须提供的电子文件格式，若 CCM 选择通过电子传输模式（第 3 条 a 款）提交信息。

1. 文件类型

信息必须以下述格式之一提交：微软 Excel 文件。

2. 文件名

文件名必须为：××＿RFV＿UPDATES＿DDMMYYYY. sssss，其中：

a. ×× 为提交文件 CCM 的国际标准化组织的两个英文字母的国家代码（附件 7）。

b. DDMMYYYY 为提交文件的日期。

c. sssss 是文件扩展名（Excel 文件是 xls 或 xlsx）。

例如，AU＿RFV＿UPDATES＿11082013. xlsx（澳大利亚 2013 年 8 月 11 日提供的 Excel 文件）。

3. 文件内容

渔船记录更新文件必须仅包括由渔船记录新增或删除或需要被更新的细节信息（即，文件无须包括不需变动的内容）。一特定渔船须变更的类型必须在"数据行动代码"（文字）字段中指明，包括下述内容之一：

新增：

未列入渔船记录（现役或曾被除名），而要新增的渔船（修改，对下列渔船）：

a. 目前已列入渔船记录，经目前提报的 CCM 要求修改且要继续列入的渔船。

b. 曾列入渔船记录但某阶段被删除（除名），由目前提报的 CCM 要求重新列入（再列名）或由不同 CCM 提报列入（转籍）。

删除：

由 CCM 提报的要自渔船记录中删除的此 CCM 所属渔船。

针对修改，该渔船记录的所有最低数据需求字段必须完整填报，以便更新的字段能被清楚地认定。针对新增，渔船除渔船识别号码以外的所有最低数据需求字段都必须填报。针对删除，至少下述字段必须在记录中完整填报：渔船识别号码、渔船船名、渔船船旗、注册号码、WCPFC 识别号码，以及删除的理由。

4. 文件结构

电子文档的每一个记录代表一艘渔船。每一个记录皆必须按照附件 1 所定的结构，包括相同的字段次序。WCPFC 秘书处可提供有适当格式的微软 Excel 数据范例文件。

附件 4

入口网页规范

这些规范提供给 WCPFC 秘书处，WCPFC 秘书处将维护网页接口，以支持 CCM 通过手动传输方式提交信息（第 3 条 b 款）。

WCPFC 秘书处将提供入口网页接口供 CCM 授权的人员直接输入及提供其渔船及适用的租船与渔船记录的信息更新。该入口网页的进入将确保安全，并需要授权人员使用 CCM 特定的一组用户账号和密码登录。

https：//intra. wcpfc. int/Lists/Vessels/Active%20Vessels%20by%20CCM. aspx

本入口网页的设计符合本标准、规范和程序以及附件 1 的标准和规范，且当 WCPFC 秘书处确定数据有选项时，网页若可能将提供下拉式选单（drop down menu）的选项。在其他的情况，将可进行文字或数字的输入。网页也能上传和更新照片。

经由入口网页提交渔船记录变更信息或输入后，在纳入记录前将由 WCFPC 秘书处检查每一个变更或输入信息以确保与本标准、规范和程序的一致性。CCM 用户将立即取得特定输入或变更信息是否纳入渔船记录的通知，若未纳入，则会知道未能纳入的原因。

附件 5

详细内容见附表 5－1。

附表 5－1　WCFPC 渔船类型清单 ［根据 FAO 总登记吨位的渔船国际标准统计分类（ISSCFV）］

渔船类型	使用的缩写
拖网渔船（trawlers）	TO
舷拖网渔船（side trawlers）	TS
生鲜舷拖网渔船（side trawlers wet－fish）	TSW
冷冻舷拖网渔船（side trawlers freezer）	TSF
尾拖网渔船（stern trawlers）	TT
生鲜尾拖网渔船（stern trawlers wet－fish）	TTW
尾拖网加工母船（stern trawlers factory）	TTP
臂架式拖网渔船（outrigger trawlers）	TU
其他类型拖网渔船（trawlers nei）	TOX
拉网渔船（seiners）	SO
围网渔船（purse seiners）	SP
北美类型围网渔船（north american type）	SPA
欧洲类型围网渔船（european type）	SPE
金枪鱼围网渔船（tuna purse seiners）	SPT
小型拉网渔船（seiner netters）	SN
其他类型拉网渔船（seiner nei）	SOX
手工耙具渔船（dredgers）	DO
拖曳耙具渔船（using boat dredge）	DB
机械耙具渔船（using mechanical dredge）	DM
其他耙具渔船（dredger nei）	DOX
敷网渔船（lift netters）	NO
使用船只操作的敷网（using boat operated net）	NB
其他类型的敷网（lift netter nei）	BOX
刺网渔船（gillnetters）	GO
陷阱类渔船（trap setters）	WO
笼壶类渔船（pot vessels）	WOP
其他陷阱类渔船（trap setters nei）	WOX
钓船（liners）	LO
手钓渔船（handliners）	LH
延绳钓渔船（longliners）	LL
金枪鱼延绳钓渔船（tuna longliners）	LLT

（续）

渔船类型	使用的缩写
延绳钓加工渔船（factory lognliner）	LLF
冷冻延绳钓渔船（freezer longliner）	LLZ
竿钓渔船（pole and line vessels）	LP
日本式竿钓渔船（japanese type）	LPJ
美国式竿钓渔船（american type）	LPA
曳绳钓渔船（trollers）	LT
其他类型的钓船（liner nei）	LOX
鱿钓渔船（squid jigging line vessel）	JIG
使用泵进行捕捞的渔船（vessels using pumps for fishing）	PO
多功能渔船（multipurpose vessels）	MO
围网手钓渔船（seiner - handliners）	MSN
拖网围网渔船（trawl - purse seiners）	MTU
拖网流刺网渔船（trawler drifters）	MTG
其他类型的多功能渔船（multipurpose vessels nei）	MOX
娱乐渔业渔船（recreational fishing vessel）	RO
未指定用途的渔船（fishing vessels not specified）	FX
母船（motherships）	HO
加工咸鱼母船（salted - fish Motherships）	HSS
加工母船（factory Motherships）	HSF
金枪鱼母船（tuna Motherships）	HST
双船围网船母船（motherships for two - boat seining）	HSP
其他类型的母船（motherships nei）	HOX
运鱼渔船（fish carriers）	FO
医疗渔船（hospital ships）	KO
保护和测量渔船（protection and survey vessels）	BO
渔业调查渔船（fishery research vessels）	ZO
渔业实习渔船（fishery training vessels）	CO
其他类型的非渔船（non - fishing vessels nei）	VOX
油船（bunker vessels）	VOB
鱼叉渔船（harpoon）	HSA

附件 6

详细内容见附表 6-1。

附表 6-1　中西太平洋渔业委员会渔具类型［根据 FAO 总登记吨位的渔具国际标准统计分类（ISSCFG）］

渔具	使用的缩写
有囊围网［with purse lines（purse seine）］	PS
-单船有囊围网（one boat operated purse seines）	PS1
-双船有囊围网（two boat operated purse seines）	PS2
无囊围网［without purse lines（lampara）］	LA
大拉网（beach seines）	SB
船拉网（boat or vessel seines）	SV
-丹麦式（danish seines）	SDN
-苏格兰式（scottish seines）	SSC
-对拉网（pair seines）	SPR
未指定的拉网［seine nets（not specified）］	SX
便携式敷网（portable lift nets）	LNP
渔船操作的敷网（boat-operated lift nets）	LNB
岸边操作的定置敷网（shore-operated stationary lift nets）	LNS
未指定的敷网［lift nets（not specified）］	LN
锚碇刺网［set gillnets（anchored）］	GNS
流刺网（driftnets）	GND
围刺网（encircling gillnets）	GNC
固定（打桩）刺网［fixed gillnets（on stakes）］	GNF
三层刺网（trammel nets）	GTR
混合式三层刺网（combined gillnets-trammel nets）	GTN
未指定的缠络类刺网［gillnets and entangling nets（not specified）］	GEN
未指定的刺网［gillnets（not specified）］	GN
手钓和竿钓［handlines and pole-lines（hand operated）］	LHP
机械手钓和竿钓［handlines and pole-lines（mechanized）］	LHM
定置延绳钓（set longlines）	LLS
漂流延绳钓（drifting longlines）	LLD
未指定的延绳钓［longlines（not specified）］	LL
曳绳钓（trolling lines）	LTL
未指定的钓具［hooks and lines（not specified）］	LX
鱼叉（harpoons）	HAR
杂渔具（miscellaneous gear）	MIS
休闲渔具（recreational fishing gear）	RG

附件 7

详见附表 7-1。

附表 7-1　国家代码（国际标准化组织 3166）

国家、组织及地区名称	代码	国家、组织及地区名称	代码
阿富汗	AF	布隆迪	BI
阿尔巴尼亚	AL	柬埔寨	KH
阿尔及利亚	DZ	喀麦隆	CM
美属萨摩亚	AS	加拿大	CA
安道尔	AD	佛得角	CV
安哥拉	AO	开曼群岛	KY
安圭拉	AI	中非共和国	CF
南极洲	AQ	乍得	TD
安地卡和巴布达	AG	智利	CL
阿根廷	AR	中国	CN
亚美尼亚	AM	圣诞岛	CX
阿鲁巴	AW	科科斯群岛	CC
澳大利亚	AU	哥伦比亚	CO
奥地利	AT	北马里亚纳群岛联邦	MP
阿塞拜疆	AZ	科摩罗	KM
巴哈马	BS	刚果	CG
巴林	BH	民主刚果	CD
孟加拉国	BD	库克群岛	CK
巴巴多斯	BB	哥斯达黎加	CR
白俄罗斯	BY	象牙海岸	CI
比利时	BE	克罗地亚	HR
伯利兹	BZ	古巴	CU
贝宁	BJ	塞浦路斯	C
百慕大	BM	捷克	CZ
不丹	BT	丹麦	DK
玻利维亚	BO	吉布堤	DJ
波斯尼亚和黑塞哥维那	BA	多米尼加	DM
博茨瓦纳	BW	多米尼加共和国	DO
布维岛	BV	东帝汶	TP
巴西	BR	厄瓜多尔	EC
英属印度洋领地	IO	埃及	EG

（续）

国家、组织及地区名称	代码	国家、组织及地区名称	代码
文莱	BN	萨尔瓦多	SV
保加利亚	BG	赤道几内亚	GQ
布吉纳法索	BF	厄立特里亚国	ER
爱沙尼亚	EE	爱尔兰	IE
埃塞俄比亚	ET	以色列	IL
欧盟	EU	意大利	IT
马尔维纳斯群岛	Fk	牙买加	JM
法罗群岛	FO	日本	JP
密克罗尼西亚	FM	约旦	JO
斐济	FJ	哈萨克斯坦	KZ
芬兰	FI	肯尼亚	KE
法国	FR	基里巴斯	KI
法属奎亚那	GF	朝鲜	KP
法属玻利尼西亚	PF	韩国	KR
法国南部属地	TF	科威特	KW
加蓬	GA	吉尔吉斯斯坦	KG
刚比亚	GM	老挝	LA
佐治亚	GE	拉脱维亚	LV
德国	DE	黎巴嫩	LB
加纳	GH	莱索托	LS
直布罗陀	GI	利比里亚	LR
希腊	GR	利比亚	LY
格陵兰	GL	列支敦士登	LI
格林纳达	GD	立陶宛	LT
瓜德鲁普岛	GP	卢森堡	LU
关岛	GU	中国澳门	MO
危地马拉	GT	马其顿（前南斯拉夫共和国）	MK
几内亚	GN	马达加斯加	MG
几内亚比绍	GW	马拉维	MW
奎亚那	GY	马来西亚	MY
海地	HT	马尔代夫	MV
赫德和麦当劳群岛	HM	马利	ML
洪都拉斯	HN	马耳他	MT
中国香港	HK	马绍尔群岛	MH

（续）

国家、组织及地区名称	代码	国家、组织及地区名称	代码
匈牙利	HU	马提尼克	MQ
冰岛	IS	毛里塔尼亚	MR
印度	IN	毛里求斯	MU
印尼	ID	马约特岛	YT
伊朗	IR	墨西哥	MX
伊拉克	IQ	摩尔多瓦	MD
摩纳哥	MC	圣文森特和格林纳丁斯	VC
蒙古	MN	萨摩亚	WS
蒙特色拉特岛	MS	圣马力诺	SM
摩洛哥	MA	圣多美和普林西比	ST
莫桑比克	MZ	沙特阿拉伯	SA
缅甸	MM	塞内加尔	SN
纳米比亚	NA	塞尔维亚	RS
瑙鲁	NR	塞舌尔	SC
尼泊尔	NP	塞拉利昂	SL
荷兰	NL	新加坡	SG
荷属安的列斯	AN	斯洛伐克	SK
新喀里多尼亚	NC	斯洛维尼亚	SI
新西兰	NZ	所罗门群岛	SB
尼加拉瓜	NI	索马里	SO
尼日尔	NE	南非	ZA
尼日利亚	NG	南佐治亚和南桑威奇群岛	GS
纽埃	NU	西班牙	ES
诺福克岛	NF	斯里兰卡	LK
挪威	NO	圣赫勒拿岛	SH
阿曼	OM	圣皮埃尔和密克隆	PM
巴基斯坦	PK	苏丹	SD
帕劳	PW	苏里南	SR
巴拿马	PA	斯瓦尔巴特和扬马延岛	SJ
巴布亚新几内亚	PG	斯威士兰	SZ
巴拉圭	PY	瑞典	SE
秘鲁	PE	瑞士	CH
菲律宾	PH	叙利亚	SY
皮特凯恩	PN	中国台北	TW
波兰	PL	塔吉克斯坦	TJ

（续）

国家、组织及地区名称	代码	国家、组织及地区名称	代码
葡萄牙	PT	委内瑞拉	VE
波多黎各	PR	越南	VN
卡塔尔	QA	坦桑尼亚	TZ
留尼旺	RE	泰国	TH
罗马尼亚	RO	东帝汶	TL
俄罗斯	RU	多哥	TG
卢安达	RW	托克劳	TK
圣基茨和尼维斯	KN	汤加	TO
圣卢西亚	LC	特立尼达和多巴哥	TT
土库曼斯坦	TM	突尼斯	TN
图瓦卢	TV	土耳其	TR
乌干达	UG	特克斯和凯科斯群岛	TC
乌克兰	UA	英属维尔京群岛	VG
阿联酋	AE	美属维京群岛	VI
英国	GB	瓦利斯和富图纳群岛	WF
美属外部小群岛	UM	西撒哈拉	EH
美国	US	也门	YE
乌拉圭	UY	扎伊尔	ZR
乌兹别克斯坦	UZ	赞比亚	ZM
瓦努阿图	VU	津巴布韦	ZW
梵蒂冈	VA		

20. 第 2014 - 06 号　制定与执行中西太平洋主要渔业及种群捕捞策略

中西太平洋渔业委员会（WCPFC）：

注意到 WCPFC《公约》的目的在于根据《1982 年 12 月 10 日联合国海洋法公约》（以下简称《1982 年公约》）及《执行〈1982 年 12 月 10 日联合国海洋法公约〉有关养护与管理跨界鱼类种群和高度洄游鱼类种群的规定的协定》（以下简称《协定》），经由有效的管理以确保中西太平洋高度洄游鱼类种群的长期养护与可持续利用。

回顾《协定》第 6（3）条及 WCPFC《公约》第 6 条要求建立预防性特定种群参考点以执行预防性做法，以及此类参考点被超过并触发预防性做法时所应采取的行动。

进一步回顾 WCPFC《公约》第 6（1）（a）条规定，《协定》附件 2 所制定的指南构成 WCPFC《公约》内容的一部分，且应为 WCPFC 所应用。当养护与管理高度洄游及跨界种群应用预防性参考点，包括当设置参考点的信息缺乏或不足时，这些指南为临时参考点的通过均提供了指南。

进一步回顾 WCPFC《公约》第 5（b）条设置最大可持续产量等原则，以引领 WCPFC 以科学为基础对管辖范围内鱼类种群进行养护与管理。

注意到 FAO 负责任行为守则第 7.5.3 条也建议，除其他外，以预防性做法为基础，执行种群特定的目标和限制参考点。

关注中西太平洋部分金枪鱼类种群的捕捞死亡率已超过最大可持续产量的范围。

回顾 WCPFC 认为 WCPFC 绩效评估针对预防性做法及限制参考点的建议属于优先议题。

留意美洲间热带金枪鱼委员会（IATTC）就东太平洋许多高度洄游鱼类种群正在建立参考点及捕捞策略控制规则。

根据 WCPFC《公约》第 10 条，通过下述关于制定中西太平洋主要渔业捕捞策略的养护与管理措施：

本措施的目的

（1）同意 WCPFC 应建立执行按照本养护与管理措施（CMM）所确定的流程制订 WCPFC 管辖范围内每一主要渔业或种群的捕捞策略的做法。

一般性条款

（2）捕捞策略是明确一渔业就特定鱼种（在资源或管理单位层面）预先决定的必须采取管理行动以达到所确定的生物、生态、经济及/或社会管理目标。

（3）WCPFC 同意应按本养护与管理措施，就捕捞或专捕单一或数个鱼种（在资源或管理单位层面），包括兼捕渔业，或由数个渔业捕获的该种群，制定捕捞策略。

捕捞策略原则

（4）捕捞策略被认为是代表渔业管理决策的最佳实践。捕捞策略具有积极主动性及适应性，并提供一框架以采用种群或渔业的最佳可得科学数据，并以证据和风险为基础设定渔获水平。捕捞策略提供一个更确定的操作环境，使该渔业或种群有关的管理决策更加一致、透明和具有可操作性。

（5）根据本养护与管理措施制定的捕捞策略应制定要达到所规定和确定的渔业生物、生态、经济及/或社会目标的管理措施。每一捕捞策略应包括为该渔业量身定制的程序以进行生物、经济和社会情况的评估，还应包括事先确定的规则，该规则则用于管理该渔业或种群以达到管理目标。

（6）在制定中西太平洋渔业或种群的个别捕捞策略时，WCPFC 应考虑 WCPFC《公约》，特别是第 5 条和第 6 条所制定的原则。

捕捞策略的要素

（7）根据本养护与管理措施制定的每一捕捞策略，若可能且适当应包括下述要素：

a. 定义该渔业或种群的可操作目标，包括时间表（"管理目标"）。

b. 每一种群的目标和限制参考点（"参考点"）。

c. 未逾越限制参考点的可接受风险水平（"可接受风险水平"）。

d. 运用最佳可得科学数据就限制参考点进行评估的监测策略（"监测策略"）。

e. 目标是达到该限制参考点及避免达到限制参考点的决策规则（"捕捞管控规则"）。

f. 就提议的捕捞管控规则达到管理目标的作用进行评估，包括风险评估（"管理策略评估"）。

（8）这些要素的进一步信息列于本养护与管理措施的附件 1。

（9）尽管有本养护与管理措施第（7）条和第（8）条，委员会在制定个别捕捞策略时，应以个案为基础修订要素，以适合特定渔业或鱼种的特殊需求。此应包括接受捕捞策略的临时或暂定要素。缺乏适当的科学信息不应作为推迟或不通过捕捞策略的理由。

（10）WCPFC 在制定个别捕捞策略时，应考虑及应用 WCPFC《公约》第 8 条，在此区域执行捕捞策略及此策略的制订依据，皆要与已采取的养护与管理措施兼容。

发展中国家的特殊需求

（11）承认 WCPFC《公约》发展中国家缔约方，特别是发展中小岛国、领地和属地有关中西太平洋高度洄游鱼类种群养护和管理的特殊要求，WCPFC 将促进这些国家、领地和属地有效参与 WCPFC 会议及捕捞策略的工作会议，且通过这些工作制定养护与管理措施时将应用 WCPFC《公约》第 30 条（2）款的规定。

（12）捕捞策略不应对发展中国家、领地及属地造成直接或间接的不合比例的养护行动的负担。

通过捕捞策略的时间

（13）WCPFC 应在不晚于 2015 年第 12 届年会召开时，同意工作计划及指导性的日程表，以通过或改善鲣、大眼金枪鱼、黄鳍金枪鱼、南太平洋长鳍金枪鱼、太平洋蓝鳍金枪鱼及北太平洋长鳍金枪鱼^①捕捞策略。本工作计划于 2017 年进行审查。WCPFC 应同意其他渔业或种群采取捕捞策略的日程。

资源

（14）在制定自身预算和工作计划时，WCPFC、科学分委员会及任何相关的 WCPFC 分委员会将确保本措施所列出的任务有足够的时间和预算，以便按所决定的日程完成。

（15）WCPFC 可动用专门用于此目的的自愿捐款基金，以完成本措施中所列的任务。

（16）考虑效率和确保所有 CCM 的充分参与，WCPFC 可通过 WCPFC 年会完成本养护与管理措施确定的工作，或召开额外的研讨会或会议以考虑列于本养护与管理措施的任务。

---

① 大部分出现在北纬 20°以北区域的鱼种的捕捞策略及日程草案，应由北方分委员会制定及提供建议。

附件 1

捕捞策略要素的额外细节及 WCPFC 和其附属机构的任务与责任

1. 本附件就个别捕捞策略将确定每一要素进一步的细节，如可能，确定 WCPFC 及其附属机构的任务和责任[①]。

管理目标

2. 针对每一捕捞策略，WCPFC 应确定该渔业或种群概念性的管理目标。在确定这些目标时，WCPFC 应考虑每一目标间的权衡、不同渔业或种群间目标的权衡以及捕捞策略，且应尽可能地调解任何竞争目标间的矛盾。

3. 科学分委员会及，若适当，其他相关附属机构，应将这些概念性的管理目标转换为该渔业或种群的直接且实际诠释内容的可实现的管理目标，若需要，并可评估其绩效（管理目标的达成情况）。

参考点

4. 为达到所同意的可实现的管理目标，WCPFC 应考虑来自科学分委员会及，若适当，其他相关附属机构有关的建议，并建立种群特定的参考点而认定：

a. 旨在达到管理目标的目标——目标参考点。

b. 旨在限制捕捞使其在安全的生物学限制范围内——限制性参考点。

5. 当 WCPFC 已针对特定鱼种通过目标或限制参考点时，那些同意的参考点应纳入该渔业的捕捞策略，除非 WCPFC 另有决定。

可接受的风险水平

6. WCPFC 应考虑科学分委员会，若适当，其他附属机构的建议，定义逾越限制性参考点，以及若适当，关于偏离目标参考点的可接受的风险水平。根据 WCPFC《公约》第 6 条（1）款（a）点，WCPFC 应确保逾越限制性参考点的风险相当低。

7. 除非 WCPFC 另有决定，目标参考点应较为保守且应有适当缓冲而与限制性参考点相区别，以确保目标参考点不至于接近限制性参考点，而使超过限制性参考点的机会高于可接受的风险水平。

策略监控

8. WCPFC 可根据提交给 WCPFC 的数据通过一渔业或种群的监控策略，作为个别捕捞策略的部分内容。

9. 科学分委员会和其他有关附属机构，若适当，就已制定的捕捞策略的每一渔业或种群，应定期评估该渔业或种群的绩效及所同意的可实现的管理目标（如参考点及捕捞控制规则）。科学分委会应报告其发现并向 WCPFC 提出建议。

捕捞控制规则

10. WCPFC 应根据科学分委员会的建议，决定一组清楚、事先同意的规则或行动，用以决定管理行动以响应资源状况指标或其他指标的变化，或若适当，改变限制参考点（"捕捞控制规则"）。

---

① 针对主要在北纬 20°以北种群的渔业，任务和责任将另由 WCPFC 决定。

11. 尽管有本附件第 12 条，WCPFC 在科学分委员会完成完整的管理策略评估前，可决定执行临时捕捞控制规则。

管理策略评估

12. 在执行正式的捕捞控制规则前，科学分委员会和其他有关附属机构，若适当，应评估所提出的捕捞控制规则达到可操作的目标可能的绩效。这些评估可通过仿真模式实行。

13. 作为本程序的一部分，科学分委员会和其他有关附属机构，若适当，应估算或描述包括资源评估和可用数据主要的不确定性。

21. 第 2015 - 02[①] 号　南太平洋长鳍金枪鱼养护与管理措施

中西太平洋渔业委员会（WCPFC），根据 WCPFC《公约》：

科学分委员会已建议 WCPFC 降低延绳钓捕捞死亡率及渔获量，避免发生脆弱生物量进一步下降的情况，而可以维持经济上可行的捕获率，对此进行了回顾。

进一步回顾技术及纪律分委员会提出的建议，该建议根据第 2015 - 05 号养护与管理措施的要求，建议数据应更具可核实性。

注意到延绳钓渔船对特定年龄鱼群造成死亡的情况，所有捕捞努力量的大幅增加都会使单位努力量渔获量（CPUE）降至低水平，但仅能小幅度地增加产量。CPUE 的降低情况可能在地方性捕捞努力量集中的地区更加明显。

进一步注意到，由于推断的渔获量和捕捞努力量都高于历史水平，所以使得估计的最大可持续产量（MSY）具有高度不确定性。预测显示，假如渔获量及捕捞努力量增加至 MSY 水平，延绳钓可开发的生物量以及 CPUE 将会急剧下降。因此，增加渔获量或捕捞努力量应该事先谨慎地评估其经济后果。

按照 WCFPC《公约》第 10 条规定决议如下：

（1）委员会成员、合作非缔约方及参与领地（合称 CCM）在 WCPFC《公约》管辖区域南纬 20°以南水域捕捞南太平洋长鳍金枪鱼的渔船数，不应该超过 2005 年或近期（2000—2004 年）的平均水平。

（2）第一条条文不应该损害 WCPFC《公约》管辖区域内以南太平洋长鳍金枪鱼作为其管辖水域内本国金枪鱼渔业重要鱼种，以及希望负责任地发展南太平洋长鳍金枪鱼渔业的 CCM 中的发展中小岛国及领地国际法赋予的正当权利与义务。

（3）在 WCPFC《公约》管辖区域赤道以南水域捕捞南太平洋长鳍金枪鱼的 CCM，应该通过合作来确保南太平洋长鳍金枪鱼渔业的长期可持续性以及经济可行性，包括减少此种群状况不确定性研究的合作。

（4）CCM 应该每年向 WCPFC 报告，在 WCPFC《公约》管辖区域南纬 20°以南水域捕获南太平洋长鳍金枪鱼的各渔船的年度渔获量，以及在此区域内捕捞南太平洋长鳍金枪鱼的船数。各渔船的年度渔获量应该根据下述各鱼种分别进行报告：长鳍金枪鱼、大眼金枪鱼、黄鳍金枪鱼、剑鱼、其他旗鱼类，以及鲨鱼。初期应该提供 2006—2014 年的信息，之后每年需要进行更新。WCPFC 鼓励 CCM 提交早于上述期间的数据。

（5）本措施每年将根据科学分委员会对南太平洋长鳍金枪鱼的建议进行审查。

---

① 借此通过本养护与管理措施（CMM 2015 - 02），WCPFC 撤销经过修改的第 2010 - 05 号养护与管理措施。

22. 第 2015 - 06 号 中西太平洋鲣目标参考点

中西太平洋渔业委员会（WCPFC）：

回顾 WCPFC《公约》的目的在于依据《1982 年 12 月 10 日联合国海洋法公约》（以下简称《1982 年公约》）及《执行〈1982 年 12 月 10 日联合国海洋法公约〉有关养护和管理跨界鱼类种群和高度洄游鱼类种群的规定的协定》（以下简称《协定》），经由有效的管理以确保中西太平洋高度洄游鱼类种群的长期养护与可持续利用。

回顾《协定》附录 2 针对跨界鱼类种群及高度洄游鱼类种群养护与管理制定预防性参考点的准则。

亦回顾 WCPFC《公约》第 5 条 c 点 WCPFC 成员已承诺依本《公约》和所有相关国际议定标准及建议的实践与程序，采取预防性措施。

进一步回顾 WCPFC《公约》第 6 条第 1 款 a 点要求 WCPFC 成员在采取预防性措施时，应适用《协定》附录 2 所定的准则，并基于可获得的最佳科学信息，决定特定鱼类种群的参考点，及在超过该参考点时将采取的行动。

注意到 WCPFC 已通过在中西太平洋制定主要渔业和种群捕捞策略的养护与管理措施。

渴望通过鲣的目标参考点以在中西太平洋鲣渔业的捕捞策略发展上取得进展。

根据 WCPFC《公约》第 10 条，通过下述中西太平洋鲣目标参考点的养护与管理措施：

（1）中西太平洋鲣目标参考点初始应设为：尚无渔业开发的情况下，近期所估计的产卵种群生物量平均值（$SB_{F=0, t_1 - t_2}$）的 50%。

（2）此目标参考点应为临时目标参考点，直到根据本措施第 8 条进行审议为止。

（3）尚无渔业开发的近期产卵种群生物量平均值的估算方法，应与 WCPFC 通过中西太平洋鲣限制参考点所使用的方法相同，亦即①时间应有 10 年，而且是用于鲣资源评估的最近 10 年，亦即 t_1 等于 y_{last} 减 10，t_2 等于 y_{last} 减 1，而 y_{last} 则是资源评估所使用的最后一年；②估算应根据最近期的鲣资源评估模型的补充量的估计值，而此补充量已根据资源补充量关系（stock - recruitment relationship）调整以反映尚无渔业开发的情境。

（4）WCPFC 通过的养护与管理措施应以维持中西太平洋鲣资源量的平均值处于目标参考点水平为目标。

（5）科学分委员会应在中西太平洋鲣种群资源状态的评估中提到目标参考点，并报告 WCPFC 对该种群的养护与管理建议措施及施行此措施对鲣资源丰度的影响。

（6）依第 2014 - 06 号养护与管理措施规定，中西太平洋鲣渔业制定捕捞控制规则时，应使用目标参考点。捕捞控制规则应在考虑不确定性的情况下设计成该管控规则可实施，并保证其长期的平均产卵种群生物量达到目标参考点的水平。

（7）WCPFC 应考虑并特别关注科学分委员会关于目标参考点的任何未来建议，包括关于渔捞对此种群的潜在影响，包括可能的地区性枯竭或分布范围的缩减。

（8）WCPFC 应不晚于 2019 年审议目标参考点，并在获得有关新信息的任何时间，如已准备进行新资源评估时进行审议。

23. 第 2016-02 号　东部袋状公海特别管理区域养护与管理措施

中西太平洋渔业委员会（WCPFC）：

回顾 WCPFC《公约》的目的，在于按照《1982 年公约》及《协定》，通过有效的管理来确保中西太平洋高度洄游性鱼类种群的长期养护与可持续利用。

WCPFC《公约》管辖区域非法的、不报告的及不受管制的（IUU）捕捞活动削弱了WCPFC 通过的养护与管理措施的有效性，对此表示关切。

特别留意到，需要按照优先事项处理的方式，来处理在东部袋状公海从事 IUU 捕捞的渔船。

在不损害 WCPFC 成员、合作非缔约方及参与领地（合称 CCM）及非 CCM 按照据 WCPFC有关文件采取进一步措施的权利下，决心在东部袋状公海采取必要的应对措施，处理增加的IUU 捕捞问题。

承认 WCPFC《公约》第 8 条第 1 款要求，为公海和国家所制定的在管辖区域内所采取的养护与管理措施应该彼此保持一致。

回顾 WCPFC《公约》第 8 条第 4 款要求，WCPFC 应该特别注意《公约》管辖区域内被专属经济区所包围的公海区域。

注意到 WCPFC《公约》第 30 条第 1 款要求，WCPFC 应该完全承认 WCPFC《公约》缔约方的发展中成员国，特别是发展中小岛国及领地与属地，关于在 WCPFC《公约》管辖区域内对高度洄游鱼类种群的养护与管理以及发展这种鱼类种群渔业的特殊需求。

进一步注意到，WCPFC《公约》第 30 条第 2 款 c 点要求 WCPFC 需确保此类养护与管理措施不会直接或间接地将不合比例的养护行动责任转嫁给发展中缔约方及领地与属地。

按照 WCPFC《公约》第 10 条，通过：

适用范围

（1）东部袋状公海是指以库克群岛专属经济区为西边界、以法属玻利尼西亚专属经济区为东边界、以基里巴斯专属经济区为北边界所包围的公海。基于本措施的目的，精确坐标资料（大地测量信息）应该是 WCPFC 渔船监控系统（VMS）所使用的坐标，见附件 1。东部袋状公海的地图见附件 2。

报告

目击

（2）CCM 应该鼓励在东部袋状公海作业的渔船悬挂其船旗，向 WCPFC 秘书处报告目击其他渔船的信息。此类信息应该包括：日期、时间（UTC）、船位、方位（真方位、度）、标记、航速（节）及渔船类型。渔船应该确保此类信息在目击事件发生 6 小时内传送至秘书处。

VMS

（3）邻近沿海国/领地应该按照 WCPFC "保护、存取及散布 WCPFC 为监测、管控与侦察（MCS）活动所汇总的公海非公开领域数据，以及与进行科学研究为目的存取及散布公海 VMS数据的规则及程序" 第 22 条，即通过前述规则和程序的第 5 条的持续要求，持续取得接近实时的 VMS 信息。

（4）船旗国应该至少使用 WCPFC VMS 来监测该国在东部袋状公海作业的渔船，以确保这些渔船遵守本措施。

渔船清单

（5）WCPFC 秘书处应该根据接近实时的 VMS 信息，维持所有出现在东部袋状公海的渔船动态清单。此清单应该通过 WCPFC 网站公布，以便让 WCPFC 成员能够获取。

转载

（6）从 2019 年 1 月 1 日起，东部袋状公海禁止所有转载活动。

遵守

（7）未遵守本措施的渔船应该按照第 2010 - 06 号养护与管理措施及 WCPFC 通过的所有其他适用的措施进行处理。

措施的执行及审查

（8）WCPFC 秘书处应该每年向 TCC 提交一份本措施的执行和遵守情况报告。

（9）前述的措施每 2 年应该与 TCC 的有关建议一起进行审查。除此之外，该审查还应该考虑本措施是否具有预期的效果，以及所有 CCM 和捕捞部门为达到 WCPFC 的养护目的所做出的贡献。

（10）本措施仅适用于东部袋状公海。

（11）本措施应该取代第 2010 - 02 号养护与管理措施，且应该维持其有效性，直至 WCPFC 通过东部袋状公海的替代措施。

附件 1

东部袋状公海特别管理区的经纬度（2012 年 4 月）

东部袋状公海特别管理区域的坐标

（这类坐标不影响现行边界的任何谈判或结果，且当边界问题解决时也将变更）

经度	纬度	经度	纬度
155. 495 308 W	11. 375 548 S	159. 877 870 W	14. 621 808 S
155. 498 321 W	11. 391 248 S	159. 796 530 W	14. 407 807 S
155. 375 667 W	11. 665 200 S	159. 759 680 W	14. 275 899 S
155. 144 789 W	12. 031 226 S	159. 711 458 W	14. 113 648 S
155. 087 069 W	12. 286 791 S	159. 682 425 W	13. 985 750 S
155. 011 312 W	12. 527 927 S	159. 655 144 W	13. 863 674 S
154. 988 916 W	12. 541 928 S	159. 621 745 W	13. 726 376 S
155. 011 131 W	12. 528 155 S	159. 619 708 W	13. 634 445 S
155. 440 500 W	12. 588 230 S	159. 616 001 W	13. 561 895 S
155. 839 800 W	12. 704 500 S	159. 614 094 W	13. 509 574 S
156. 339 600 W	12. 960 240 S	159. 561 966 W	13. 476 838 S
156. 748 000 W	13. 269 710 S	159. 464 666 W	13. 417 237 S
157. 080 500 W	13. 578 450 S	159. 323 121 W	13. 349 332 S
157. 427 700 W	13. 995 670 S	159. 212 807 W	13. 287 211 S
157. 643 400 W	14. 376 970 S	159. 104 174 W	13. 209 011 S
157. 798 600 W	14. 737 520 S	158. 983 445 W	13. 143 509 S
157. 913 100 W	15. 117 090 S	158. 882 253 W	13. 049 931 S
157. 962 000 W	15. 466 050 S	158. 744 371 W	12. 946 460 S
158. 039 622 W	15. 653 761 S	158. 649 624 W	12. 872 332 S
158. 122 829 W	15. 877 123 S	158. 560 938 W	12. 795 621 S
158. 127 739 W	15. 869 203 S	158. 495 677 W	12. 723 884 S
158. 231 024 W	15. 803 568 S	158. 424 306 W	12. 639 442 S
158. 369 550 W	15. 745 447 S	158. 333 838 W	12. 548 261 S
158. 496 828 W	15. 694 033 S	158. 285 300 W	12. 455 630 S
158. 661 362 W	15. 634 953 S	158. 071 642 W	12. 438 160 S
158. 821 586 W	15. 583 395 S	157. 890 90 W	12. 423 760 S
159. 026 918 W	15. 539 192 S	157. 747 379 W	12. 436 771 S
159. 190 663 W	15. 503 491 S	157. 631 174 W	12. 428 707 S
159. 372 631 W	15. 472 738 S	157. 481 100 W	12. 396 780 S
159. 548 569 W	15. 453 715 S	157. 229 515 W	12. 356 368 S
159. 736 692 W	15. 448 871 S	157. 039 477 W	12. 306 157 S

159.903 160 W	15.449 959 S	156.868 471 W	12.243 143 S
160.083 542 W	15.463 548 S	156.665 366 W	12.174 288 S
160.226 654 W	15.480 612 S	156.495 214 W	12.106 995 S
160.365 423 W	15.495 182 S	156.364 900 W	12.017 690 S
160.451 319 W	15.514 117 S	156.251 130 W	11.967 768 S
160.406 016 W	15.448 192 S	156.113 903 W	11.894 359 S
160.316 351 W	15.338 878 S	156.012 144 W	11.844 092 S
160.217 964 W	15.213 622 S	155.895 851 W	11.761 728 S
160.156 932 W	15.110 787 S	155.774 150 W	11.663 550 S
160.074 995 W	14.978 629 S	155.688 884 W	11.572 012 S
160.011 413 W	14.890 788 S	155.593 209 W	11.478 779 S
159.926 847 W	14.750 107 S	155.495 308 W	11.375 548 S

附件 2

详细内容见附图 2-1。

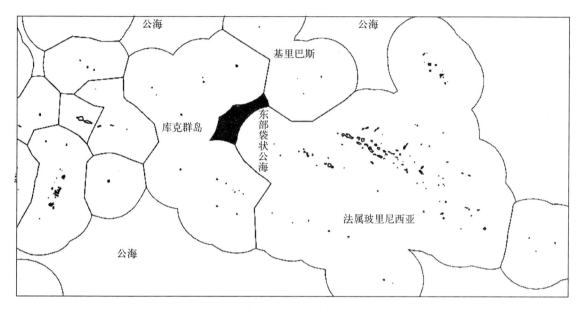

附图 2-1 东部袋状公海

24. 第 2017 - 02 号　港口国措施的最低标准

中西太平洋渔业委员会（WCPFC）：

在 WCPFC《公约》管辖区域内，非法的、不报告的及不受管制的（IUU）捕捞[①]仍在继续，以及这类行为对渔业资源、海洋生态系统和合法渔民生计的不利影响，特别是发展中小岛国及参与领地（SIDS），以及该区域持续增加的粮食安全的需求，对此表示深切关注。

回顾 WCPFC《公约》第 27 条第 1 款：为了保证次区域性、区域性及全球性养护与管理措施的有效实施，港口国有权利和义务采取必要的措施。

为了保证海洋生物资源可持续利用以及实现长期养护，WCPFC 成员、合作非缔约方及参与领地（合称 CCM）的港口应采取有效措施，以便监测、管控与侦察（MCS），意识到港口国在这一过程中所起的作用。

为了预防、制止及消除 IUU 捕捞，承认港口国所采取的措施有效并且符合成本效益的方法。

为了打击 IUU 捕捞，察觉到在区域内和区域间，以及采取港口国措施时，各方面的协调需求日益增加。

承认 WCPFC《公约》第 30 条所述发展中国家，特别是 SIDS 的特殊需求，包括港口营运对许多 SIDS 经济的重要性，确保港口国措施不造成养护行动的负担不合比例地转移至发展中的 CCM，以及协助发展中国家特别是 SIDS 通过并执行港口国措施。

牢记 CCM 应该根据其国内法，并且符合国际法要求，对其所属港口行使主权。

承认其在中西太平洋对次区域性渔业管理安排及组织所采取的措施的重要性。

忆及《1982 年公约》的相关规定。

进一步忆及，在 1995 年 12 月 4 日《执行〈1982 年 12 月 10 日联合国海洋法公约〉有关养护和管理跨界鱼类种群和高度洄游鱼类种群的规定的协定》、1993 年 12 月 24 日提倡公海渔船遵守国际养护与管理措施，以及 1995 年《FAO 负责任渔业行为守则》。

注意到某些 CCM 是 FAO 预防、制止和消除 IUU 捕捞的港口国措施协定的缔约方。

注意到 2007 年 1 月在日本神户通过的区域性金枪鱼渔业组织联席会议行动计划和整体神户会议进程。

根据 WCPFC《公约》第 10 条，通过以下养护与管理措施（CMM）：

目的

（1）本措施的目的是为 CCM 制订流程和程序，以请求对疑似从事 IUU 捕捞或者支持 IUU 捕捞的相关活动的渔船执行港口检查。

一般性权利及义务

（2）本 CMM 不应该损害国际法赋予 CCM 的权利、管辖权及义务。特别是，本 CMM 不应该被理解为影响下列事项：

a. CCM 对其内水、群岛水域及/或者领海的主权，或者对其大陆架及/或者专属经济区（EEZ）的主权权利。

[①] IUU 捕捞的定义请参照《预防、制止和消除非法的、不报告的及不受管制的捕捞的国际行动计划》（IPOA - IUU）。

b. 港口 CCM 根据国际法对其领土内港口行使其主权，包含拒绝渔船进入，以及通过比本 CMM 更严厉的措施。

（3）本 CMM 的诠释及适用，在考虑可适用的国际规则和标准下，应该与国际法一致。

（4）本措施不影响渔船因为不可抗力因素，或者遇难事故，并且符合国际法而进港，也不妨碍一港口 CCM 许可渔船单纯向遇难或者遇险的人员、渔船或者飞行器提供急难救助而进港。

（5）每一船旗 CCM，应该要求悬挂其船旗的渔船配合依照 WCPFC《公约》和本 CMM 执行港口国措施的任何港口国的工作。

港口指定

（6）鼓励每一港口 CCM 为检查而指定港口，并将其指定的港口清单提供给 WCPFC 执行秘书。任何后续的港口指定或者清单变动，应该在该指定或者变动生效至少 30 天前通知 WCPFC 执行秘书。

（7）WCPFC 执行秘书应该根据港口 CCM 提交的港口清单，建立并且维护指定港口记录表。该记录表及任何后续变动应该立即在 WCPFC 网站公布。

授权渔业检查员

（8）港口国 CCM 应确保渔业检查由政府授权的检查员执行。每一位检查员都应该携带港口 CCM 核发的识别文件。

检查要求

（9）港口 CCM 应该至少对以下渔船进行检查：

a. 任何进入其指定港口并且未列于 WCPFC 渔船记录的外籍延绳钓渔船、围网渔船及运输船，如可行，经其他区域性渔业管理组织（RFMO）缔约方的港口国授权的渔船除外。

b. 列在 RFMO 的 IUU 渔船名单上的渔船。

（10）港口国应该特别考虑检查疑似进行 IUU 捕捞的渔船，包括被非 CCM 或者其他 RFMO 认定为进行 IUU 捕捞的渔船，特别是已被证明从事 IUU 捕捞或者支持 IUU 捕捞的相关活动的渔船。

检查请求

（11）当 CCM 有合理理由认为一艘渔船已从事 IUU 捕捞或者支持 IUU 捕捞的相关活动，并且正在寻求进入或者已经在其他 CCM 的指定港口内，需要请求该港口 CCM 检查该船或者采取与该 CCM 港口国措施相符的其他措施。

（12）CCM 应该确保依照第（11）条提出检查要求，该请求应该包含 IUU 捕捞或者支持 IUU 捕捞的相关活动的嫌疑的性质和背景信息。港口 CCM 应该确认收到该检查请求，并且根据对所提供的信息进行评估，可利用的资源，以及其处理能力，建议是否进行检查。

（13）如果港口 CCM 依照第（12）条进行检查，则应该尽快进行（如果条件允许），或者任何情况下，在该请求提出 15 天内，将结果报告（或者检查报告）给请求检查的 CCM、船旗 CCM 及 WCPFC 执行秘书。当港口 CCM 无法在 15 天内提供报告时，该港口 CCM 应该通报请求检查的 CCM、船旗 CCM 及 WCPFC 执行秘书预计提交检查报告的日期。

（14）完成检查时，港口检查员应该在离船前将渔船检查暂定报告的副本提供给船长。

（15）当港口检查后，一船旗 CCM 收到第（13）条所述的检查报告，显示有明确理由相信悬挂其船旗的渔船从事 IUU 捕捞或者支持 IUU 捕捞的相关活动，船旗 CCM 应该依照 WCPFC

《公约》第 25 条立即并且充分地调查有关事宜。

（16）在发出第（11）条的请求后，假如一港口 CCM 未执行检查，提出请求的 CCM 可以向 WCPFC 秘书处寻求协助，WCPFC 秘书处利用可以得到的侦查信息①，告诉提出请求的 CCM 该船接下来可能进入的指定港口。提出请求的 CCM 这时要求该指定港口的港口 CCM 依照第（11）至（15）条进行检查。

（17）如果有充足证据显示渔船已从事 IUU 捕捞或者支持 IUU 捕捞的相关活动，或者已列入 RFMO 的 IUU 渔船名单，港口 CCM 应该为了让其接受检查及调查指定其进入的港口，并应该禁止在港内从事支持捕捞作业的活动，尤其是卸鱼、转载及补给。

（18）在制定港口国措施时，CCM 应该考虑将本 CMM 附录 A、B 及 C 的港口国措施程序、港口检查报告及港口检查员的培训作为执行指南②。CCM 也应该考虑执行 FFA 标准检查程序及报告制度或者其他类似的程序与制度。

协调及沟通

（19）每一个港口 CCM 均应该向 WCPFC 通报为实施本措施而建立的联络窗口。港口 CCM 应该于本 CMM 生效后 6 个月内将此信息发送给执行秘。任何后续变动应该在该变动生效前至少 15 天通知 WCPFC 执行秘书。WCPFC 执行秘书应该建立并且维护港口 CCM 联络窗口名单，还应该将此名单在 WCPFC 网站公布。

（20）CCM 应该依照 WCPFC 保密及资料保护规定，并且依照国内法，与相关 CCM、WCPFC 秘书处、其他区域性组织和相关国际组织合作并且交换信息，以确保推进本 CMM 的目标落到实处。

（21）建立港口国措施的 CCM，应该于这些措施生效后 30 天内使用适当的方式公布所有相关措施，并且应该建议 WCPFC 通过在 WCPFC 网站上公布进行更广泛的宣传。

发展中小岛国和参与领地的特殊需求

（22）CCM 应该充分承认发展中国家，特别是 SIDS，有关执行本 CMM 的特殊需求。为达到这个目的，WCPFC 应该提供 SIDS CCM 协助，除此之外：

a. 提高其法制建设能力和有效执行港口国措施的能力。

b. 促进其参加国际组织，推动其制定和有效执行港口国措施。

c. 提供技术援助，促进其按照相关国际机制，制定和执行港口国措施。

（23）CCM 应该合作建立适当的机制来协助发展中 CCM，特别是 SIDS 执行本 CMM，该机制应该包括通过双边、多边及区域合作途径提供技术和/或者财务协助。

（24）这类机制，除此之外，应该明确针对：

a. 制定本国及国际港口国措施。

b. 建立包括监测、管制与侦查的本国和区域性港口管理者、检查员和执法人员队伍并加强其执法的能力。

c. 与港口国措施相关的监测、管制与侦查和履约活动，包括获取科技和设备。

---

① 侦查信息可以包含渔船监控系统（VMS）信息及其他的可提供船位的信息，包含经由与其他区域性组织咨询取得的信息。

② CCM 也应该考虑对兼捕减缓设备进行调查。

d. 协助 SIDS CCM 支付根据本 CMM 采取的行动所致的任何争端解决诉讼程序所涉的费用。

（25）自 2018 年起，WCPFC 应该开始建立机制，包括通过成本回收，给依照本措施进行外籍渔船检查的 SIDS CCM 提供经费支援。WCPFC 应该在第 16 届年会（WCPFC 16）前尽最大努力完成并通过本机制，需要注意的是，SIDS 能否按照本 CMM 指定其港口落实本机制至关重要。

（26）CCM 应该尽最大努力鼓励使用 SIDS 的港口，以增加 SIDS 进行检查及参与中西太平洋金枪鱼渔业管理的机会。

（27）尽管有本节措施（发展中小岛国和参与领地的特殊需求），但当履行本 CMM 任何义务时，而 SIDS 提供不合比例转移负担的证明时，CCM 之间应该合作以减少 SIDS 履行本 CMM 义务所产生的负担，可采取包括对关键能力或者资源的协助，及 CMM 2013 - 06 第 4 条所列的措施。CCM 应该与该 SIDS 合作采用这些措施，以便协助 SIDS 履行这些义务。

定期审查

（28）WCPFC 应该在本措施生效 2 年内审查本措施，应该包含但不限于评估其有效性和与履行义务相关的任何财务及行政负担。

（29）审查本措施时，WCPFC 需要考虑额外要素。例如，通报要求、进港、授权或者拒绝、港口使用及额外检查要求。

附件 1

港口国检查程序指南

检查员应当：

1. 尽可能地确认船上的渔船识别文件及与船东有关的信息真实、完整并且正确，如果有必要，包括通过与船旗国或者渔船国际记录处进行适当的联系。

2. 确认渔船悬挂的船旗和标识〔例如，船名、外部注册号码、国际海事组织（IMO）渔船识别号码、国际呼号（IRCS）及其他标识、主要规格〕符合文件的信息。

3. 尽可能地确认捕捞及捕捞相关活动的授权真实、完整、正确，并且与附录 A 的信息相符。

4. 认真检查船上所有的其他相关文件和记录，尽可能包括，电子格式的资料以及来自船旗国或者相关区域性渔业管理组织（RFMO）的渔船监控系统（VMS）资料。相关文件应包含渔捞日志、渔获物、转载和贸易文件、船员名单、渔获物存放计划及鱼舱图、鱼舱描述和《濒危野生动植物国际贸易公约》（CITES）。

5. 尽可能地检验所有船上的相关渔具，包括任何存放在视线以外的渔具及相关器具，及尽可能地确认其与主管机关的授权条件相符。也应当尽可能地检查渔具以确保如网目和网线尺寸、属具和连接件、网具尺寸和外形、笼壶、耙具、鱼钩大小及数量等特征皆符合适用的规定和该船授权标识的对应标识。

6. 尽可能地判定船上渔获物的捕获方式是否符合授权的作业方式。

7. 检验渔获物，包括以样本抽测方式，判定其数量及组成。检验时，检查员可开启事先包装渔获物的容器和移动渔获物或者容器，以查明鱼舱的完整性。这种检验应包含检查产品形式及鉴别种类确定重量。

8. 评估是否有确凿的证据认定渔船从事 IUU 捕捞或者支持该种捕捞的相关活动。

9. 给船长提供包含检查结果的报告，及可能采取的措施，需检查员及船长签字。船长在报告上的签字应当只能作为收到报告副本的认证。当船长有机会时，应该在报告内加注意见或者异议，并且适当联系船旗国相关当局，特别是当船长在理解报告内容有严重困难时。报告副本应当提供给船长。

10. 当需要并且条件允许时，要翻译相关文件。

附件2

详细内容见附表2-1。

附表2-1　港口检查报告指南

1. 检查报告编号		2. 港口国			
3. 执检当局					
4. 主要检查员姓名		ID			
5. 执检港口					
6. 检查开始时间		年	月	日	时
7. 检查完成时间		年	月	日	时
8. 收到事先通报		是		否	
9. 目的		卸鱼	转载	加工	其他（请说明）
10. 前次进港的港口、国家及日期			年	月	日
11. 船名					
12. 船旗国					
13. 渔船类型					
14. 国际呼号（IRCS）					
15. 渔船登记证书的 ID					
16. IMO渔船识别号码，如有					
17. 外部 ID，如有					
18. 注册港口					
19. 船东（单/复数）					
20. 渔船受益船东，如已知并且与船东不同					
21. 渔船经营者，如与船东不同					
22. 船长姓名及国籍					
23. 渔捞长姓名及国籍					
24. 渔船代理人					
25. VMS		编号	是：本国	是：RFMO	类型：

26. 在 RFMO 区域内进行捕捞或者捕捞相关活动的状态，包含任何 IUU 渔船名单

渔船识别号码	RFMO	船旗国状态	渔船在渔船授权名单上	渔船在 IUU 渔船名单上

27. 相关捕捞授权（单/复数）

识别码	签发单位	有效期	捕捞区域	物种	渔具

（续）

28. 相关转载授权						
识别码		签发单位		有效期		
识别码		签发单位		有效期		

29. 供货渔船的转载信息

船名	船旗国	ID号码	物种	产品型式	渔获区域	数量

30. 评估卸下的渔获（数量）

物种	产品型式	渔获区域	申报数量	卸下数量	申报数量和判定后数量的差距，如有

31. 留置船上的渔获（数量）

物种	产品型式	渔获区域	申报数量	卸下数量	申报数量和判定后数量的差距，如有

32. 检验渔捞日志及其他文件	是	否	备注
33. 遵守适用的渔获文件机制	是	否	备注
34. 遵守适用的贸易机制	是	否	备注
35. 使用的渔具类型			
36. 依照附录 B 第 e 点检验渔具	是	否	备注

37. 检查员的发现

38. 明显违规记录，附上参照的相关法律文书

39. 船长备注

40. 采取的行动

41. 船长签字

42. 检查员签字

附件 3

港口检查员培训指南

港口国检查员培训计划的要素应该包含以下几点：

1. 道德伦理。

2. 健康、安全及保险事宜。

3. 适用的国内法及规定、职权范围及养护与管理措施、相关 RFMO 的港口国措施及国际法。

4. 收集、评估及保存证据。

5. 一般性检查程序，如报告撰写及面谈技巧。

6. 验证船东所提供的信息，如分析渔捞日志、电子文件和渔船履历（船名、船主及船旗国）。

7. 登船及检查，包括鱼舱检查及计算鱼舱容积。

8. 确认及验证有关卸鱼、转载、加工及留置在船上的渔获物的信息，包括应用多种鱼种及产品的转换系数的确认及验证。

9. 辨识鱼种、量测体长及其他生物学参数。

10. 辨识渔船及渔具和检查及量测渔具的技术。

11. 渔船监控系统（VMS）及其他电子追踪系统的设备及操作。

12. 检查后将采取的行动。

25. 第 2017－03 号　中西太平洋渔业委员会区域性观察员计划观察员保护机制

中西太平洋渔业委员会（WCPFC）：

根据 WCPFC《公约》：

回顾 WCPFC《公约》第 28 条第 7 款，要求 WCPFC 制定执行区域性观察员计划（ROP）的流程及指南。

进一步回顾 WCPFC《公约》附件 3 第 3 条，明确要求渔船经营者和每一个船员应允许及协助任何经 ROP 验证为观察员的人员安全地履行职责，且渔船经营者或任何船员不应攻击、妨碍、抗拒、延迟、拒绝登船、恐吓或干扰其职责的履行。

致力于实施第 2007－01 号养护与管理措施，该措施表明观察员的权利应包含，除其他外，执行其职责的自由，并在履行职责时不受攻击、妨碍、拒绝、延迟、恐吓或干扰。

承认区域性观察员对于有效管理起到关键作用，因此制定措施确认其履行职责的安全很重要。

注意到第 2007－01 号养护与管理措施规定的渔船经营者和船长的责任应包含，除其他外，确保 ROP 的观察员在履行职责时并没有受到攻击、妨碍、拒绝、延迟、恐吓、干扰、影响、贿赂或试图贿赂。

进一步承认《1982 年 12 月 10 日联合国海洋法公约》（UNCLOS）第 98 条和第 146 条的承诺，即提供协助及保护人类生命，以及经国际海事组织（IMO）修正及监督的《海事搜寻与救助国际公约》。

《海事搜寻与救助国际公约》中与搜救程序相关的政府责任概述，包括行动的组织及协调、国家间的合作及渔船经营者和船员的职责。

进一步注意到《1982 年 12 月 10 日联合国海洋法公约》第 94 条第 7 项的承诺，船旗国对悬挂该国旗帜的渔船涉及的海事意外或航行事件，致他国公民死亡或受到严重伤害时，有展开调查的责任。

按照 WCPFC《公约》第 10 条，通过：

（1）本养护与管理措施适用于 WCPFC 区域性观察员计划的作业航次中的观察员保护。

（2）本措施不应损及相关 WCPFC 成员、合作非缔约方及参与领地（合称 CCM）执行符合国际法且与观察员安全相关的国内法的权利。

（3）在 WCPFC ROP 观察员死亡、失踪或推测已落水的情况下，船旗 CCM 应确保其渔船：

a. 立即停止所有捕捞作业。

b. 若观察员失踪或推测已落水，立即开始搜救，并持续搜寻至少 72 小时，除非已快速寻获该观察员，或除非船旗国指示继续搜寻[①]。

c. 立即通报船旗 CCM。

d. 立即以所有可用的通信方式警示其他邻近渔船。

---

① 在不可抗力情况下，船旗 CCM 应允许其渔船在搜寻和救援行动满 72 小时前停止。

e. 充分配合任何搜救行动。

f. 不论搜寻是否成功，当船旗 CCM 和派遣观察员的机构同意时，将渔船驶回最邻近的港口进行进一步调查。

g. 向派遣观察员的机构和本事件的主管当局报告该事件。

h. 充分配合任何及所有正式调查，及保留任何潜在证据和死亡或失踪观察员的个人所有物品及卧舱。

（4）第（3）条 a 点、c 点和 h 点适用于观察员死亡的情况。此外，船旗 CCM 应要求渔船确保妥善保存尸体，以供验尸及调查。

（5）当 WCPFC ROP 观察员患有严重疾病或受伤且足以威胁其健康或安全时，船旗 CCM 应确保悬挂其旗帜的渔船：

a. 立即停止所有捕捞作业。

b. 立即通报船旗 CCM。

c. 采取所有合理行动照顾该观察员和提供任何船上可取得及可能的医疗护理。

d. 若船旗 CCM 未指示，但派遣观察员的机构指示时，在可执行范围内尽快安排该观察员离船，及将观察员送到可提供必要护理的医疗处所。

e. 积极配合有关官员对观察员生病和受伤的原因进行的调查。

（6）基于第（3）条到第（5）条的目的，船旗 CCM 应确保立即通知适当海事搜寻协调中心[①]、派遣观察员的机构及 WCPFC 秘书处。

（7）当有合理原因相信一 WCPFC ROP 观察员遭受攻击、恐吓、威胁或骚扰致危及其健康或安全，且该观察员或派遣观察员的机构对该船船旗的 CCM 表示有意将该观察员自该渔船调离时，船旗 CCM 应确保该渔船：

a. 立刻采取行动以保护观察员安全，缓解并消除船上的危险态势。

b. 尽快向船旗 CCM 及派遣观察员的机构通报该情况，包括观察员的状态及所在地点。

c. 以船旗 CCM 及派遣观察员的机构同意的方式及地点安排观察员安全离船，并方便其得到任何所需的医疗护理。

d. 充分配合对此事件的任何及所有的正式调查。

（8）当有合理理由相信一 WCPFC ROP 观察员遭受攻击、恐吓、威胁或骚扰，但观察员及派遣观察员的机构皆无意将观察员自该渔船调离时，该船旗 CCM 应确保该渔船：

a. 尽快采取行动以确保观察员的安全，缓解船上的危险态势并消除危险因素。

b. 尽快向船旗 CCM 及派遣观察员的机构通报该情况。

c. 充分配合对该事件进行的所有正式调查。

（9）若发生第（3）条到第（7）条所述的任一情况，港口 CCM 应为渔船进港提供方便，使 WCPFC ROP 观察员离船，以及在船旗 CCM 要求时，尽可能协助任何调查。

（10）当一 WCPFC ROP 观察员自一渔船离船后，而派遣观察员的机构确认，例如，自观察员事后情况说明过程中了解到，可能涉及在船上攻击或骚扰观察员的违规情况时，派遣观察员的机构应以书面方式通报船旗 CCM 和 WCPFC 秘书处，且该船旗 CCM 应：

---

① http：//sarcontacts.info/。

a. 根据派遣观察员的机构提供的信息调查该事件，并采取任何适当的行动以应对调查的结果。

b. 充分配合派遣观察员的机构所进行的任何调查，包括给派遣观察员的机构及与该事件有关的当局提供报告。

c. 向派遣观察员的机构和 WCPFC 秘书处通报调查结果及任一已采取的行动。

（11）CCM 应确保该国派遣观察员的机构：

a. 当一 WCPFC ROP 观察员在履行观察员职责过程中死亡、失踪或推测已落水时，立即通报船旗 CCM。

b. 充分配合任何搜寻和救援行动。

c. 充分配合涉及 WCPFC ROP 观察员事件的任何及所有的正式调查。

d. 当涉及 WCPFC ROP 观察员患有严重疾病或受到伤害时，尽快提供方便安排该观察员离船和进行替补。

e. 当 WCPFC ROP 观察员受到攻击、恐吓、威胁或骚扰时，致该观察员有意调离该船时，尽快为该观察员离船和替补提供方便。

f. 当船旗 CCM 要求时，按照"保护、存取及发布委员会为监测、管控与侦察（MCS）而汇总的公海非公开领域数据和信息及为了科学目的的存取及发布公海 VMS 数据的规则及程序"，向船旗 CCM 提供涉嫌发生违规情况的观察员报告复印件。

（12）尽管有第（1）条规定，CCM 应确保任何悬挂该国旗帜的授权的公海登检船，尽最大可能，配合任何涉及搜寻及救援观察员的行动，CCM 也应鼓励任何其他悬挂该国旗帜的渔船，尽可能参与任一与搜寻及救援 WCPFC ROP 观察员有关的行动。

（13）当相关的派遣观察员的机构要求时，CCM 应配合对方的调查，包括提供第（3）条到第（8）条所指任何事件的报告，以适当地为任何调查提供便利。

（14）技术及纪律分委员会（TCC）及 WCPFC 最迟于 2019 年审查本养护与管理措施，并自其后定期审查。尽管有此条文，CCM 可以在任何时候提出修正本养护与管理措施。

26. 第2017-04号　防止海洋污染的管理措施

中西太平洋渔业委员会（WCPFC）：

海洋污染日益被认为是重大的全球问题，WCPFC十分关注其对海洋和海岸环境、野生动物、经济和生态产生的不利影响。

回顾联合国召开了"支持执行可持续发展目标14"的会议，该会议通过"我们的海洋，我们的未来：行动倡议"宣言第13条g点，确认预防和大幅减少各类海洋污染的需求。

深信某些与渔业相关的活动可能影响中西太平洋海洋环境，并且这类渔业活动可能对WCPFC努力使得非目标鱼种的意外死亡率和对海洋生态系统产生的影响最小化产生重要影响。

注意到在海洋环境中，废弃、遗失或以其他方式丢弃的渔具（ALDFG），可以破坏海洋、珊瑚礁和沿海的栖息地，通过幽灵捕捞、缠络、进食摄入和作为侵入性物种的扩张栖息地，危害海洋生态并且成为航行危险的来源。

注意到，经过1978年议定书和1997年议定书修订后1973年出台的《防止船舶污染国际公约》（*International Convention for the Prevention of Pollution from Ships*，简称MARPOL）附录5中禁止在海上抛弃所有渔具和塑料的条款。

进一步注意到，MARPOL附录1、附录4和附录6的条款中，有管理和限制船只在海上排放油污、废水和空气污染物的规定。

注意到，MARPOL在执行和监控渔船的义务方面没有落到实处，因此有关渔船在海上非法污染活动的信息很少。

进一步注意到，1972年《防止倾倒废弃物和其他物质污染海洋公约》（《伦敦公约》）和1996年《伦敦议定书》，通过规范来管理或者禁止废弃物或者其他污染物倒入海中。

回顾区域性观察员报告，该报告显示：尽管船上派有区域性观察员，但仍在中西太平洋造成大量的海洋污染，并且在区域性观察员覆盖率极低的渔船，特别是延绳钓渔船造成的海洋污染可能更加严重。

承认，WCPFC《公约》第30条第1款要求WCPFC充分承认缔约方中发展中国家对WCPFC《公约》管辖区域内高度洄游鱼种的养护与管理和发展该种渔业的特殊需求，特别是发展中小岛国（SIDS）和领地。

进一步承认WCPFC《公约》第30条第2款要求WCPFC考虑发展中国家的特殊需求，特别是SIDS和领地。这类需求包含确保其通过的养护与管理措施不将养护行动的不合理负担直接或者间接转嫁给发展中国家缔约方和领地。

回顾通过的第2013-07号养护与管理措施，该措施也承认SIDS和领地的特殊需求；根据WCPFC《公约》第5条d点至第5条f点和第10条第1款h点，通过：

（1）鼓励有权批准、接受、同意或者加入MARPOL附录和《伦敦议定书》的WCPFC成员、合作非缔约方及参与领地（合称CCM），尽早加入MARPOL附录和《伦敦议定书》。鼓励对成为MARPOL或者《伦敦议定书》缔约方有困难的CCM，将相关情形通知国际海事组织（IMO），以便考察在此方面的适当行动，包含提供必要的技术协助。

（2）CCM应禁止其在WCPFC《公约》管辖区域内作业的渔船排放任何塑料（包含塑料包

装、含有塑料和聚苯乙烯的物品），但不包含渔具。

（3）鼓励 CCM 禁止其在 WCPFC《公约》管辖区域内作业的渔船在海中排放：

a. 油污或者燃料产品或者油性残留物。

b. 垃圾，包含渔具①、厨余、日用品废弃物、焚化炉灰烬和食用油。

c. 废水，除非为适用的国际规定所允许。

（4）鼓励 CCM 对 WCPFC《公约》管辖区域内与渔业有关的海洋污染进行研究，以进一步发展和修订减少海洋污染的措施，并且也鼓励 CCM 向科学分委员会（SC）和技术及纪律分委员会（TCC）提交所有研究信息。

（5）CCM 应鼓励其在 WCPFC《公约》管辖区域内的渔船取回废弃、遗失或者丢弃的渔具，并在船上将这些渔具与其他欲送往港口收集设施排放的废弃物分开留置。当无法取回或者未取回时，CCM 应鼓励其渔船报告废弃、遗失或者丢弃渔具的经纬度、种类、大小和使用时间。

（6）WCPFC 要求 CCM 要确保提供适当的港口收集设施，接收来自渔船的废弃物。WCPFC 也要求 SIDS CCM 应该适当地根据国际标准使用区域港口收集设施。

（7）鼓励 CCM 确保悬挂其旗帜并且在 WCPFC《公约》管辖区域内作业的渔船，向船旗国通报 MARPOL 附录缔约方国家中不设适当废弃物收集设施的港口。

（8）CCM 应在符合国内法规的前提下，并且根据其能力，使用直接或者经由 WCPFC 合作的方式，通过提供可接收和适当处置渔船废弃物的港口设施，积极支持 SIDS 和领地。

（9）鼓励 CCM 发展联络机制来记录和分享渔具遗失的信息，以便降低丢失的概率，以及促进渔具的寻回。

（10）进一步鼓励 CCM 发展机制或者系统协助渔船向船旗国、有关沿海国和 WCPFC 汇报渔具遗失情况。

（11）鼓励 CCM 为悬挂其旗帜的渔船船员和船长举办有关海洋污染冲击和消除渔船所造成的海洋污染作业实际操作的培训和课程。

（12）本措施将每 3 年由 WCPFC 进行审查，以考虑扩大消除渔船所造成的海洋污染的范围。

（13）本措施从 2019 年 1 月 1 日起开始执行。

---

① 为本措施的目的，丢入海中但后来有意识取回的渔具，例如，FAD、鱼栅和静止的渔网，这样的渔具不视为垃圾。

27. 第2018-01号　中西太平洋大眼金枪鱼、黄鳍金枪鱼及鲣养护与管理措施

中西太平洋渔业委员会（WCPFC）：

忆及自1999年起，在多边高层会议、筹备会议及中西太平洋高度洄游鱼类种群养护与管理委员会（以下简称委员会）会议，通过了多项决议及养护与管理措施（CMM）以减缓大眼金枪鱼及黄鳍金枪鱼的过度捕捞，并限制中西太平洋捕捞能力的增加。

忆及WCPFC《公约》旨在依据《1982年12月10日海洋法公约》及《执行〈1982年12月10日联合国海洋法公约〉有关养护和管理跨界鱼类种群和高度洄游鱼类种群的规定的协定》实现有效的管理，确保中西太平洋高度洄游鱼类种群的长期养护与可持续利用。

进一步忆及2000年多边高层会议主席的最终声明：澄清WCPFC《公约》适用于太平洋水域相当重要，特别是WCPFC《公约》管辖区域西边，不包括非太平洋部分的东南亚水域，也不包括南中国海，因为此举将涉及多边高层会议非参与方的国家（2000年8月30日至9月5日第7届及最终届报告第29页）。

承认科学分委员会（SC）已得出大眼金枪鱼种群似乎未发生"生产型过度捕捞"、也未发生"资源型过度捕捞"，且大眼金枪鱼捕捞死亡率不应当自目前水平增加，以维持目前水平或增加产卵种群生物量；黄鳍金枪鱼种群似乎未发生"生产型过度捕捞"、也未发生"资源型过度捕捞"，应当维持现今产卵种群生物量的水平；鲣正处于适度开发状态，捕捞死亡率在可持续的水平，且产卵种群生物量维持在接近目标参考点的水平。

进一步承认大眼金枪鱼、黄鳍金枪鱼和鲣渔业间的相互影响。

进一步注意到WCPFC《公约》第30条第2款规定，WCPFC应考虑发展中成员国，特别是发展中小岛国家及领地的特殊需求。这包括需确保其所通过的养护与管理措施不会直接或间接地将与养护行动不合比例的负担转嫁至发展中国家、缔约方及领地；注意到WCPFC《公约》第8条第1款规定，对公海所制定的及国家管辖区域所通过的养护与管理措施应相容；回顾WCPFC《公约》第8条第4款规定，WCPFC需特别注意被专属经济区（EEZ）包围的WCPFC《公约》管辖区域内的公海。

注意到《瑙鲁协定》成员国（PNA）已通过并执行"《瑙鲁协定》的第三次执行安排：确定入渔缔约方水域的附加条件"。

进一步注意到《瑙鲁协定》成员国（PNA）已通过在缔约方专属经济区内执行延绳钓渔业的渔船作业天数制度（VDS）、围网渔业VDS以及FAD登记，且应建立延绳钓捕捞努力量限制，或在其专属经济区内建立相称的延绳钓渔业渔获量限制。

更进一步注意到太平洋岛国论坛渔业局（FFA）成员国已指出将通过在其专属经济区内采取以区域为基础（zone-based）的金枪鱼延绳钓限制，取代目前以船旗为基础（flag-based）的大眼金枪鱼渔获物限制，及以区域为基础的FAD下网次数限制，取代禁用FAD作业及以船旗为基础的FAD下网次数限制。

认识到WCPFC已通过大眼金枪鱼、鲣及黄鳍金枪鱼的限制参考点，该限制参考点为近年产卵种群生物量估计的平均值占尚无渔业开发情况下产卵种群生物量估计值的20%，并同意鲣临

时目标参考点为近年产卵种群生物量估计平均值占尚无渔业开发情况下产卵种群生物量估计值的50%（CMM 2015-06）。

认识到 WCPFC 已通过 CMM 2014-06 建立及执行中西太平洋主要渔业及种群捕捞策略的养护与管理措施以引导捕捞策略关键要素的发展，包括记录管理目标、通过限制参考点及建立捕捞控制规则。

根据 WCPFC《公约》第 10 条，通过针对大眼金枪鱼、黄鳍金枪鱼及鲣的养护与管理措施。

目的

（1）在制定捕捞策略和任何执行捕捞策略的 CMM 之前，本措施的目的是提供健全的过渡性管理制度，以确保大眼金枪鱼、黄鳍金枪鱼和鲣资源的可持续性。

措施适用的原则

兼容性

（2）在公海建立的养护与管理措施及国家管辖水域所通过的措施应兼容，以确保完整地养护与管理大眼金枪鱼、鲣及黄鳍金枪鱼资源。在捕捞策略方法之一的目标参考点获得同意之前，措施应至少确保资源维持在可保持最大可持续产量，并符合相关的环境与经济因素，包含如 WCPFC《公约》第 5 条所述的 WCPFC《公约》管辖区域内发展中国家的特殊需求。

适用区域

（3）本措施适用 WCPFC《公约》管辖区域内所有公海海域以及所有 EEZ，除非本措施另有说明。

（4）鼓励沿海国在群岛水域及领海采取符合本措施目标的措施，并告知 WCPFC 秘书处这类国家在上述水域即将适用的相关措施。

发展中小岛国

（5）除第（16）～（25）条、第（31）条、第（33）～（38）条及第（50）～（54）条外，本措施应不损害 WCPFC《公约》管辖区域内寻求发展国内渔业的发展中小岛国家及参与领地的权利及义务。

（6）为避免疑虑，本措施使用的 SIDS，即包含参与领地。CCM 代表成员、合作非缔约方及参与领地。

（7）为落实本 CMM，WCPFC 应注意：

a. 发展中小岛国的地理情况，各自的独特经济及文化认同，受公海区域分隔，不连续的群岛。

b. 被他国 EEZ 包围且本国 EEZ 面积非常有限的国家的特殊情形。

c. 避免对 CCM 的自给型、小型及生计型渔业造成负面冲击。

一般规定

租船安排

（8）为达到第（39）～（41）条、第（45）～（49）条的目的，渔获量及捕捞努力量应归属于船旗国，除非渔船的渔获量及捕捞努力量按照 CMM 2016-05 或其取代措施通报，而应归属于租船人员或参与领地。本措施的目的并不损害已确定的权利和分配原则。

（9）为达到第（39）～（41）条、第（45）～（49）条的目的，悬挂美国旗帜的渔船，按照美国与参与领地的作业协议，渔获量及捕捞努力量应归属于参与领地。这类协议应按照 CMM 2016-05或其取代措施的通报形式通知 WCPFC。本措施的目的并不损害已确定的权利和分配原则。

重叠区域

（10）当船旗 CCM 选择在重叠区域执行 IATTC 措施时，任何在 WCPFC《公约》管辖区域内（重叠区域除外）的渔获量或捕捞努力量限制计算应排除重叠区域的历史渔获量或捕捞努力量。尽管重叠区域有适用的渔获量及/或捕捞努力量限制决定，本措施的所有其他条款皆适用于在重叠区域作业的所有渔船。

捕捞策略及大眼金枪鱼、鲣及黄鳍金枪鱼的暂定目标

（11）本措施旨在提供过渡安排，根据 CMM 2014 - 06 同意的捕捞策略工作计划和暂定工作计划，通过大眼金枪鱼、鲣及黄鳍金枪鱼鱼种及/或渔业的捕捞策略，该策略包含设定管理目标和目标参考点。考察本措施的过渡任务以及评价大眼金枪鱼管理策略影响的不确定性框架，WCPFC 应努力达成及维持第（12）～（14）条的目标。

大眼金枪鱼

（12）在同意目标参考点前，产卵种群生物量比例（$SSB/SSB_{F=0}$）将维持或高于 2012—2015 年的平均水平（$SSB/SSB_{F=0}$）。

鲣

（13）鲣产卵种群生物量将维持在与 CMM 2015 - 06 确定的临时目标参考点一致的水准，即占尚无渔业开发时产卵种群生物量的 50%。

黄鳍金枪鱼

（14）在同意目标参考点前，产卵种群生物量比例将维持在或高于 2012—2015 年的平均水平（$SBB/SBB_{F=0}$）。

（15）WCPFC 在 2019 年年会时应按照科学分委员会的建议，审查及修订第（12）～（14）条所确定的目标。

围网渔业

FAD 下网次数管理

（16）在北纬 20°到南纬 20°间[①]公海海域及 EEZ 作业的所有围网渔船、补给船及任何其他支持围网渔船的渔船，应于每年 UTC 时间 7 月 1 日 00 时 01 分起至 9 月 30 日 23 时 59 分止，采取 3 个月（7 月、8 月及 9 月）禁止投放 FAD、维护 FAD 或对 FAD 下网的措施。

（17）除第（16）条所述的 3 个月 FAD 禁用期外，应额外采取当年两个连续月份禁止在公海投放 FAD、维护 FAD 或对 FAD 下网的措施，仅悬挂基里巴斯旗帜在基里巴斯 EEZ 邻接公海作业[②]的渔船，和按照附件 2 规定在第 1 袋状公海作业的菲律宾渔船除外。每一 CCM 应决定 2018 年、2019 年及 2020 年每年的哪两个连续月份禁止其在公海的船队对 FAD 下网，在 4—5 月或 11—12 月中选择一种，并且在 2018 年 3 月 1 日前通报 WCPFC 秘书处（WCPFC 秘书处指出 WCPFC 15 没有批准任何具体的修订，但在 2019 年，一些 CCM 已通知 WCPFC 秘书处连续两个月的选择不同于 2018 年）。

---

① 《瑙鲁协定》成员国（PNA）应执行符合"2008 年 5 月的《瑙鲁协定》第三次执行安排"的 FAD 下网次数管理措施。《瑙鲁协定》成员国（PNA）应向 WCPFC 通报不适用 FAD 禁用的国内渔船。该通报应在认可该安排后 15 天内提供。

② 在库克群岛邻接的公海外 100 海里内的缓冲区作业的渔船，应在进入该缓冲区前至少 24 小时和离开缓冲区 24 小时前，把进入及离开的估计位置通知基里巴斯及库克群岛当局。每份报告应包含船名、国际呼号及通报时的船位。

（18）CMM 2009 - 02 有关公海禁用 FAD 的养护与管理措施第 3～7 条规定，适用于公海禁用 FAD。适用第（16）条及第（17）条的条款时，任何被侦测到未附带可追踪电浮标的少量塑料或小型垃圾的网次，于 FAD 禁用期间不应视为对 FAD 下网。本规定应仅适用于 2019 年，并将审查此规定以判定是否造成大眼金枪鱼和小型黄鳍金枪鱼渔获量的增加。

非缠络型 FAD

（19）为减少缠络鲨鱼、海龟或任何其他物种的风险，自 2020 年 1 月 1 日起，CCM 应确保投放或漂入 WCPFC《公约》管辖区域的任何 FAD，其设计及结构应符合以下规格：FAD 的漂浮或木筏部分（平坦或卷起的结构）可覆盖或不覆盖。应当尽最大可能避免使用网具。若 FAD 为网具所覆盖，该网具的拉紧网目必须小于 7 厘米，且网具必须完好地包裹整个木筏，使投放时无网状物悬挂于 FAD 下方。FAD 的水下或悬挂部分（尾巴）应当避免使用网具。若使用网具，该网具的拉紧网目必须小于 7 厘米，或捆绑成束状或香肠状，并在尾端有足够的重量以保持该网状物绷紧垂入海水中。可使用［拉紧网目小于 7 厘米的网具或密实的布（如由帆布或尼龙）制成］单一加重网片作为替代。

（20）为减少人造海洋垃圾的数量，应当提倡使用自然或生物可降解材料的 FAD。鼓励使用非塑料及生物可降解材料制作 FAD。

（21）SC 应继续审查使用非缠络型和生物可降解材料的 FAD 的研究结果，并在适当时向 WCPFC 提供明确的建议。

（22）WCPFC 应于 2020 年年会时，根据 FAD 管理选项内部工作小组所确定的准则以及 SC 16 及第 16 届技术及纪律分委员会（TCC 16）的意见，考虑通过执行非缠络型及/或生物可降解材料制作的 FAD 的措施。

卫星电浮标

（23）船旗 CCM 应确保其每艘围网渔船在海上任何时候，投放不超过 350 个已启动卫星电浮标的漂浮式 FAD。卫星电浮标的定义为清楚标示参考号码可供识别的浮标，且装有卫星追踪系统以监控其位置。卫星电浮标应在船上启动。船旗 CCM 应确保其渔船在沿海国水域作业时遵守沿海国 FAD 的相关规定，包括跟踪 FAD。

（24）WCPFC 应于 2019 年年会时，根据 FAD 管理选项内部工作小组的考察，审查第（23）条所规定的 FAD 投放数量是否适当。

以区域为基础（zone - based）的围网捕捞努力量限制

（25）WCPFC《公约》管辖区域内的沿海 CCM，应按照附件 1 附表 1 - 1 所要求的向 WCPFC 通报其捕捞努力量限制，限制在其 EEZ 内的围网捕捞努力量及/或鲣、黄鳍金枪鱼及大眼金枪鱼渔获量。尚未向 WCPFC 通报限制的这类沿海 CCM 应在 2018 年 12 月 31 日前通报。

公海围网捕捞努力量限制①

（26）非发展中小岛国的 CCM 应按照附件 1 附表 1 - 2 的限制，对北纬 20°到南纬 20°间的公海围网捕捞努力量设限，菲律宾应采取符合附件 2 的措施。

（27）CCM 应确保这些围网渔业捕捞努力量限制的有效性并未受本区捕捞努力量天数转移至

---

① 对于这一措施，对于小的围网船队，如 5 艘船或更少，用于确定捕捞努力量限制的基准水平应为任何时期的最大捕捞努力量，而不是平均水平。

南纬20°以南 WCPFC《公约》管辖区域而减损。为了不减损这些捕捞努力量限制的有效性，CCM 应不转移围网渔业捕捞努力量至北纬20°以北 WCPFC《公约》管辖区域。

（28）附件1附表1-2规定的限制，并未赋予任何 CCM 任何分配权，且不损及 WCPFC 未来的决定。2020年前，WCPFC 应同意 WCPFC《公约》管辖区域公海捕捞努力量或渔获量的硬性限额（hard limit）并且充分考虑 WCPFC《公约》第8条、第10条第3款、第30条，建立起所有 WCPFC 成员国和参与领地间的硬性限额分配的框架（基本原则）。WCPFC 也应考虑 CCM 使用这类限额的不同方法。

（29）WCPFC 于 WCPFC 15 同意，CMM 2017-01 的第29条仅适用于2018年。

（30）当超过第（25）条和第（26）条的渔获量和捕捞努力量限制时，超用的 CCM 年度限制或 CCM 群体的共同年度限制，应自该 CCM 或 CCM 群体来年的限制中扣除。

渔获物留存：围网渔业

（31）为鼓励减少非故意捕捞幼鱼、遏止浪费及鼓励有效利用渔业资源，CCM 应要求其在南北纬20°水域 EEZ 及公海作业的围网渔船，在船上留存并于港口卸下或转载所有的大眼金枪鱼、鲣及黄鳍金枪鱼（参照 CMM 2009-02WCPFC 公海渔获物留存管理措施第8～12条）。本条唯一的例外应为：①当一航次的最后一网，且鱼舱空间不足以容纳该网所捕获的鱼，若适用的国内法未禁止时，最后一网所捕获过剩的鱼应被移转并留存在另一艘围网渔船上；②鱼因体长以外的原因而不适合人类食用时；③当渔船设备发生严重故障时。

（32）第（16）条至第（18）条及第（31）条不应影响沿海国决定这些管理措施在其水域是否适用，或适用额外或更严格的措施的主权权利。

监控与管制：围网渔业

（33）虽有渔船监控系统标准、规格及程序（VMS SSP）规定围网渔船不得在 FAD 禁用期间以手动船位报告方式持续作业，在 WCPFC 秘书处根据 VMS SSP 已采取所有合理步骤仍无法重建正常自动收取 VMS 船位之前，围网渔船不会被要求进港。当 WCPFC 秘书处无法按照 CMM 2014-02 或其取代措施规定及第（37）条规定的间隔时间取得 VMS 数据时，应通知船旗国。

（34）CCM 应确保悬挂其旗帜且仅在南北纬20°间公海作业、在公海及在一个或多个沿海国管辖水域内，或在两个或多个沿海国专属经济区内作业的围网渔船，应搭载来自 WCPFC 区域性观察员计划（ROP）的观察员（CMM 2018-05）。

（35）每一 CCM 应确保仅在南北纬20°之间其国家管辖水域内作业的所有围网渔船搭载区域性观察员。鼓励 CCM 在保护数据机密性和所有权方式下，向 WCPFC 提交区域性观察员所收集的数据，以便进行资源评价的各类分析。

（36）WCPFC 秘书处及 WCPFC 科学服务提供者，应优先就 FAD 禁用期间的 ROP 报告进行数据输入和分析。

（37）FAD 禁用期的 VMS 抽测频率应增加至每30分钟一次。执行本条所增加的支出，将由 WCPFC 支付。

大眼金枪鱼和黄鳍金枪鱼的研究

（38）鼓励 CCM 及 WCPFC 进行研究，尤其是 WCPFC 同意的研究计划，以找出围网渔船大眼金枪鱼及黄鳍金枪鱼幼鱼死亡率最小化的方法。

延绳钓渔业

（39）作为临时措施，列于附件 1 附表 1-3 的 CCM 应将大眼金枪鱼渔获量限制在附表 1-3 所列的水平。当超过附表 1-3 的限额，附表 1-3 所列 CCM 的任何超过部分应自该 CCM 来年的渔获量限额中扣除。

（40）WCPFC 应根据经修订后的资源评估和 SC 建议，于 2019 年审查附表 1-3 所设定的大眼金枪鱼渔获量限额。WCPFC 也应在设定任何大眼金枪鱼渔获量限额时，考虑任何由附表 1-3 所列 CCM 为强化监控与管制其《公约》管辖区域内作业延绳钓渔船所提交给秘书处的计划。

（41）附表 1-3 所列 CCM 应于次月底前向 WCPFC 秘书处报告悬挂其船旗的渔船每月大眼金枪鱼的渔获量。若一 CCM 的渔获量限额已达到 90% 以上，WCPFC 秘书处应通知所有 CCM。

（42）附表 1-3 所列渔获量限额分配方法不能成为今后 CCM 分配有关配额的依据，且不能成为 WCPFC 未来做出决定的依据。

（43）按照第（5）条，2004 年渔获量少于 2 000 吨的每一成员，应确保其每年大眼金枪鱼渔获量不超过 2 000 吨。

（44）2020 年前，WCPFC 应同意大眼金枪鱼的硬性限额（hard limit）以及适当考虑 WCPFC《公约》第 8 条、第 10 条第 3 项和第 30 条，且用以分配这类渔获量限额给所有 WCPFC 成员及参与领地的原则。

围网及延绳钓渔船产能管理

围网船数限制

（45）除发展中小岛国和印度尼西亚①外的 CCM，应确保悬挂其船旗、具有冷冻能力且大于 24 米的在南北纬 20° 间作业的围网渔船（简称 LSPSV）船数不超过 CMM 2013-01 规定的水平。

（46）有关 CCM 应确保任何新建造或购买的以取代先前渔船的 LSPSV，不应超过被取代渔船的承载能力或鱼舱容积，或不增加被取代渔船在 WCPFC《公约》管辖区域内的渔获量或捕捞努力量。若出现此情况，船旗国应立即废止被取代渔船在 WCPFC《公约》管辖区域作业的授权。尽管有本条第一句条文，建造许可已核准且于 2014 年 3 月 1 日前通知 WCPFC 秘书处的渔船，将根据有关 CCM 的既有规定建造。

冷冻延绳钓渔船限制

（47）除发展中小岛国和印度尼西亚②之外的 CCM，具有冷冻能力且专捕大眼金枪鱼延绳钓渔船船数不应高于 CMM 2013-01③ 规定的水平。

生鲜延绳钓渔船限制

（48）除发展中小岛国和印度尼西亚④之外的 CCM，专捕大眼金枪鱼并以冰鲜方式存储且仅卸下生鲜渔获的延绳钓渔船船数，不应高于 CMM 2013-01 规定的水平，或不应高于 CMM 2013-01 生效期间制订的船数限制计划下的数量⑤。

（49）本措施不应限制发展中小岛国或领地为其国内船队建造或向其他 CCM 购买渔船的能力。

---

① 本条不应构成非发展中小岛国 CCM 可以豁免的先例。
② 本条不应构成非发展中小岛国 CCM 可以豁免的先例。
③ 本条条文不适用于按照其国内的法律/规定管理框架采用国内限额（包括个别可转让配额）的 CCM。
④ 本条不应构成非发展中小岛国 CCM 可以豁免的先例。
⑤ 本条条文不适用于按照其国内的法律/规定管理框架采用国内限额（包括个别可转让配额）的 CCM。

其他商业性渔业

（50）为协助 WCPFC 进一步制定条文以管理大眼金枪鱼、黄鳍金枪鱼及鲣渔获量，2019 年，SC 及 TCC 将就哪些其他商业性渔业应当纳入 WCPFC 管理，以及需要何种数据以制定这类渔业的管理措施提出建议。

（51）CCM 应采取必要措施以确保捕捞大眼金枪鱼、黄鳍金枪鱼及鲣的各类其他商业性渔业，但不包括上述鱼种的年渔获量低于 2 000 吨以下的商业性渔业，总渔获量不超过 2001—2004 年或 2004 年的平均水平。

数据提交要求

（52）为资源管理及按照 WCPFC《公约》30 条[①②]与发展中小岛国合作的目的，除手工小型渔船以外，按照本养护与管理措施，在北纬 20°以南专属经济区及公海作业渔船的作业水平的渔获量和捕捞努力量数据，应根据"提交 WCPFC 科学数据"规定的所附的"提交作业水平的渔获量及捕捞努力量数据标准"提交给 WCPFC。

（53）WCPFC 应确保所提交的数据作为非公开数据的机密性。

（54）按照本 CMM 规定，有渔船在北纬 20°以北公海及专属经济区作业的 CCM，应确保向 WCPFC 提交 1°×1°精度的汇总数据。若为了 WCPFC 对热带金枪鱼类种群进行资源评估，每一 CCM 应与 WCPFC 科学服务者（为 WCPFC 服务的科研个人或团队）签订数据处理协议，并向其提交数据，并在 WCPFC 科学服务者提出要求时，提供每次作业的渔业数据。上述 CCM 还应向 WCPFC 报告数据处理协议内容。

措施的审查及最终条文

（55）WCPFC 应每年审查本养护与管理措施以确保各条文达到预期效果。

（56）本措施应自 2019 年 2 月 13 日起生效，并持续至 2021 年 2 月 10 日，除非 WCPFC 提前取代或修订。

---

① 按照 CMM 2014 - 01 规定，具有国内法限制的 CCM，应于国内法限制解除之日起，提供作业水平的数据。

② 本条不适用于印度尼西亚，直至印度尼西亚变更其国内法而提交此类资料为止。本项例外应于法令变更生效后失效，但在任何情况下，不晚于 2025 年 12 月 31 日。若为了 WCPFC 对热带金枪鱼类资源评估，印度尼西亚分别与科学服务提供方签订数据处理协议后，将按照要求尽最大努力合作，提供每次作业的渔业数据。

附件 1

详细内容见附表 1-1 至附表 1-3。

附表 1-1   EEZ 围网捕捞努力量限制〔第（25）条〕

沿海 CCM 的 EEZ 或团体	以作业天数（VD）/渔获量限额计算的捕捞努力量	备注
《瑙鲁协定》成员国（PNA）	44 033 天	此限制将通过《瑙鲁协定》成员国（PNA）作业天数机制进行管理
图克劳	1 000 天	
库克群岛	1 250 天	
斐济	300 天	这类 CCM 正在建立联合安排，可能包含如 EEZ 间限额的共用（pooling）和可转让等措施
纽埃	200 天	
萨摩亚	150 天	
汤加	250 天	
瓦努阿图	200 天	
澳大利亚	30 000 吨鲣 600 吨大眼金枪鱼 600 吨黄鳍金枪鱼	
法属波利尼西亚	0	
印度尼西亚	*	
日本	1 500 天	
韩国	*	
新西兰	40 000 吨鲣	
新喀里多尼亚	20 000 吨鲣	
菲律宾	*	
中国台湾	*	
美国**	558 天	
瓦里斯和富图那	*	

注：* 尚未将限制通报给委员会。

** 美国已于 2016 年 7 月 1 日将美国 EEZ 及公海捕捞努力量总限制量通报给秘书处〔在公海及美国 EEZ 内共 1 828 作业天数（合并计算）〕。美国的 EEZ 限制是指，由上述已通知的限制，减去附表 1-2 所列的美国公海捕捞努力量限制。

附表 1-2   围网渔船在公海的捕捞努力量限制〔第（26)~（28）条〕

CCM	捕捞努力量限制（天）
中国	26
厄瓜多尔	**
萨尔瓦多	**
欧盟	403
印度尼西亚	0

（续）

CCM	捕捞努力量限制（天）
日本	121
新西兰	160
菲律宾	♯
韩国	207
中国台湾	95
美国	1 270

注：** 依据 CNM 参与权利。

♯ 菲律宾将采取的措施，如附件 2。

附表 1-3 延绳钓大眼金枪鱼渔获量限额 ［第（39)~(42）条］

CCM	渔获量限额（吨）
中国	8 224
印度尼西亚	5 889*
日本	18 265
韩国	13 942
中国台湾	10 481
美国	3 554

注：* 暂定且可能根据后续数据分析和验证进行修正。

日本将进行年度性的一次性转让，将 500 吨大眼金枪鱼渔获量限额转让给中国。

附件 2

菲律宾的措施

1. 本附件应适用于以船组方式作业的菲律宾传统生鲜/冰鲜渔船。

适用范围

2. 本措施应仅适用于第 1 袋状公海（HSP-1），该区域是由北界和东界至密克罗尼西亚、西界至帕劳、南界至印度尼西亚及巴布亚新几内亚等国专属经济区（EEZ）所包围的公海区域。为本措施的目的，该区域的详细经纬度应为 WCPFC 渔船监控系统（VMS）所使用的经纬度。显示第 1 袋状公海特别管理区域图见附图 2-1。

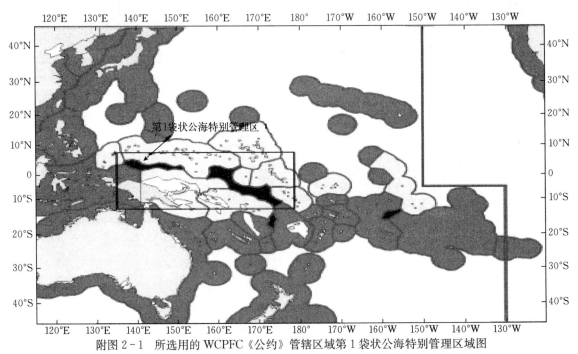

附图 2-1　所选用的 WCPFC《公约》管辖区域第 1 袋状公海特别管理区域图

注：本地图仅展示象征的海域界线。其呈现并不损及任何国家的任何过去、现在或未来的主张。本地图无意用以支持在中西太平洋或东太平洋地区任何国家或参与领地的任何过去、现在或未来的主张。各国负责维持其海域主张的坐标。船旗国有责任确保其渔船被告知 WCPFC《公约》管辖区域内的海域界限。WCPFC 邀请沿海国向 WCPFC 秘书处注册经其议定及同意的坐标。

报告

3. 菲律宾应要求其有关渔船至少于进入第 1 袋状公海特别管理区前 24 小时及离开该水域前 6 小时向 WCPFC 提交报告。此类信息应作为交换传送给邻近的沿海国/领地。该报告应为下列格式：渔船识别号码（VID）/进入或离开：日期/时间；纬度/经度。

4. 菲律宾应确保悬挂其旗帜在第 1 袋状公海特别管理区作业的渔船，向 WCPFC 秘书处报告目击其他渔船的信息。此类信息应包括渔船类型、日期、时间、地点、标识、航向及航速。

区域性观察员

5. 本措施包括的渔船，应根据 CMM 2007-01 条款，在第 1 袋状公海特别管理区整个作业时期内，在船上雇用一名区域性观察员。

6. 来自其他 CCM 的区域性观察员应优先派遣。为此目的，菲律宾与 WCPFC 秘书处应至少在渔船预期出发前 60 天，通知 CCM 及邻近沿海国区域性观察员派遣的需要及要求。WCPFC 秘书处及拥有合格区域性观察员的 CCM 应至少在派遣日前 30 天告诉菲律宾其意愿以及是否派遣。若无可供派遣的区域性观察员，菲律宾被授权派遣来自菲律宾的区域性观察员。

渔船名单

7. WCPFC 应根据前述提交至 WCPFC 的渔船进入和离开报告，维持更新在第 1 袋状公海特别管理区作业的所有渔船名单，将保证 WCPFC 成员通过 WCPFC 网站取得名单。

港口卸鱼监控

8. 菲律宾应确保本决定所包括的所有该国渔船港口卸鱼受到监控，并确定收集可靠的分物种渔获数据以供数据评价和分析之用。

遵守

9. 根据本附件进行捕捞活动的所有渔船，应遵守所有其他有关的 CMM。违反本决定的渔船应根据 CMM 2010 - 06，及 WCPFC 通过的任何其他适用措施处理。

捕捞努力量限制

10. 这些渔船的总捕捞努力量不应超过 4 659 天[①]。菲律宾应将其在第 1 袋状公海特别管理区作业的船队规模限制在 36 艘渔船（菲律宾说明此为捕捞渔船）。

---

① 参照 WCPFC 9 - 2012 - IP09 _ rev3 的表 2 （b）。

28. 第 2018-03 号 捕捞高度洄游鱼类种群时减少对海鸟的影响

中西太平洋渔业委员会（WCPFC）：

注意到许多海鸟，尤其是信天翁和海燕在全球受到绝种威胁。

注意到南极海洋生物资源养护委员会（CCAMLR）的建议，在其《南极海洋生物资源养护公约》管辖区域邻接水域内，除非法的、不报告的和不受管制的（IUU）捕捞之外，延绳钓渔业是造成南大洋海鸟死亡的最大威胁因素。

注意到，有关表层延绳钓渔业减缓海鸟误捕的科学研究已显示：多种措施的效果取决于渔船类型、季节和海鸟聚集等因素。

注意到，科学分委员会建议：采取混合减缓措施对于有效减少海鸟误捕至关重要，承认沿海国在开发和利用、养护和管理该国管辖区域内高度洄游鱼类的主权权利。

回顾 WCPFC《公约》第 5 条赋予成员按照《1982 年 12 月 10 日联合国海洋法公约》和《执行〈1982 年 12 月 10 日联合国海洋法公约〉有关养护和管理跨界鱼类种群和高度洄游鱼类种群的规定的协定》合作的义务，并要求 WCPFC 成员按照第 5 条 e 点采取减少捕捞非目标物种（除其他外）的措施。

进一步承认 WCPFC《公约》第 30 条，并有必要确保养护管理措施不应直接或者间接地将不合比例的养护行动负担转嫁给发展中国家、领地和属地。

决议如下：

（1）未执行《降低延绳钓渔业意外捕获海鸟国际行动计划》（IPOA - Seabirds）的 WCPFC 成员、合作非缔约方及参与领地（合称 CCM），应尽其最大努力执行。

（2）CCM 应当向 WCPFC 报告执行 IPOA - Seabirds 的情况，如果条件允许，包括其执行《降低延绳钓渔业意外捕获海鸟国家行动计划》的状况。

按照 WCPFC《公约》第 5 条 e 点和第 10 条第 1 款 c 点，通过以下措施来应对海鸟误捕问题：

南纬 30°以南

（1）CCM 应该要求在南纬 30°以南区域作业的延绳钓渔船，运用以下任一种：

a. 至少采取 3 种措施中的两种：

ⅰ. 支线加重。

ⅱ. 夜间投绳。

ⅲ. 惊鸟绳。

b. 钓钩遮蔽器。

表 5 - 3 所列的减缓措施不适用南纬 30°以南区域。这些措施的细节列在附件 1。

南纬 25°至南纬 30°

（2）CCM 应该要求其在南纬 25°至南纬 30°区域作业的延绳钓渔船运用以下减缓措施的任一种：

a. 支线加重。

b. 惊鸟绳。

表 5 - 3　减缓措施

A 栏	B 栏
惊鸟帘和支线加重[①]的舷边投绳	惊鸟绳[②]
夜间投绳并且甲板灯光减至最暗	饵料染蓝色
惊鸟绳	深水投绳机
支线加重	内脏排放管理
钓钩遮蔽装置[③]	

c. 钓钩遮蔽器。

表 5 - 3 所列的减缓措施不适用南纬 25°至南纬 30°区域。这些措施的细节列在附件 1。

（3）海鸟减缓措施适用范围从南纬 30°以南改为南纬 25°以南，应该在 2020 年 1 月 1 日生效。

（4）第 2 条规定不适用于法属玻利尼西亚、新喀里多尼亚、汤加、库克群岛和斐济的专属经济区（EEZ），因为这类区域海鸟误捕风险低。鼓励船只在南纬 25°以南作业的发展中小岛国（SIDS）和领地，收集与海鸟的相互影响信息，应该按照情况适当增加区域性观察员覆盖率，并且当他们在 EEZ 作业时执行海鸟减缓措施。

（5）本节条款应该在不晚于生效之日起 3 年内，由 SC 按照最佳可得科学数据审查。审查时应该考虑所采取的减缓措施的效力，以及在未规定采取减缓措施区域内的脆弱海鸟物种被误捕的风险，并根据需要向委员会提供建议。

北纬 23°以北

（6）CCM 应该要求在北纬 23°以北区域作业的渔船其总长度大于或者等于 24 米的大型延绳钓渔船，至少运用表 5 - 3 所列措施其中的两种，其中包括至少有一项措施位于 A 栏。CCM 应该要求在北纬 23°以北区域作业的总长度小于 24 米的小型延绳钓渔船，至少运用表 5 - 3 A 栏所列措施其中的一种。这些措施的细节列在附件 1。

其他地区

（7）在其他地区（北纬 23°至南纬 25°间区域），有此需要，鼓励 CCM 采用表 5 - 3 所列的一种或者多种海鸟减缓措施。

一般原则

（8）出于研究与报告的目的，有延绳钓渔船在南纬 25°以南或者北纬 23°以北 WCPFC《公约》管辖区域捕鱼的各 CCM 应该在提交 WCPFC 的年度报告第 2 部分列明其要求所属渔船采用何种减缓措施和那些措施的每一种技术的细节。各 CCM 也应该在后续年度报告中，载明包括任何该 CCM 所要求的减缓措施或者那些减缓措施技术细节的变更情况。

（9）鼓励 CCM 从事研究进一步制定和改善减缓海鸟兼捕的措施，包括在投绳和起绳过程中采取的减缓措施，并应该将任何此类信息提交给 WCPFC 秘书处供科学分委员会和技术及纪律分委员会使用。研究应该在使用减缓措施的区域和渔业中进行。

---

① 若采用 A 栏的惊鸟帘和支线加重的舷边投绳措施，此将被计算为采用两种减缓措施。

② 若 A 栏和 B 栏皆选用惊鸟绳，等同于同时运用两组（也即一对）惊鸟绳。

③ 钓钩遮蔽装置可作为独立措施运用。

（10）科学分委员会和技术及纪律分委员会将每年审核任何新的或者现行减缓措施或者来自区域性观察员或者其他监控计划的海鸟相互影响信息。在必要时，提供一套更新的减缓措施或减缓措施的细节或者适用地区的配套更新建议，供 WCPFC 考虑和视情况进行适当审核。

（11）鼓励 CCM 通过措施，旨在确保在延绳钓作业时释放捕获的活的海鸟，和尽可能在最佳状态和以不危及海鸟生命的方式去除钓钩。鼓励研究海鸟释放后的存活率。

（12）区域性观察员计划的内部工作小组（IWG - ROP）将考虑取得详细的海鸟相互影响信息的需要，以便进行渔业对海鸟的影响分析和评估减缓兼捕措施的成效。

（13）CCM 应该每年在其年度报告的第 1 部分，向 WCPFC 提供所有取得的与海鸟相互影响的区域性观察员报告或者收集的信息，包括所运用的减缓措施、所观测和报告的特定海鸟物种兼捕率及数量，以估算 WCPFC《公约》适用的所有渔业的海鸟死亡率（年度报告第 1 部分报告格式标准见附件 2）。这类报告应该包含以下资料：

a. 观测特定减缓措施使用的捕捞努力量的比例。

b. 观测和报告的海鸟特定物种兼捕率及数量，或者报告精确统计的估计的特定海鸟物种的相互影响率（延绳钓渔业每千钩的相互影响次数）和总数量。

（14）本养护与管理措施取代 2017 - 06 号养护与管理措施。

附件 1

规　　范

1. 惊鸟绳（南纬 25°以南区域）

（1）总长度大于或者等于 35 米的渔船：

a. 设置至少一组惊鸟绳。在可能的情况下，鼓励渔船在海鸟丰度高或者活动时使用第二组惊鸟绳。两组惊鸟绳应该同时设置在投放干线的两侧。如果使用两组惊鸟绳，饵钩应该被设置在两组惊鸟绳覆盖的区域内。

b. 应该使用短或者长飘带的惊鸟绳。飘带应该色彩鲜艳并且各有长短规格。

ⅰ. 长飘带的间距须小于 5 米，并且长飘带必须使用转环与惊鸟绳连接以预防与惊鸟绳缠络。使用的长飘带长度需足以在无风情况下达到海面。

ⅱ. 短飘带（长度大于 1 米）的间隔不应该超过 1 米。

c. 渔船所设置的惊鸟绳应该达到大于或者等于 100 米的期望覆空范围。为达到此覆空范围，惊鸟绳的最小长度应为 200 米，并且应该在可能的情况下，连接在渔船船尾距离水面超过 7 米高的长杆上。

d. 假如渔船仅使用一组惊鸟绳，则惊鸟绳应该设置在沉降饵钩的迎风面。

（2）总长度小于 35 米的渔船：

a. 使用长或者短飘带的单一惊鸟绳，或者仅使用短飘带。

b. 应该使用色彩鲜艳的长和/或者短（长度超过 1 米）飘带，并且应该以下列间距设置：

ⅰ. 惊鸟绳前 75 米的长飘带间距须小于 5 米。

ⅱ. 短飘带的间距不应该超过 1 米。

c. 长飘带应当使用预防与惊鸟绳缠络的方式连接惊鸟绳。使用的长飘带长度应该在无风情况下触及海面。前 15 米的长飘带应改造以避免缠络。

d. 渔船所设置的惊鸟绳应该达到 75 米的最小覆空范围。为达到此覆空范围，惊鸟绳应该连接在距离水面超过 6 米高的长杆上，该长杆的位置尽可能靠近渔船的船艉。须制造拖曳物以达最大覆空范围和在侧风时维持惊鸟绳在船只正后方。使用长段的水中绳索或者单丝是避免缠络的最佳方式。

e. 若使用两组惊鸟绳，两组惊鸟绳应该设置在干线两侧。

2. 惊鸟绳（北纬 23°以北区域）

（1）长飘带：

a. 最短长度：100 米。

b. 须连接在渔船船尾距离水面最低 5 米的迎风位置，使其能在钓线进入水面处悬浮。

c. 须连接使其覆空范围能维持在下沉中饵钩的上方。

d. 飘带的间距须小于 5 米并且需使用转环，飘带的长度应该足够长以尽可能地接近水面。

e. 假如使用两组（也即一对）惊鸟绳，两组惊鸟绳应该设置在干线的两侧。

（2）短飘带（总长度大于或者等于 24 米的渔船）：

a. 须连接在渔船船尾距离水面最低 5 米的迎风位置，使其能在钓线进入水面处悬浮。

b. 须连接使其覆空范围能维持在下沉中饵钩的上方。

c. 飘带最短长度为 30 厘米，并且其间隔应该小于 1 米。

d. 若运用两组（也即一对）惊鸟绳，两组惊鸟绳应该设置在干线的两侧。

（3）短飘带（总长度小于 24 米的渔船）：

本设计应该自执行日期后不晚于 3 年根据科学数据进行审核：

a. 须连接在渔船船尾距离水面最低 5 米的迎风位置，使其能在钓线进入水面处悬浮。

b. 须连接使其覆空范围维持在下沉中饵钩的上方。

c. 假如使用飘带，鼓励使用最小长度为 30 厘米，并且其间隔应该小于 1 米的飘带。

d. 假如运用两组（也即一对）惊鸟绳，两组惊鸟绳应该设置在干线的两侧。

3. 采用惊鸟帘和支线加重的舷边投绳方式

（1）在船的右舷或者左舷投放干线，在可能的情况下，尽量远离船尾（至少 1 米）。

（2）若采用投绳机，则必须安装在船尾前至少 1 米处。

（3）当海鸟出现时，起绳机须可使干线放松致饵钩仍维持在水面下。

（4）惊鸟帘须安装：

a. 投绳机后的长杆至少需 3 米长。

b. 该长杆前方 2 米处至少需连接 3 根主飘带。

c. 主飘带的直径最小为 20 毫米。

d. 连接在主飘带的支飘带其长度应该足以在无风情况下，可在水面拖曳，其最小直径为 10 毫米。

4. 夜间投绳

（1）海上日出后至海上日落前禁止投绳。

（2）海上日落和日出的时间按照航海天文历相关纬度、当地时间和日期等表格资料计算得出。

（3）甲板上维持最低限度的照明，但不应当违反安全和航行的最低标准。

5. 支线加重

必须达到下列的最低加重规格：

a. 离开钓钩 0.5 米内应该有超过 40 克的加重。

b. 离开钓钩 1 米内应该有超过 45 克的加重。

c. 离开钓钩 3.5 米内应该有超过 60 克的加重。

d. 离开钓钩 4 米内应该有超过 98 克的加重。

6. 钓钩遮蔽装置

钓钩遮蔽装置套住饵钩的倒钩和钩尖，以防止投绳时误伤海鸟。以下装置已获授权在 WCPFC 渔业中使用：

符合以下性能特点的钓钩遮蔽装置（hook pods）：

a. 装置套住钓钩的倒钩和钩尖直到钓钩下沉到至少 10 米深或者已浸入水中至少 10 分钟。

b. 装置达到本附件确定的支线加重的最低标准。

c. 装置的设计是为了装配在渔具上，而不是为了丢失。

7. 内脏排放的管理

（1）投绳或者起绳时禁止内脏排放。

（2）在船只投绳/起绳的另一侧，策略性地排放内脏，积极鼓励鸟类远离挂有饵料的钓钩。

8. 饵料染成蓝色

（1）假如将饵料染成蓝色，饵料必须在完全解冻的情况下进行染色。

（2）WCPFC 秘书处应该发放一标准化的色版。

（3）所有饵料需要依照色版色度加以染色。

9. 深水投绳机

必须比未使用投绳机更深地投放钓钩，并且多数钓钩应该至少达 100 米的深度。

附件 2
年度报告第 1 部分的报告标准格式

详细内容见附表 2-1 至附表 2-3。

附表 2-1 应当包括在国家报告第 1 部分内，并摘要报告最近 5 年的内容。

附表 2-1　CCM 各年度（南纬 30°以南；南纬 25°至南纬 30°；北纬 23°以北，或者北纬 23°至南纬 25°间区域①）**的捕捞努力量、观测和估计的海鸟误捕**

年度	捕捞努力量				所观测的海鸟误捕	
	总船数（艘）	总钩数（千钩）	总观测钩数（千钩）	观测钩数比例（%）	误捕量（只）	误捕率②（只/千钩）
（年度）						
（年度）						
（年度）						
（前一年例如，2017 年）						
（当年度例如，2018 年）						

注：每年本表提供总钩数、总观测钩数、科学观察员覆盖率（科学观察员观测的钩数比例）、观测海鸟误捕量（包括活体和死亡）和海鸟误捕率（每千钩误捕量）。

附表 2-2　船队采取的各种减缓措施的捕捞努力量占比（20××年）

区域范围	减缓措施组合	观测到的采用减缓措施的捕捞努力量比例					
		南纬 30°以南	南纬 25°至南纬 30°	北纬 23°至南纬 25°	北纬 23°以北		
所有区域	无减缓措施						
南纬 25°以南规定选项	惊鸟绳＋夜间投绳						
	惊鸟绳＋支线加重						
	夜间投绳＋支线加重						
	惊鸟绳＋支线加重＋夜间投绳						
	钓钩遮蔽装置						
南纬 25°至南纬 30°的其他选项	支线加重						
	惊鸟绳						
北纬 23°以北其他选项	舷边投绳/惊鸟帘/支线加重/深水投绳机						
	舷边投绳/惊鸟帘/支线加重/内脏排放管理或者饵料染成蓝色						

---

① 填入"北纬 23°以北""南纬 30°以南""南纬 30°至南纬 25°"或者"北纬 23°至南纬 25°"，假如 CCM 渔船在所有区域作业，则应该以不同的表格提供各个区域的信息。

② 提供每千钩的海鸟误捕数量。

（续）

区域范围	减缓措施组合	观测到的采用减缓措施的捕捞努力量比例				
		南纬30°以南	南纬25°至南纬30°	北纬23°至南纬25°	北纬23°以北	
在此提供其他减缓措施组合						
总比例（须等于100%）						

附表 2-3　2012 年分区域和种类的延绳钓渔业海鸟误捕数量

物种	南纬30°以南	南纬25°至南纬30°	北纬23°以北	北纬23°至南纬25°	合计
例如，安岛信天翁					
物种名称					
物种名称					
物种名称					
物种名称					
物种名称					
合计					

29. 第2018-04号 海龟的养护与管理

中西太平洋渔业委员会（WCPFC）：

根据WCPFC《公约》：承认，生活在中西太平洋（WCPO）所有的海龟对生态和文化的重要作用。

进一步承认，在WCPFC《公约》管辖区域内有5种海龟受到威胁甚至严重濒危。

考虑到，捕捞高度洄游鱼类种群时，由于捕获、损伤和死亡对WCPO部分海龟种群会造成不利的影响。

认识到，WCPFC已针对浅水下钩捕捞剑鱼的延绳钓渔业对海龟造成的影响采取了保护措施和汇报规定。

深切关注太平洋棱皮龟（*Dermochelys coriacea*）种群近30年来已急剧下降。

按照目前已开展的工作，即在避免与海龟发生相互作用以及减少与海龟相互作用的严重性方面，最佳实践及近期技术已取得进展，这些进展包括WCPFC及共同海洋［国家管辖外区域（ABNJ）］金枪鱼项目研讨会（2016年）对"减少对海龟造成负面影响措施"效果的联合分析。该分析指出，不论是分别或者同时使用大型圆形钩及鱼饵，均能减少与海龟的相互影响，并且能显著减少海龟误捕量。

认识到，近10年来许多国家已在其延绳钓渔业中进行圆形钩试验。

申明应当采取额外措施以降低金枪鱼渔业的海龟误捕和死亡率。

认识到，渔民所做出的主动及被动努力相对简单，而这类努力可避免与海龟发生相互作用，并且可以减轻这类相互作用发生时造成的不利后果。

注意到，浅水延绳钓渔业也会对高纬度的脆弱海鸟种群造成显著风险，有必要针对易受延绳钓渔业伤害的物种采取达到生态平衡的减缓措施。

按照WCPFC《公约》第5条及第10条规定，通过：

（1）WCPFC成员、合作非缔约方及参与领地（合称CCM），应该视情况，执行《FAO减少捕捞作业海龟死亡率的技术指南》（以下简称《FAO技术指南》），来减少海龟意外捕获，并确保所有意外捕获的海龟的安全处理，以改善其存活状况。

（2）CCM应该在年度报告第2部分向WCPFC报告，其执行本措施的进展，包括所收集的受WCPFC《公约》管理的有关渔业与海龟相互作用的信息。

（3）WCPFC区域性观察员计划（ROP）收集的与海龟相互作用的所有数据，应该按照WCPFC商定的其他数据收集方法的条款，向WCPFC报告。

（4）CCM应该规定捕捞WCPFC《公约》所管理鱼种的渔船上的渔民，如果条件允许，尽快将意外捕获的任何昏迷或者无反应的硬壳海龟带上船，并在将其释放回海中前促进其复原，包括让其苏醒。CCM应该确保渔民认识到并且使用WCPFC指南所述的妥善的减缓及处理技术。

（5）有围网渔船捕捞WCPFC《公约》所管理鱼种的CCM应该：

a. 确保这类渔船的经营者，当在WCPFC《公约》管辖区域作业时：

i. 在可行范围内，避免下网包围海龟，假如海龟被包围或者被缠络时，采取可行措施安全地释放海龟。

ⅱ．在可行范围内，释放所有被 FAD 或者其他渔具缠络的海龟。

ⅲ．假如海龟被缠络在网具内，应该尽快在海龟离开水面时停止收网；并在继续收网前采取不让其再受伤害的方式帮助海龟解除缠络；并在可行范围内，在将其释放回海中前协助其复原。

ⅳ．携带并且在适当情况下使用抄网处理海龟。

b．要求这类渔船经营者记录捕捞作业期间涉及海龟的所有事件，并向该 CCM 的适当机构报告此类事件。

c．在其提交给 WCPFC 的年度科学报告中提供第（5）条 b 款的报告。

d．向 WCPFC 提供任何有关减少海龟缠络的改良的 FAD 研究成果，并采取措施鼓励使用可成功达到此类效果的改良的 FAD。

（6）有延绳钓渔船捕捞 WCPFC《公约》所管理鱼种的 CCM，应该确保所有这类渔船经营者携带并使用剪线器及脱钩器，根据 WCPFC 指南进行，处理并且立即释放捕获或者缠络的海龟。CCM 也应该确保这类渔船经营者，如果条件允许，应该按照 WCPFC 指南携带及使用抄网。

（7）有浅水下钩①延绳钓渔船的 CCM 应该：

a．确保这类渔船经营者，当在 WCPFC《公约》管辖区域时，应该使用或者至少执行下列 3 种减缓海龟捕获方法的一种：

ⅰ．只使用大型圆形钩，这类钓钩一般形状为圆形或者椭圆形，并且其原始设计及制造是钓钩尖端垂直向钩柄弯入。这些钓钩钩尖与钩柄的偏移角度不应超过 10°。

ⅱ．仅使用有鳍鱼类作为饵料。

ⅲ．使用经科学分委员会（SC）及技术及纪律分委员会（TCC）审查，并经过 WCPFC 同意，能够在浅水下钩延绳钓渔业减少海龟相互作用（观察每千钩所钓到的数量）方面使用任何其他措施、减缓计划②或者相关活动。

b．第（7）条 a 款的规定不一定适用于那些 SC 已认定的浅水下钩延绳钓渔业。这类浅水下钩延绳钓渔业属于经 SC 按照相关 CCM 所提供的信息认定，需在 3 年内观测到的海龟相互影响率最低③，并且这 3 年内每年科学观察员覆盖率至少为 10%。

c．为达到第（7）条的目的，建立并确定其可操作的浅水下钩延绳钓渔业的定义、大型圆形钩，以及第（7）条 a 款 ⅲ 所述任一措施，或者 WCPFC 按照第（12）条通过的措施，确保这类措施尽可能地可执行，并在其年度报告第 2 部分向 WCPFC 报告这些定义。

d．规定其延绳钓渔船记录捕捞作业期间涉及海龟的所有事件，并将此类事件向该 CCM 的适当机构报告。

e．在提供给 WCPFC 的科学报告中，向 WCPFC 提供第（7）条 d 款的结果。

（8）敦促有非浅水下钩延绳钓渔业的 CCM：

a．在这类延绳钓渔业中进行圆形钩及其他减缓方法的实验研究。

b．至少在 WCPFC 附属机构年度会议召开前 60 天，向 SC 及 TCC 报告这类实验研究的结果。

---

① 浅水下钩渔业一般为多数钓钩在 100 米以浅深度的渔业；然而按照第（7）条 c 款，CCM 将确定其可操作的定义。

② 减缓计划将描述所采取的行动以达到减少与海龟的相互作用。

③ 由第五届 SC 会议决定。

（9）SC 及 TCC 将每年审查 CCM 按照本措施所报告的信息。SC 及 TCC 将视需要建立一套更新的减缓措施、减缓措施规范或者其适用建议，提交给 WCPFC 审查。

（10）本措施授权 WCPFC 秘书处有义务使用可获得的特别需求基金，以协助发展中成员国及参与领地执行《FAO 技术指南》，来帮助降低海龟死亡率。这些基金可用作培训及鼓励渔民采取适当的方法和技术，减少与海龟的相互作用和减缓对其造成的不利影响。

（11）WCPFC 敦促 CCM 捐助特别需求基金或者通过双边安排提供这类协助，来支持成员有能力地执行本措施。

（12）WCPFC 将在 2021 年根据 SC、TCC 的建议和 CCM 按照本措施提供的信息审查本措施以考虑扩大措施范围，并纳入深水延绳钓渔业的减缓措施。

（13）本措施任一部分不应该妨碍沿海国主权及主权权利，包括传统捕捞活动及传统手工渔民的权利，以及在其国家管辖区域适用于勘探、开发、养护与管理海龟目的的替代措施，包括任何养护与管理海龟的国家行动计划。

（14）本措施于 2020 年 1 月 1 日生效，并且取代 CMM 2008 - 03。

30. 第 2018 - 05[①] 号　区域性观察员计划

中西太平洋渔业委员会（WCPFC）：

回顾 WCPFC《公约》第 28 条第 1 款，该款要求 WCPFC 制订区域性观察员计划，除此之外，还应该收集经过核实的渔获数据，并监测 WCPFC 所通过的养护与管理措施的执行情况。

进一步回顾 WCPFC《公约》第 28 条第 7 款，该款要求 WCPFC 为区域性观察员计划的运作拟订程序和指南。

认识到为了发展 WCPFC 区域性观察员计划，按照 2006 - 07 养护与管理措施要求制定相关程序。

按照 WCPFC《公约》第 10 条，采取下列 WCPFC 区域性观察员计划（WCPFC ROP）的养护与管理措施。

WCPFC ROP 的制订

（1）郑重地制订 WCPFC ROP，相关工作由 WCPFC 秘书处协调进行。

（2）应该分阶段履行 WCPFC ROP 相关计划，履行计划如附件 3。

（3）WCPFC 秘书处应该向 WCPFC 提供关于 WCPFC ROP 和与该计划有效运作的有关其他事项的年度报告。

WCPFC ROP 的目标

WCPFC ROP 的目标应该是在 WCPFC《公约》管辖区域收集经核实的渔获数据、其他科学数据和与渔业有关的其他信息，来监测 WCPFC 通过的养护与管理措施的履行情况。

WCPFC ROP 的范围

WCPFC ROP 应该适用于下列按照 WCPFC 2004 - 01 养护管理措施（或者其替代措施）授权在 WCPFC《公约》管辖区域内捕鱼的渔船：

a. 仅在 WCPFC《公约》管辖区域内的公海作业的渔船。

b. 在公海和在一个或者多个沿海国管辖水域内作业的渔船，以及在两个或者多个沿海国专属经济区内作业的渔船。

区域性观察员的职责

WCPFC ROP 的区域性观察员职责应该包括收集渔获数据和其他科学数据，以及监测 WCPFC 所通过的养护与管理措施的履行情况、任何 WCPFC 所同意的额外渔业相关信息。当一渔船在同一航次内同时在其船旗国管辖海域和邻近公海作业时，该船在其船旗国管辖海域内时，应遵守 WCPFC ROP 所派驻的区域性观察员未获得船旗国的同意，不得行使其任何职责的规定。

WCPFC 成员、合作非缔约方及参与领地（合称 CCM）的义务

（1）WCPFC 每一 CCM 应该确保悬挂其旗帜在 WCPFC《公约》管辖区域内作业的渔船，在 WCPFC 要求时应准备接受一位来自 WCPFC ROP 的区域性观察员，但在船旗国管辖海域内作业的渔船除外。

（2）WCPFC 每一 CCM 应该有责任达到 WCPFC 所设定的区域性观察员覆盖率水平。

---

① 本措施更新并修订 CMM 2007 - 01，并且经 WCPFC 第 15 届 WCPFC 年会（2018 年）同意。

（3）CCM 应该按照 WCPFC 的决定来任用区域性观察员。

（4）CCM 应该向渔船船长解释 WCPFC 所通过的与区域性观察员的职责有关的措施。

（5）CCM 应该为达到 WCPFC《公约》第 23 条和第 25 条的调查目的，利用区域性观察员收集的信息，并且应该就交换这类信息进行合作。适当时，包括按照 WCPFC 通过的标准积极要求、回复以及协助满足提供区域性观察员报告副本的要求。

WCPFC 和其附属机构的任务

WCPFC 应该通过其附属机构，在其各自权限内，监测和监督 WCPFC ROP 的履行情况，确定发展 WCPFC ROP 的优先事项和目标，并评估 WCPFC ROP 的结果。WCPFC 在必要时，可以进一步给 WCPFC ROP 的运作提供指南。WCPFC 应该确保 WCPFC ROP 的协调和管理，以便可以适当地获得资源。WCPFC 应该签订提供区域性观察员计划的合同。

WCPFC 秘书处的任务

在符合 WCPFC《公约》第 15 条第 4 款的情况下，WCPFC 秘书处的任务是：

a. 协调 WCPFC ROP 的活动，特别是包括：

ⅰ. 维护 WCPFC ROP 手册和 WCPFC ROP 的区域性观察员工作手册。

ⅱ. 使参与 WCPFC ROP 的现存的国家观察员计划和次区域性观察员计划与 WCPFC 通过的标准一致。

ⅲ. 进行通信并向 WCPFC（和其附属机构）提供 WCPFC ROP 运作报告；包括目标和区域性观察员覆盖率。

ⅳ. 如果条件允许，应该按照有关指示，与其他区域性渔业管理组织协调进行 WCPFC ROP 的相关活动。

ⅴ. 为使用 WCPFC ROP 授权的区域性观察员提供便利。

ⅵ. 为进一步维护 WCPFC 所通过的标准，需要监测 WCPFC ROP 的区域性观察员教练员的状况，以及区域性观察员培训课程。

ⅶ. WCPFC ROP 应该满足 WCPFC 有关养护与管理措施对数据和监测的需要。

ⅷ. 为监测 WCPFC 通过的养护与管理措施，WCPFC ROP 应该按照 WCPFC 通过的程序收集、汇总整理、存放和传播适当的信息及数据。

ⅸ. 按照 WCPFC 指示，在特殊情况下，管理和监督区域性观察员的情况。

ⅹ. 为了有效执行 WCPFC ROP，提供所需的职员。

ⅺ. 在 WCPFC 网站上，持续更新国家观察员计划协调人员和其联络信息，以及每个 WCPFC ROP 提供者的区域性观察员行为准则的副本或者链接。

b. 批准向 WCPFC ROP 提供区域性观察员的机构。

沿海国的任务

每一 CCM 应该任命一 WCPFC 国家观察员协调人作为与 WCPFC ROP 有关事务的联络窗口，并将协调人和其联络信息的所有变更情况持续通报给 WCPFC 秘书处。

WCPFC ROP 开展工作的指导原则

WCPFC ROP 应该根据下列原则开展工作：

a. WCPFC ROP 应该包含达到 WCPFC 所同意的标准的独立且公正的区域性观察员。

b. 主要在沿海国水域，偶尔也会前往邻接公海或者邻近国家的管辖水域进行作业的渔船，假如获得有关船旗国的同意，那么可以搭载经 WCPFC 秘书处授权的船旗国国籍的区域性观察员[①]。

c. WCPFC 应该在考虑 WCPFC《公约》管辖区域渔业的特性，以及 WCPFC 所认为的其他所有合理因素的前提下，按照灵活的方式制订 WCPFC ROP。

d. 为确保成本效益和避免重复情况，WCPFC ROP 应该尽其最大努力与其他区域、分区域以及国家观察员计划相互协调；在此范围内，WCPFC 可以为提供区域性观察员而签订合同，或者进行适当的安排。

e. WCPFC ROP 应该考虑不同渔业的特性，向 WCPFC 提供其设定的覆盖率，来确保 WCPFC 根据 WCPFC《公约》管辖区域内的渔获水平收到适当的数据与信息，以及所有与 WCPFC《公约》管辖区域内渔业相关的数据与信息。

f. 区域性观察员不应该不正当地干扰渔船的合法作业，在其履行职责时，应该适当考虑渔船作业的需求，并在可行范围内，减少对 WCPFC《公约》管辖区域内渔船作业的干扰；区域性观察员应该遵守区域性观察员权利与职责的指南（附件 1）。

g. WCPFC ROP 应该在确保区域性观察员履行其职责时，不采取不正当的方式妨碍渔船的正常工作。在这个范围内，WCPFC CCM 应该确保渔船经营者遵守渔船经营者、船长和船员权利与职责指南（附件 2）。

h. WCPFC ROP 应该确保非汇总数据和其他 WCPFC 认为具保密性质的信息的机密和安全性；WCPFC 应该根据 WCPFC 所汇总数据的取得和分发规则公布区域性观察员所收集的数据及其他信息。

---

① 参阅 TCC 2 概要报告第 54 段 ii 款 "委员会区域性观察员计划整合现存国家和分区域性观察员计划的需要" 和 "允许 CCM 持续派遣其他国家观察员到主要在沿海国水域作业的渔船，并且偶尔延伸到公海作业的渔船"。

附件 1

区域性观察员权利与职责的指南

按照 WCPFC《公约》第 28 条和附件 III 第 3 条的规定，下列区域性观察员权利与职责的指南，应该适用于按照 WCPFC 区域性观察员计划而派驻在船上的区域性观察员。

1. 区域性观察员的权利应该包括：

（1）可以完全自由地进入，并且自由地使用船上所有按照该区域性观察员所决定为执行其职责所需的设施和设备，包括进入驾驶台、接近船上的渔获物和可能用来暂放、处理、称重、储存渔获物的区域。

（2）为实现进行检查和复印的目的，需要完全取得船上的记录，包括渔捞日志和文件；合理地接近航海设备、海图和无线电装置，以及合理地获得与作业有关的其他信息。

（3）在此要求下，可完全自由地使用通信设备，以及接近相关人员，来传送和收集与区域性观察员工作有关的数据或者信息。

（4）如果条件允许，可以获得额外的设备，如高倍双筒望远镜、电子通信方式等，以利于在船上开展区域性观察员的工作。

（5）在起绳或者起网时，可以接近工作甲板和样本（不论存活或者死亡）来收集和移动样本。

（6）除区域性观察员要求不要被通知之外，船长应该在进行投绳和起绳前 15 分钟，通知区域性观察员开展工作。

（7）在船上给区域性观察员提供相当于干部船员标准的食宿及医疗和卫生设施。

（8）在驾驶台或者其他指定的区域拥有适当进行文书工作的空间，以及在甲板上有履行区域性观察员职责的适当空间。

（9）自由履行其职责，不遭受攻击、阻碍、抵抗、拖延、威胁或者干扰其履行职责。

2. 区域性观察员的职责应该包括：

（1）有能力承担 WCPFC 所规定的职责。

（2）接受并遵守关于船东和渔船捕捞作业的保密规定及程序。

（3）在任职于 WCPFC ROP 的任何时间内，都保持独立，以及秉持公正。

（4）遵守在渔船上履行区域性观察员职责的 WCPFC ROP 议定书所述规定。

（5）遵守行使渔船管辖权的 CCM 的法律与规定。

（6）遵守适用于渔船所有人员的等级制度和一般行为规则。

（7）不应该通过扰乱渔船合法作业的方式来行使职责，并且在履行其职责时，应该适当地考虑渔船作业的需求，并应该定期与渔船船长或者渔捞长沟通。

（8）熟悉船上的紧急救援装置，包括救生筏、灭火器和急救箱的位置。

（9）对于相关区域性观察员议题和职责定期与船长沟通。

（10）尊重船员的种族风俗和渔船船旗国的习惯。

（11）遵守区域性观察员适用的行为规范。

（12）立即按照 WCPFC 通过的程序向 WCPFC 或者国家提交区域性观察员报告。

附件 2

渔船经营者、船长和船员的权利与职责指南

按照 WCPFC《公约》第 28 条和附件 III 第 3 条的规定，下列渔船经营者、船长和船员的权利与职责指南，应该适用于按照 WCPFC 区域性观察员计划而派驻在船上的区域性观察员。

渔船经营者、船长的权利与职责：

1. 渔船经营者、船长的权利应该包括：

（1）在派驻区域性观察员计划（ROP）观察员之前的合理时间里，能够取得相关的事先通知。

（2）预先需要知道区域性观察员将遵守行使渔船管辖权的 CCM 的法律和规定及该渔船的一般行为规则与等级制度。

（3）区域性观察员提供者将适时告知区域性观察员完成航次后任何与渔船作业有关的意见。船长应该有机会审查和评论区域性观察员报告，并有权加注认为适当的额外信息或者其个人意见。

（4）渔船在进行合法作业时，有权利不受区域性观察员行使必要职责的不合理打扰。

（5）区域性观察员在危险区域履行其职责时，可指派一名船员陪同。

2. 渔船经营者、船长的职责应该包括：

（1）当 WCPFC 要求时，接受所有识别身份为 WCPFC ROP 观察员的人员登船。

（2）通知船员 WCPFC ROP 观察员登船时间及其在渔船上的权利和职责。

（3）协助 WCPFC ROP 观察员在一商定的时间和地点安全地登上和离开渔船。

（4）在下网或者起绳前 15 分钟，通知 WCPFC ROP 观察员，除非区域性观察员特地要求无须告知。

（5）允许和协助 WCPFC ROP 观察员安全地履行所有职责。

（6）允许 WCPFC ROP 观察员为达到记录检查和复印的目的，完全自由地取得船上的有关记录，包括渔捞日志和文件。

（7）允许 WCPFC ROP 观察员合理地取得航海设备、海图和无线电，以及合理地取得与作业有关的其他信息。

（8）如果条件允许，完全同意 WCPFC ROP 观察员取得额外的设备，如高倍望远镜，以及电子通信方式等，以便有利于区域性观察员在渔船上开展工作。

（9）允许和协助 WCPFC ROP 观察员从渔获物中移动样本和储存样本。

（10）在区域性观察员或者区域性观察员提供者或者区域性观察员政府不需要负担费用的情况下，在船上给区域性观察员提供相当于干部船员标准的食宿及卫生和医疗设施。

（11）支付 WCPFC ROP 观察员在船上工作期间的保险费用。

（12）允许和协助 WCPFC ROP 观察员完全自由地接近和使用船上所有按照该区域性观察员所决定为履行职责所需的设施和设备，包括进入驾驶台、接近船上的渔获物和可能用来暂放、处理、称重、储存渔获物的区域。

（13）确保 WCPFC ROP 观察员履行职责时，不遭受攻击、阻碍、抵抗、拖延、威胁、干扰、影响、贿赂，确保 WCPFC ROP 观察员未受胁迫或者被说服不履行其职责，并协助区域性观察员遵守适用的行为准则。

3. 渔船船员的权利和职责：

（1）渔船船员的权利：

ⅰ. 预先知道区域性观察员将遵守行使渔船管辖权的 CCM 的法律和规定及该渔船的一般行为规则与等级制度。

ⅱ. 在 WCPFC ROP 观察员派驻前的合理时间内得到事先通知。

ⅲ. 有权利保护个人隐私。

ⅳ. 能进行正常作业，不受区域性观察员存在和履行其必要职责的不合理的打扰。

（2）渔船船员的职责：

ⅰ. 不攻击、阻碍、抵抗、威胁、影响或者干扰 WCPFC ROP 观察员，或者妨碍或者拖延区域性观察员的工作，不胁迫或者说服 WCPFC ROP 观察员不履行其职责，并协助区域性观察员遵守其适用的行为准则。

ⅱ. 遵守按照 WCPFC《公约》所制定的程序与规则，以及行使渔船管辖权的 CCM 所制定的其他准则、规则。

ⅲ. 允许和协助 WCPFC ROP 观察员完全自由地接近和使用船上所有按照该区域性观察员决定为履行其职责所需的设施和设备，包括进入驾驶台、接近船上的渔获物和可能用来暂放、处理、称重、储存渔获物的区域。

ⅳ. 允许和协助 WCPFC ROP 观察员安全地履行其所有职责。

ⅴ. 允许和协助 WCPFC ROP 观察员从渔获物中移动样本和储存样本。

ⅵ. 遵守船长关于 WCPFC ROP 观察员职责的指示。

附件 3

中西太平洋渔业委员会区域性观察员计划的履行计划

1. 当本措施正式生效，CCM 应该根据 WCPFC 4 通过的措施，利用区域内已运作的分区域和国家观察员计划，开始履行 WCPFC ROP。鼓励 CCM 尽快提交来自这些计划的数据。

2. 按照 WCPFC 的指示，区域性观察员内部工作小组（IWG‐ROP）应该持续发展 WCPFC ROP 的架构和要素，如确定纳入计算区域性观察员覆盖率的最小渔船尺寸、培训和认可区域性观察员、区域性观察员的任务和职责、数据需求、成本问题和表示覆盖率的合适的捕捞努力量单位。

3. 2008 年的安排并不妨碍 WCPFC ROP 未来的发展计划。

4. 2008 年 12 月 31 日前，现存的分区域和国家观察员计划应该长期被视为属于 WCPFC ROP 的一部分，除非 WCPFC 另有决定。通过这些区域性观察员计划所收集的数据应该提交给 WCPFC 并应该被视为 WCPFC 的数据。

5. 2009 年 1 月 1 日至 2010 年 12 月 31 日间，WCPFC 应该审视 IWG‐ROP、科学分委员会、技术及纪律分委员会的建议，进一步发展 WCPFC ROP 和根据实际需要修订 WCPFC ROP，包括 WCPFC ROP 的应用。

6. 除第 9 条和第 10 条所提渔船外，CCM 应该在 2012 年 6 月 30 日前达成 WCPFC 管辖下每一类渔业捕捞努力量 5% 的区域性观察员覆盖率。为方便派遣区域性观察员，应该按照航次计算。

7. 2012 年科学分委员会、技术及纪律分委员会会议，应该审查来自 WCPFC ROP 的数据，并且这些 WCPFC 附属机构应该给 WCPFC 提出适当的建议。根据科学分委员会、技术及纪律分委员会的建议，WCPFC 应该每年审查 WCPFC ROP，并根据实际需要做出调整。各 WCPFC ROP 要素中应该进行审查的是第 10 条关于推迟应用 WCPFC ROP 的渔船。

8. CCM 应该履行任何额外的 WCPFC ROP 观察员的义务，这些义务包括 WCPFC 采纳的管理措施，如渔获物留存措施、FAD 管理措施或者转载措施。此类措施包括对超低温延绳钓渔船、围网渔船和/或者运输船上的区域性观察员提出的要求。

特殊情况

9. 对于在北纬 20°以北区域捕捞生鲜鱼类①的渔船，应该根据下列考虑：

（1）北方分委员会于 2008 年会议时，考虑对北纬 20°以北区域捕捞生鲜鱼类的渔船执行 WCPFC 通过的 WCPFC ROP。

（2）北方分委员会于 2010 年会议时，向 WCPFC 建议北纬 20°以北区域捕捞生鲜鱼类的渔船执行 WCPFC ROP。

（3）北方分委员会就北纬 20°以北区域捕捞生鲜鱼类渔船执行 WCPFC ROP 的日期提出建议，不得晚于 2014 年 12 月 31 日。

10. 下列渔船的履行时间应该被推迟

（1）小型渔船，其最小的船长应该由 IWG‐ROP 考虑并在 2008 年 WCPFC 年会上提交建议。

（2）捕捞鲣或者长鳍金枪鱼的曳绳钓和鲣竿钓渔船（将由 IWG‐ROP 安排时间给予审查）。

---

① 为达到此措施的目的，生鲜鱼类指活的高度洄游性鱼类，无论是全鱼或者经处理/除去内脏，但不得进一步加工或者冷冻。

31. 第 2018 - 06^① 号 渔船记录与捕捞许可证

捕捞许可证

（1）WCPFC 每一成员^②应该：

a. 按照 WCPFC《公约》第 24 条，只有在能有效履行《1982 年 12 月 10 日联合国海洋法公约》《执行〈1982 年 12 月 10 日联合国海洋法公约〉有关养护和管理跨界鱼类种群和高度洄游鱼类种群的规定的协定》和 WCPFC《公约》有关其渔船的义务时，核发其渔船在 WCPFC《公约》管辖区域内的捕捞许可证。

b. 采取必要措施确保其渔船遵守按照 WCPFC《公约》规定所通过的养护与管理措施。

c. 采取必要措施确保仅有悬挂 WCPFC 成员旗帜的渔船和按照本措施"WCPFC 非缔约方运输船和油轮的临时登记"部分^③的非缔约方运输船和油轮，可以在 WCPFC《公约》管辖区域内从事捕捞高度洄游鱼类或相关作业。

d. 采取必要措施确保任何悬挂其旗帜的渔船，仅在该渔船持有其他国家所要求的执照、许可证或者授权时，才可在该国管辖区域内捕鱼。

e. 着手管理捕捞许可证数量和捕捞努力量，保证与其在 WCPFC《公约》管辖区域内的捕鱼机会相称。

f. 确保不给有非法的、不报告的及不受管制的（IUU）捕捞历史的渔船核发 WCPFC《公约》管辖区域的捕鱼许可证，除非该渔船所有权已变更，并且新船东已提供足够证据显示先前的船东或者经营者对该船已无法律、利益或者财务关系或者控制该船，或者 WCPFC 成员在考虑所有相关事实后，确信该船已不再从事 IUU 捕捞或者与 IUU 捕捞有关联。

g. 撤销违反 WCPFC《公约》第 25 条第 4 款的渔船的捕捞许可证。

h. 当悬挂其旗帜的渔船申请捕捞许可证时，需要考虑该渔船和经营者的违规历史。

i. 采取必要措施确保在 WCPFC 渔船记录内悬挂其旗帜的船舶船东属于其管辖范围内的公民、居民或者法人，因此保证能对其采取所有有效的管控或者处罚行动。

（2）当在 WCPFC《公约》管辖区域时，WCPFC 每一成员应该采取必要措施确保其船舶，仅从下列渔船转载、提供与获得加油服务或者其他方面的支持：

a. 悬挂 WCPFC 成员旗帜的船舶。

b. 悬挂其他非 WCPFC 成员旗帜的船舶，但这类船舶已进行了按照"WCPFC 非缔约方运输船和油轮的临时登记"部分开展的 WCPFC 非缔约方运输船和油轮的临时登记（简称临时登记）。

c. 按照本措施第（42）条至第（44）条租赁、租借或者其他类似机制经营的船舶。

（3）WCPFC 任何成员不应该允许任何悬挂其旗帜的渔船在国家管辖外的 WCPFC《公约》管辖区域内进行捕捞，除非该渔船已获得该成员当局或者适当单位的授权。

---

① 本措施修正第 2017 - 05 号养护与管理措施，并包括脚注 4。第 2017 - 05 号养护与管理措施先前通过脚注 6 修正第 2013 - 10 号养护与管理措施。第 2013 - 10 号养护与管理措施先前修正第 2009 - 01 号养护与管理措施以包括 WCPFC 第 10 届年会通过渔船单一识别号码的规定。修正内容为第 6（s）条、脚注 4 和第 11 条。

② 本措施中，"成员"一词包括合作的非缔约方。

③ 此部分（第 2009 - 01 号养护与管理措施的修正）是修正第 36 条的交叉参考错误。

（4）任何此类授权应该向已核发该授权的渔船说明：

a. 该授权有效的特定区域、鱼种和时段。

b. 许可该渔船的活动。

c. 除非已取得按照沿海国要求核发的任何执照、许可证，或者授权，否则禁止在该沿海国管辖区域内进行捕捞、持有渔获物、转载或者卸鱼活动。

d. 渔船需具有按照上述第（1）条所核发的捕捞许可证或者经认证的副本；沿海国核发的任何执照、许可证或者授权或者经认证的副本，以及有效的渔船登记证明。

e. 任何其他特定措施和按照 WCPFC《公约》所通过的养护与管理措施来落实 WCPFC《公约》的要求。

成员渔船的记录

（5）按照 WCPFC《公约》第 24 条第 4 款，WCPFC 每一成员应该对悬挂其旗帜、授权在其国家管辖区域外的 WCPFC《公约》管辖区域内捕鱼的渔船进行记录，并应该确保所有此类渔船均已列入该记录。

（6）WCPFC 每一成员应该尽可能通过电子文档将列入记录的每一艘渔船的以下资料提交给执行秘书：

a. 渔船船名、注册号码、WCPFC 识别号码（WIN）、先前船名（如果知道）和注册港。

b. 船东或者众船东的姓名与地址。

c. 船长的姓名与国籍。

d. 先前的船旗（如果有）。

e. 国际无线电呼号。

f. 渔船通信的类型和其号码（Inmarsat A，B，C 的号码和其卫星电话号码）。

g. 渔船的彩色照片。

h. 渔船建造地点与日期。

i. 渔船类型。

j. 额定船员人数。

k. 作业方式。

l. 长度（指明类型、公制）。

m. 型深（公制）。

n. 型宽（公制）。

o. 总注册吨数（GRT）或者总吨位（GT）。

p. 所有主机总功率（公制）。

q. 装载能力，包括冷冻机型式、冷冻能力与数量、鱼舱和冷冻舱容量。

r. 船旗国核发授权的格式和数目，包括有效的特定区域、鱼种和时段。

s. 国际海事组织（IMO）船舶识别号码或者劳氏登记号码（LR）（如果核发）[①]。

（7）2005 年 7 月 1 日后，WCPFC 每一成员应该在 15 天内，或者在任何情况下，渔船在 WCPFC《公约》管辖区域开始捕捞作业 72 小时之前，通知执行秘书：

a. 将所有渔船按照第（6）条所列资料增加至其记录内。

b. 有关第（6）条所列渔船记录资料的所有变更。

c. 渔船记录内任一渔船的删除，均应该附上按照 WCPFC《公约》第 24 条第 6 款所述的删除理由。

（8）WCPFC 每一成员应该在执行秘书提出要求的 15 天内，提交所需的渔船记录资料。

（9）每年 7 月 1 日前，WCPFC 每一成员应该提交给执行秘书前一年内出现在渔船记录内所有渔船的清单、连同每一渔船的 WIN，并说明每一渔船是否在国家管辖区域外的 WCPFC《公约》管辖区域捕捞高度洄游鱼类种群。可按照（a）捕捞或者（b）未捕捞标注。

（10）进行租赁、租借或者其他类似安排，数据报告的义务转由非船旗国的 WCPFC 成员承担，应该进行相应安排来确保船旗国能履行第（9）条规定的义务。

（11）在评估前述第（6）条 s 款的遵守情况时，WCPFC 应该考虑船东按照适当程序但仍无法取得 IMO 船舶识别号码或者 LR 的特殊情况。船旗 CCM 应该在年度报告第 2 部分报告此类特殊情况。

WCPFC 渔船记录

（12）WCPFC 应该按照 WCPFC《公约》第 24 条第 7 款和根据 WCPFC《公约》和本程序所提供给 WCPFC 的信息为基础，建立并维持 WCPFC 各成员管辖外的 WCPFC《公约》管辖区域内授权捕鱼的渔船记录，该记录应该被称为 WCPFC 渔船记录。

（13）WCPFC 渔船记录应该包括每艘渔船是否从 2007 年起每一年在国家管辖外的 WCPFC《公约》管辖区域活动的说明，并与 WCPFC 成员按照第（9）条提供的信息相符合。

（14）执行秘书应该确保 WCPFC 渔船记录和临时登记正当公开，包括可以通过适当的网站来获得相关信息。

（15）此外，执行秘书应该至少在 WCPFC 年会召开前 30 天给 WCPFC 成员、合作非缔约方及参与领地（合称 CCM）传送 WCPFC 渔船记录和临时登记的年度摘要信息。

（16）CCM 应该审查其按照第（1）条所采取的内部行动与措施，包括制裁和惩罚行动，以与该 CCM 国内法相一致的方式披露，并每年向 WCPFC 报告审查结果。WCPFC 在考虑该审查结果时，如果条件允许应该要求向 WCPFC 提交 WCPFC 渔船记录或者临时登记船舶的船旗国或者成员采取进一步行动，来促进这些船舶遵守 WCPFC 的养护与管理措施。

（17）WCPFC 每一成员有责任确保其渔船已根据本措施要求列入 WCPFC 渔船记录，而任何未列入 WCPFC 渔船记录或者临时登记的船舶，应该被视为未经授权在其船旗国国家管辖外的 WCPFC《公约》管辖区域内捕捞、持有、转载或者卸下高度洄游性鱼类。WCPFC 每一成员应

---

① 从 2016 年 1 月 1 日开始，CCM 应该确保所有授权在其国家管辖水域外的 WCPFC《公约》管辖区域内作业的 100GT 或者 100GRT 以上的渔船都取得核发给这类渔船的 IMO 船舶识别号码或者 LR。自 2020 年 4 月 1 日开始，CCM 应该确保其所有小于 100GT（或者 100GT）和全长小于 12 米的机动渔船，在其国家管辖水域外的 WCPFC《公约》管辖区域内作业，皆可以取得这类渔船的 IMO 船舶识别号码或者 LR。

该禁止任何悬挂其旗帜但未列入 WCPFC 渔船记录或者临时登记的船舶从事前述活动，并且应该将违反此禁令的情况视为严重违规行为，可以考虑将这类渔船列入 WCPFC IUU 渔船名单[①]。

（18）WCPFC 每一成员应该进一步禁止，未列入 WCPFC 渔船记录或者临时登记的船舶在其港口卸下在 WCPFC《公约》管辖区域内捕捞的高度洄游性鱼类或者转载至悬挂其旗帜的渔船。

（19）WCPFC 每一成员应该按照 WCPFC《公约》第 25 条有关条文应下列信息向执行秘书报告：有合理理由怀疑未列入 WCPFC 渔船记录或者临时登记的某艘渔船正在或者曾在 WCPFC《公约》管辖区域从事捕捞或者转载高度洄游性鱼类的任何事实信息。

（20）假如该渔船悬挂 WCPFC 某成员的旗帜，执行秘书应该通知该成员并要求其采取必要措施，来防止该船在 WCPFC《公约》管辖区域捕捞高度洄游性鱼类，并汇报对该船所采取的行动。

（21）第（17）条至第（19）条不适用于完全在一成员专属经济区内作业并且悬挂该成员旗帜的渔船[②]。

（22）假如这类渔船悬挂非缔约方旗帜并且无合作地位，或者无法判定其旗帜，执行秘书应该通知所有 CCM，以便各成员采取第（16）条所述行动之外与 WCPFC《公约》一致的适当行动。

（23）WCPFC 和有关成员应该彼此联系，并尽力与 FAO 和其他区域性渔业管理组织一同制订并实行适当措施，如果条件允许，还应该包括适时做好与 WCPFC 渔船记录类似性质的记录，以避免对其他洋区渔业资源产生不良影响。该不良影响可能包括 IUU 渔船在其他区域性渔业管理组织管辖海域间进行往返作业所造成的过度捕捞压力。

（24）通过 WCPFC 的决定，如果 WCPFC 渔船记录的一艘渔船被列入 WCPFC IUU 渔船名单，船旗国或者负责任国家应该在符合国内法的情况下，撤销该渔船在该船旗国国家管辖区外的捕鱼授权。执行秘书应该在收到第（7）条 c 款通知后，在切实可行的情况下，尽快将该船从 WCPFC 渔船记录中删除。

WCPFC 非缔约方运输船和油轮的临时登记

（25）WCPFC 鼓励在 WCPFC《公约》管辖区域内营运已列入临时登记的运输船和油轮的所有船旗国，如果条件允许，尽快向 WCPFC 申请合作的非缔约方（CNM）身份。为达到此目的，WCPFC 秘书处在切实可行的情况下，尽快将本养护与管理措施的副本发送给所有此类船旗国联络人。

（26）WCPFC 应该按照本养护与管理措施考虑所有这类申请，并注意 WCPFC 核发给申请者 CNM 身份，该身份仅限于其运输船和油轮进入渔业。

2010—2012 年

（27）WCPFC 借此建立非缔约方运输船和油轮的临时登记。

---

① WCPFC 第 6 届 WCPFC 年会同意对第 2004 - 01 号养护与管理措施中有关该条的内容进行修正，但该条内容未包括在第 2009 - 01 号养护与管理措施中。本修正属于更正第 2009 - 01 号养护与管理措施中对该项修正的遗漏。

② 第（17）条至第（19）条也不适用于萨摩亚延绳钓渔船条件是这些渔船仅在萨摩亚 EEZ 内作业、为卸下其渔获物而使用邻接 CCM 的港口，并且该邻接 CCM 未拒绝其使用该国港口卸鱼的。

（28）按照本部分条款由 WCPFC 列入临时登记的运输船和油轮，应该被授权在 WCPFC《公约》管辖区域内给悬挂 CCM 旗帜并在 WCPFC《公约》管辖区域内捕捞高度洄游鱼类种群的渔船进行转载、加油或者补给。

（29）WCPFC 所有成员可以在任何时间将其希望列入临时登记的所有运输船或者油轮清单提交给执行秘书，如果条件允许，可以通过电子文档格式提交。此清单应该包括前述第（6）条如同船旗国渔船所列的信息。

（30）CCM 建议将运输船和油轮列入临时登记时，应该证明其建议的渔船并非：

a. 有 IUU 捕捞历史的渔船，除非该渔船所有权已变更，并且新船东已提供足够证据显示先前船东或者经营者对该船已无法律、利益或者财务关系或者控制该船，或者有关 CCM 在考虑所有相关事实后，确信该船已不再从事 IUU 捕捞或者与 IUU 捕捞有关。

b. 目前为任何区域性渔业管理组织所通过的 IUU 渔船名单中的渔船。

c. 在收到第（4）条所列资料前一年内，按照第（38）条规定从临时登记中除名的渔船。

（31）纳入临时登记的条件是船东或者管理者/经营者向 WCPFC 提供书面保证，声明船东或者经营者和运输船或者油轮的船长将会完全遵守所有可适用的 WCPFC 的决定，包括养护与管理措施。为实现这些书面保证，WCPFC 对悬挂成员旗帜渔船所做的决定，应该被解释为包括悬挂非缔约方旗帜的渔船。这些保证应该包括明确承诺允许任何按照 WCPFC 公海登临与检查程序批准在公海进行登临和检查渔船。这类保证也应该包括同意支付遵守 WCPFC 决定的有关费用，如渔船监控系统（VMS）登记和区域性观察员派遣费用。

（32）直到 WCPFC 重新审查并决定第（31）条的特定费用，渔船经营者应该承诺支付名义上的费用来资助 WCPFC 工作。

（33）船东或者管理者/经营者应该有责任确保这类行动符合其船旗国国内法。此外，鼓励渔船船东或者管理者/经营者取得其船旗国的支持声明，包括有关公海登临与检查的明确立场声明。

（34）WCPFC 秘书处将在网站上公布所有适用的养护与管理措施以及其他 WCPFC 对书面保证书的决定。对运输船或者油轮的船东或者管理者/经营者或者船长而言，有关第（29）条所提供信息的变更情况，需要在变更后 15 天内通知 WCPFC 秘书处。

（35）列入临时登记的船舶船东或者管理者/经营者或者船长，未充分遵守适用的 WCPFC 的决定时，包括养护与管理措施，将按照 WCPFC "关于建立 WCPFC IUU 渔船名单养护与管理措施" 把该船舶列入 WCPFC IUU 渔船名单草稿。

（36）WCPFC 秘书处收到按照第（29）条至第（31）条提交的运输船和油轮的完整信息后，应该在 7 个工作日内将该渔船纳入临时登记；也应该在收到此类信息任何变更后 7 个工作日内更新临时登记信息。临时登记将包括每一渔船按照第（6）条所列的所有信息、按照第（31）条提供的书面保证副本和要求将该渔船纳入临时登记的 CCM。

（37）WCPFC 秘书处收到需纳入临时登记的船东或者管理者/经营者按照第（29）条至第（31）条提交的运输船和油轮的完整信息后，应该尽快通知其船旗国并为船旗国提供表达其立场的机会，如果船旗国未按照第（31）条做出表示，还应包括关于公海登临与检查的明确承诺或者立场。

（38）WCPFC 将定期监测各区域性渔业管理组织维护的 IUU 渔船名单。在任何时间，如果临时登记的渔船也列入这类 IUU 渔船名单内，WCPFC 秘书处将：

a. 通知 WCPFC 成员和该渔船东此情况，以及该渔船将在通知 30 天后从临时登记中除名。

b. 按照 a 点发送通知 30 天后，将该渔船从临时登记中除名。

（39）WCPFC 应该按照第（31）条所提交的书面保证监测临时登记渔船的表现。如果在任何时间，WCPFC 某成员发现临时登记内的渔船船东、管理者/经营者或者船长未能完全履行保证的证据：

a. 该 WCPFC 成员应该立即将此证据提交给 WCPFC 秘书处。

b. WCPFC 秘书处将立即将此证据通告 WCPFC CCM。

c. WCPFC 应该审查此证据并决定是否将该船从临时登记中除名。如果 WCPFC 将在按照第（39）条 b 款发送通知后 14～60 天召开年会，则应该在下届 WCPFC 年会做出决定，否则将按照 WCPFC 议事规则有关会议期间决策的规定处理。

d. 如果 WCPFC 决定将此渔船从临时登记上除名，WCPFC 秘书处将在 7 天内通知该渔船船东并在 WCPFC 做出决定 60 天后将该渔船自临时登记中除名。

e. 执行秘书应该通知所有 CCM 和船旗国，已完成第（39）条 d 款所提及的行动。

（40）临时登记将在 2012 年 WCPFC 年会召开后 60 天失效，除非 WCPFC 在年会上另有决定。技术及纪律分委员会将在 2011 年和 2012 年审查非 CCM 旗帜船队的运作情况，包括评估禁止非 CCM 运输船和油轮作业对 WCPFC《公约》管辖区域高度洄游性鱼类渔业的潜在经济影响和可能引发的不可预见的情况。

2013 年及以后

（41）注意到前述（25）条和第（26）条，WCPFC 希望在 2013 年 WCPFC 年会后，多数运输船和油轮将悬挂 WCPFC 成员的旗帜。

（42）尽管有此希望，但悬挂一非成员旗帜的运输船或者油轮，在租赁、租用或者其他类似运作机制下作为 CCM 渔业的完整部分时，应该被视为租用的 CCM 的渔船，而如果该渔船在超过一个 CCM 管辖水域内作业时，则须按照"成员渔船的记录"部分规定纳入该租用 CCM 的渔船记录内。在这种情况下，渔船记录应该区分为悬挂 CCM 旗帜的渔船和按照本条款纳入的渔船。

（43）此类租赁、租用或者其他类似运作机制应该载明，该租用成员在任何时间进行有关该船的监测、管控和侦察活动，并允许 WCPFC 赋予该租用成员确保前述渔船遵守养护与管理措施的责任。此类租赁、租用或者其他类似运作机制应该包括明确承诺，即该渔船应该充分遵守所有适用的 WCPFC 的决定，包括执行养护与管理措施。基于这些条件，WCPFC 对悬挂成员旗帜的渔船所做出的所有决定，应该被解释为包括悬挂非缔约方旗帜的渔船。这些条件应该包括，明确承诺允许所有按照 WCPFC 公海登临与检查程序适当授权在公海进行登临和检查。

（44）经租用成员和沿海国授权后，此类安排仅在授权的非缔约方运输船和油轮在某成员管辖港口和水域内营运时才适用。租用成员须认识到若该渔船未能遵守养护与管理措施时，将导致该渔船被列入 IUU 渔船名单、拒绝登记其他悬挂相同旗帜的渔船并将对租用成员进行制裁。

一般条款

（45）WCPFC 应该对本程序进行审查，并根据情况进行适当的修正。

32. 第 2019 - 02 号　太平洋蓝鳍金枪鱼养护与管理措施

中西太平洋渔业委员会（WCPFC）：

认识到 WCPFC 6 通过了《太平洋蓝鳍金枪鱼养护与管理措施》（CMM 2009 - 07），并根据北太平洋金枪鱼类和类金枪鱼类国际科学委员会（ISC）对这一种群的养护意见对该措施进行了第 8 次修订（CMM 2010 - 04，CMM 2012 - 06，CMM 2013 - 09，CMM 2014 - 04，CMM 2015 - 04，CMM 2016 - 04，CMM2017 - 08 和 CMM 2018 - 02）。

注意到 2018 年 7 月 ISC 全体会议提供的最新种群评估报告，其中指出：

（1）资源变化情况：

a. SSB 在整个评估期间（1952—2016 年）出现波动。

b. SSB 在 1996—2010 年期间稳步下降。

c. 2011 年以来资源持续缓慢增长，包括最近两年（2015—2016 年）。

（2）2015 年估计的补充量较低，类似于前几年的评估，2016 年估计的补充量高于历史平均水平，2016 年估计的补充量的不确定性高于往年，因为它发生在评估模型的最后一年且主要是依据观察到曳绳钓 0 龄鱼的 CPUE 指数。

（3）2015—2016 年渔业开发率超过了除 F_{MED} 和 F_{LOSS} 外的 ISC 评估的所有生物参考点。

（4）自 20 世纪 90 年代初以来，中西太平洋围网渔业，特别是以小型鱼类（0~1 龄）为目标的围网渔业，对产卵种群生物量的影响越来越大，2016 年的影响比任何其他渔业都大。

（5）预测结果表明：目前 WCPFC（CMM 2018 - 02）和 IATTC 决议（C - 18 - 01）在低补充量背景下，可导致到 2024 年实现初始生物量恢复目标的概率为 97%（6.7% 的 $SSB_{F=0}$）。

（6）第一次生物量恢复目标完成后 10 年或 2034 年（以较早者为准）实现第二次生物量恢复目标（20% 的 $SSB_{F=0}$）的概率为 96%。

（7）大量捕捞较小的幼鱼比捕捞同等重量的大鱼会对未来产卵种群生物量产生更大的影响。

还注意到为了响应 IATTC - WCPFC NC 联合工作组的要求，ISC 于 2019 年 7 月举行的全体会议：

（1）注意到日本 2017 年评估的曳绳钓补充量指数值类似于历史平均水平（1980—2017 年），日本监测的补充量指数在 2017 年和 2018 年高于 2016 的值，有证据证明东太平洋的大型鱼类变得越来越多，尽管这些信息需要在 2020 年的下一次评估中得到确认。

（2）建议在 2018 年维持 ISC 的养护建议。

（3）以与 2018 年评估相同的方式预测捕捞量增加的情况。

进一步回顾 WCPFC《公约》第 22 条第（4）款，其中要求 WCPFC 和 IATTC 进行合作，以达成协议，协调两组织在 WCPFC《公约》重叠管辖区域内的太平洋蓝鳍金枪鱼等鱼类种群的 CMM；根据 WCPFC《公约》的第 10 条通过：

一般规定

本养护和管理措施是为实施太平洋蓝鳍金枪鱼捕捞策略（捕捞策略 2017 - 02）而制定的，北方委员会应根据实施捕捞策略的需要，定期审查和建议对这一措施进行修订。

管理措施

（1）CCM 应采取必要措施确保：

a. 其渔船在北纬 20°以北地区捕捞太平洋蓝鳍金枪鱼的总捕捞量应低于 2002—2004 年年平均水平。

b. 所有 30 千克以下的太平洋蓝鳍金枪鱼渔获量须减至 2002—2004 年年平均水平的 50%。超过或未达捕捞限额的，应当从下一年的捕捞限额中扣除或增加捕捞限额。CCM 在任何一年可结转的最大幼鱼渔获量不得超过其年度初始捕捞限额①的 5%。

（2）CCM 应采取必要措施，确保所有 30 千克或 30 千克以上的太平洋蓝鳍金枪鱼渔获量不高于 2002—2004 年年平均水平②③。超过或不足捕捞限额的，应当从下一年的捕捞限额中扣除或增加捕捞限额。CCM 在任何一年最多结转量不得超过其年度初始捕捞限额的 5%。但是，在 2018 年、2019 年和 2020 年，CCM 在当年捕捞 30 千克以上的太平洋蓝鳍金枪鱼时，可以使用上文"管理措施（1）b"规定的 30 千克以下的太平洋蓝鳍金枪鱼捕捞限额的一部分。在这种情况下，30 千克或 30 千克以上的渔获量应与 30 千克以下的太平洋蓝鳍金枪鱼的渔获量相抵。CCM 不得将 30 千克以上的太平洋蓝鳍金枪鱼的捕捞限额用于捕捞 30 千克以下太平洋蓝鳍金枪鱼。ISC 应在 2020 年在其捕捞策略第 5 部分所述的工作中就这一特别条款对太平洋蓝鳍金枪鱼死亡率和种群恢复概率的影响进行审议。根据这一审查，2020 年，北方委员会将决定是否在 2020 年之后继续进行这一审查，如果是，建议酌情对 CMM 修改。

（3）除日本外，所有 CCM 应在一个公历年的基础上执行第 2 款和第 3 款的限制。日本应使用公历年以外的管理年对其某些渔业实施限额管理，并就其管理年对其实施情况进行评估。为方便评估，日本应：

a. 使用以下管理年限：

ⅰ. 经农业、林业和渔业部许可的渔业，使用公历年作为管理年。

ⅱ. 对其他渔业以 4 月 1 日至 3 月 31 日为管理年度④。

b. 在太平洋蓝鳍金枪鱼的年度报告中，对于上文 a.i 和 a.ii 所述的每一类，填写管理年度和公历年度所需的报告，明确每个管理年度的渔业。

（4）CCM 应在每年 7 月 31 日前向执行秘书报告其捕捞努力量，并按渔业分列前 3 年的小于 30 千克和大于或等于 30 千克的渔获量，包括所有渔获量、丢弃量。执行秘书每年将这些资料汇编成适当的格式，供北方委员会使用。

（5）CCM 应加强相互合作，有效实施 CMM，包括减少幼鱼渔获量。

（6）CCM，特别是捕捞太平洋蓝鳍金枪鱼幼鱼的 CCM，应采取措施，每年监测并迅速取得幼鱼补充量的结果。

---

① 尽管有"管理措施"第（1）和第（2）的规定，一个 CCM 可能会将其 2019 年最初的捕捞限额的 17% 延续到 2020 年。

② 基本渔获量为 10 吨或以下的 CCM 可在不超过 10 吨的情况下增加其渔获量。

③ 中国台北可于 2020 年将 30 千克或以上的太平洋蓝鳍金枪鱼 300 吨捕捞限额转移至日本，但须由中国台北通知 WCPFC 秘书处。这项转移只适用于 2020 年。通过这项转移并不授予权利的分配，也不损害 WCPFC 今后的任何决定。

④ 对于所描述的类别 a.ii，TCC 应在 20××年评估其在 20××年 4 月 1 日开始的管理年度内的执行情况（例如，在 2020 年遵守审查时，TCC 将评估日本在 2019 公历年期间对农林水产省许可的渔业以及 2019 年 4 月 1 日至 2020 年 3 月 31 日期间对其他渔业的执行情况）。

（7）根据其在国际法下的权利和义务，并根据国内法律法规，CCM 应尽可能采取必要措施，防止太平洋蓝鳍金枪鱼及其产品的商业交易损害本 CMM 的有效性，特别是上文第（2）和第（3）条规定的措施。CCM 应为此目的进行合作。

（8）各 CCM 应根据本 CMM 附件 1，共同建立适用于太平洋蓝鳍金枪鱼的捕捞文件制度（CDS）。

（9）各 CCM 还应采取必要措施，加强对太平洋蓝鳍金枪鱼渔业和养殖的监测及数据收集，以提高所有报告数据的质量和及时性。

（10）各 CCM 应在每年 7 月 31 日前向执行秘书报告其用于实施 CMM 第 2、3、4、5、7、8、10 和 13 条的措施。各 CCM 还应监测太平洋蓝鳍金枪鱼产品的国际贸易，并在每年 7 月 31 日前向执行秘书报告结果。北方委员会应每年审查各 CCM 根据本条规定提交的报告，并在必要时建议各 CCM 采取行动，以加强其对 CMM 的遵守。

（11）WCPFC 执行秘书应将此 CMM 通知 IATTC 秘书处及其缔约方，其渔船在 EPO 从事捕捞太平洋蓝鳍金枪鱼的活动时，应要求其采取与此 CMM 相同的措施。

（12）为提高这一措施的有效性，鼓励各 CCM 与有关的 IATTC 缔约方进行双边交流，并酌情与它们合作。

（13）"管理措施"第（1）条和第（2）条不影响在 WCPFC《公约》管辖区域从事捕捞太平洋蓝鳍金枪鱼的活动有限的发展中小岛国家和参与领地中真正对捕捞蓝鳍金枪鱼感兴趣的国家，根据国际法可能希望在未来发展自己捕捞太平洋蓝鳍金枪鱼渔业的合法权利和义务。

（14）"管理措施"第（13）条的规定不得为拥有或经营这些发展中沿海国以外利益集团的渔船增加捕捞努力量提供依据，特别是发展中小岛国成员或者参与领地以外的利益拥有者或者经营者渔船增加捕捞努力量的依据，除非这类渔业活动是在支持这样的成员国和参与领地发展自己的国内渔业。

（15）本 CMM 代替 CMM 2018 - 02。按照 ISC2020 年进行的资源评估、向 NC 做的报告和其他相关信息的基础上，应对本 CMM 进行审查，并可酌情修改。

附件 1

太平洋蓝鳍金枪鱼捕捞文件制度

背景

2016 年 8 月 29 日至 9 月 1 日在日本福冈举行的第一届 NC–IATTC 联席工作小组会议，与会者支持在下次联席工作小组会议时，按照 WCPFC 的捕捞文件制度（CDS）的总体框架，并考虑其他区域性渔业管理组织（RFMO）的现行 CDS，建立 CDS。

1. 捕捞文件制度的目标

CDS 的目标是通过提供一种手段，防止太平洋蓝鳍金枪鱼（PBF）的 IUU 捕捞及其产品通过商品链最终进入市场。

2. 使用电子系统

由于每个系统的要求各不相同，因此应先决定是采用纸制系统，还是采用电子系统，还是逐步由纸制系统过渡到电子系统。

3. 养护与管理措施草案的基本要素

在起草 CMM 时，至少应考虑以下因素。

（1）目标。

（2）一般规定。

（3）用词定义。

（4）捕捞文件的验证权限和验证流程及再出口证书。

（5）进口、再进口的验证机构和验证流程。

（6）如何处理手工渔业捕获的 PBF。

（7）如何处理休闲或运动渔业所捕获的 PBF。

（8）使用标签作为豁免验证的条件。

（9）出口成员与进口成员之间的沟通。

（10）成员与 WCPFC 秘书处之间的联络。

（11）WCPFC 秘书处的作用。

（12）与非成员的关系。

（13）与其他 CDS 及类似项目的关系。

（14）考虑发展中的成员。

（15）执行的时间表。

（16）附件：

a. 渔获文件表格。

b. 再出口证明表格。

c. 填写表格的说明。

d. WCPFC 秘书处应获取和汇总的数据清单。

4. 工作计划

以下计划将根据 WCPFC 热带金枪鱼类 CDS 的进度进行修改。

2017 年：联席工作小组将把这一概念文件提交给 NC 和 IATTC 批准。NC 将向 WCPFC 年会提交建议，批准该文件。

　　2018 年：联席工作小组将举行一次技术会议，最好是在此会议前后举行，以便将概念文件落实为一份 CMM 草案。联席工作小组将分别通过 NC 和 IATTC 向 WCPFC 报告进展情况。

　　2019 年：联席工作小组将举行第二次技术会议以改进 CMM 草案。联席工作小组将分别通过 NC 和 IATTC 向 WCPFC 报告进展情况。

　　2020 年：联席工作小组将举行第三次技术会议，最终确定 CMM 草案。一旦最后定稿，联席工作小组将其提交给 NC 和 IATTC 通过。NC 将向 WCPFC 发送最终确定的 CCM 草案，供 WCPFC 年会上通过。

33. 第 2019 - 03 号　北太平洋长鳍金枪鱼养护与管理措施

中西太平洋渔业委员会（WCPFC）：

观察到来自北太平洋金枪鱼类和类金枪鱼类国际科学委员会关于北太平洋长鳍金枪鱼的最佳科学证据表明，相对于 WCPFC 采用的极限参考点（$20\%SSB_{current\ F=0}$），该物种很可能没有发生"资源型过度捕捞"，而且也不会发生"生产型过度捕捞"。

进一步回顾 WCPFC《公约》第 22 条（4）款，就出现在两个组织在 WCPFC《公约》重叠管辖区域内的鱼类资源与 IATTC 进行合作。

认识到 IATTC 在其第 73 次会议上通过了《北太平洋长鳍金枪鱼养护与管理措施》，在其第 85 次会议上通过了补充措施，并在其第 93 次会议上加以修正；

根据 WCPFC《公约》第 10 条，通过：

（1）在赤道以北的 WCPFC《公约》管辖区域，北太平洋长鳍金枪鱼的总捕捞努力量不得超过目前的水平。

（2）WCPFC 成员、合作非缔约方及参与领土（合称 CCM）应采取必要措施，确保在 WCPFC《公约》管辖区域内捕捞北太平洋长鳍金枪鱼的渔船捕捞努力量不超过 2002—2004 年年平均水平。

（3）所有 CCM 应每年向 WCPFC 报告所有针对赤道以北的长鳍金枪鱼的渔获量和赤道以北的捕捞努力量。渔获量和捕捞努力量应分渔具报告。渔获量应以重量报告。应使用附件 1 中提供的模板，根据某一渔具采取的相关措施报告捕捞努力量，至少包括所有渔具类型的总捕捞天数。

（4）北方委员会，配合北太平洋金枪鱼类和类金枪鱼类国际科学委员会及其他科学机构对此种群进行科学审查，包括 WCPFC 科学委员会，监察北太平洋长鳍金枪鱼的情况，并在每年的年会上向 WCPFC 报告种群的情况，并向 WCPFC 提出有效养护这一种群所需的措施。

（5）WCPFC 应根据北方委员会的建议，审议关于北太平洋长鳍金枪鱼的未来行动计划。

（6）CCM 应努力维持并在必要时减少 WCPFC《公约》管辖区域内北太平洋长鳍金枪鱼的捕捞努力量，使之符合种群的长期可持续性。

（7）WCPFC 执行秘书应将本决议传达给 IATTC，并要求两个委员会进行磋商，就北太平洋长鳍金枪鱼达成一致的养护与管理措施，特别是建议两个委员会在切实可行的情况下，尽快采取统一的养护与管理措施、报告制度或其他所需的措施以确保遵守两个委员会同意的养护与管理措施。

（8）第（2）条的规定不应损害 WCPFC《公约》管辖区域内目前对北太平洋长鳍金枪鱼的捕捞活动有限的发展中小岛国家和参与领地在国际法下的合法权利和义务，那些对北太平洋长鳍金枪鱼真正感兴趣的、历史上捕捞过该物种的国家，可能希望在未来发展自己的北太平洋长鳍金枪鱼渔业。

（9）第（8）条的规定不得作为拥有或经营渔船的利益集团在这些发展中小岛国家和参与领地以外的渔船增加捕捞努力量的依据，除非这种捕捞是在支持这样的成员国及参与领地努力发展自己的国内渔业。

（10）此 CMM 取代 2005 - 03 CMM。

附件 1

详细内容见附表 1-1。

附表 1-1　2002—2004 年年平均捕捞努力量和以后几年的在北太平洋捕捞北太平洋长鳍金枪鱼的捕捞努力量

CCM	地区[①]	渔业	2002—2004 平均值		年		年		年		年		年	
			船数（艘）	总捕捞天数	船数（艘）	总捕捞天数	船数（艘）	总捕捞天数	船数（艘）	总捕捞天数	船数（艘）	总捕捞天数	船数（艘）	总捕捞天数

① 如果总的捕捞努力量限额跨越北太平洋，按 WCPFC《公约》管辖区域与北太平洋分开报告。

34. 第 2019 - 04 号　鲨鱼养护与管理措施

中西太平洋渔业委员会对于高度洄游鱼类的养护和管理，按照 WCPFC《公约》：

认识到中西太平洋鲨鱼在经济和文化上的重要性，鲨鱼作为主要捕食性物种在海洋生态系统中的生物重要性，某些鲨鱼物种易受捕捞压力的影响，以及需要采取措施促进长期养护、管理和可持续发展利用鲨鱼种群及渔业。

认识到许多物种需要收集渔获量、捕捞努力量、丢弃量和贸易数据及生物学参数信息，以保证鲨鱼的养护与管理。

进一步认识到某些种类的鲨鱼和鳐，如姥鲨（*Cetorhinus maximus*）和大白鲨（*Carcharodon carcharias*），已被列入《濒危野生动植物种国际贸易公约》（CITES）附录 2。

根据 WCPFC《公约》第 5 条、第 6 条和第 10 条，通过：

定义

（1）

a. 鲨鱼：所有种类的鲨鱼、蝠鲼、鳐和银鲛（软骨鱼纲）。

b. 充分利用：渔船将鲨鱼除头、内脏、椎骨和皮外的所有部分保留到首次上岸或转运的地点。

c. 割鱼翅：取下并保留所有或部分鱼翅，然后在海上丢弃鱼体。

目标和范围

（2）这项养护与管理措施（CMM）的目的，是通过在渔业管理中应用预防性措施及生态系统方法，确保鲨鱼的长期养护及可持续利用。

（3）这一 CMM 应适用于：①《1982 年公约》附件 1 所列的鲨鱼；②其他任何在 WCPFC《公约》管理的渔业中捕捞的鲨鱼。

（4）本 CMM 适用于 WCPFC《公约》管辖区域的公海和专属经济区。

（5）这一养护与管理措施不损害沿海国的主权、主权权利，包括传统的捕鱼活动和传统渔民的权利，采用其他方法进行勘探、利用、养护和管理鲨鱼，包括在其国家管辖范围内采取任何养护与管理鲨鱼的国家行动计划。当委员会成员、合作非缔约方及参与领地（合称 CCM）采用替代措施时，CCM 应在其年度报告第 2 部分中每年向 WCPFC 提供有关措施的说明。

《FAO 养护和管理鲨鱼国际行动计划》

（6）CCM 应酌情执行《FAO 养护和管理鲨鱼国际行动计划》。为了实现该计划，每一个委员会成员、合作非缔约方应将该计划列入年度报告第 2 部分中酌情报告。

充分利用鲨鱼，禁止割鱼翅

（7）CCM 应采取必要措施，要求综合利用其船上的鲨鱼，并应确保禁止割取鱼翅。

（8）为了履行第（7）条规定的义务，在 2020 年、2021 年和 2022 年，CCM 应要求其船只将鱼翅自然附着在鲨鱼鱼体上卸岸。

（9）尽管有第（8）条规定，在 2020 年、2021 年和 2022 年，CCM 可能会采取以下替代措施，以确保在船上随时可以容易地识别单个鲨鱼尸体和相应的鱼翅：

a. 每一鲨鱼鱼体及其对应的鱼翅储存在同一袋内，最好是可生物降解的袋子。

b. 每一鲨鱼鱼翅均以绳子或铁丝捆绑于相应的鱼体上。

c. 每一鲨鱼鱼体及其鱼翅上均附有可识别的、编号独特的标签，以便检查人员随时辨认鲨鱼鱼体与鱼翅的配对情况。鲨鱼鱼体及其鱼翅都应储存在同一船舱内。尽管有这一规定，如果渔船保存有记录或日志，以检查人员容易识别的方式显示标记的鲨鱼鱼体及其鱼翅储存在何处，CCM 可以允许其渔船将鲨鱼鱼体及其鱼翅储存在不同的货舱中。

（10）如果 CCM 允许其公海上作业的渔船使用第（9）条 a 至 c 点 3 种备选办法以外的任何措施，应将其提交给 TCC。TCC 同意的话，应当提交下一届年会通过。

（11）所有 CCM 应在其年度报告第 2 部分中包括有关第（8）条或第（9）条措施执行情况的信息，以供 TCC 审查。CCM 的报告应详细解释第（8）条或第（9）条的实施情况，包括如何监测遵守的情况。如在其他措施执行方面遇到的困难，以及如何处理海上监察、物种替代等风险，鼓励 CCM 向 TCC 报告。2023 年 TCC 应考虑到这些报告，就第（9）条所载措施作为第（7）条所载义务的替代办法的效果向 WCPFC 提供报告，并向 WCPFC 建议 2023 年年会审议可能通过的措施。

（12）CCM 应采取必要措施，防止其渔船把任何违反 WCPFC《公约》规定获取的鱼翅留在船上（包括供船员食用）、转载和卸岸。

（13）CCM 应采取必要措施，确保鲨鱼鱼体及其鱼翅一起卸货或转运，并使检查人员能够在卸货或转运时核实个别鲨鱼鱼体及其鱼翅间的对应关系。

减少兼捕渔获物，实行安全释放

（14）对于以金枪鱼类和枪鱼类为目标鱼种的延绳钓渔业，CCM 应确保其渔船至少遵守下列规定的一条：

a. 不使用或携带钢丝作为支线或支线的前端。

b. 不使用鲨鱼线，鲨鱼线是指直接系于延绳钓浮子或浮子绳上的支线。鲨鱼钩示意图见附件 1。

（15）上述第（11）条所载措施的实施应在每一艘船上或每一个 CCM 的基础上进行。每一 CCM 应在 2021 年 3 月 31 日前将其执行第（14）条的情况通知 WCPFC，并在其后所选择的备选方案发生变化时通知 WCPFC。

（16）对于以鲨鱼为目标鱼种的延绳钓渔业，CCM 应在其年度报告第 2 部分中制定并报告其管理计划。

（17）WCPFC 应采取和加强减缓兼捕的措施，并在必要时制定新的或修订现有的《关于安全释放鲨鱼的最佳处理方法》①，以最大限度地提高已捕获和不被保留的鲨鱼的存活率。如果鲨鱼是不受欢迎的兼捕渔获物，在考虑到船员安全的情况下，应该使用伤害最小的技术将它们释放。CCM 应该鼓励他们的渔船使用任何 WCPFC 通过的《关于安全释放鲨鱼的最佳处理方法》。

（18）CCM 应确保捕获的且不被保留的鲨鱼在割断支线释放前，在船边拖拽，以便于鉴定物种。这一规定只适用于有观察员或电子监测摄影机在场的情况，只有在考虑到船员和观察员安全的情况下才能执行。

（19）制定新的 WCPFC 指南或修订现有的《关于安全释放鲨鱼的最佳处理方法》时，应考

---

① WCPFC 在 WCPFC 15 上通过了《关于安全释放鲨鱼的最佳处理方法》（除了鲸鲨和蝠鲼）。

虑船员的健康和安全。

物种具体要求

（20）长鳍真鲨和镰状真鲨：

a. CCM 应禁止悬挂其旗帜的渔船和根据租船安排由 CCM 运营的渔船，在 WCPFC《公约》所管理的渔业范围内，将长鳍真鲨和镰状真鲨全部或部分留在船上、转载、储存在渔船上或卸岸。

b. CCM 应当要求所有悬挂其旗帜的船只以及根据租船安排由 CCM 运营的船只释放任何长鳍真鲨和镰状真鲨，并在拉到船舷边时以一种对鲨鱼伤害尽可能小的方式将其释放，遵守对这些物种适用的《关于安全释放鲨鱼的最佳处理方法》。

c. 根据国内法律和条例，尽管有 a 点和 b 点的规定，在围网渔船作业中偶然捕获和冻结的长鳍真鲨和镰状真鲨，该船必须将整尾长鳍真鲨和镰状真鲨交给负责的政府当局，或在上岸或转运时丢弃。以这种方式交出的长鳍真鲨和镰状真鲨不得出售或以物易物，但可以捐献供国内人们食用。

d. 允许科学观察员收集在 WCPFC《公约》管辖区域捕获的长鳍真鲨和镰状真鲨的生物样本，这些样本是渔船在 WCPO 作业时起网过程中死亡的，前提是这些样本是 CCM 或 SC 研究项目的一部分。如果抽样是作为 CCM 项目进行的，则 CCM 应在其年度报告第 2 部分中进行报告。

（21）鲸鲨：

a. 如果在一开始投网的时候就看到鲸鲨，CCM 禁止悬挂其旗帜的船只在有鲸鲨存在的金枪鱼鱼群周围投放围网。

b. CCM 应禁止悬挂其旗帜的渔船和根据租船安排的渔船在 WCPFC《公约》所管理的渔业范围内，将捕获的鲸鲨全部或部分留在船上、转载或卸岸。

c. 对于《瑙鲁协定》成员国（PNA）专属经济区中的渔业活动，第（1）款的禁止应根据 2010 年 9 月 11 日修订实施的《瑙鲁协定》第 3 项安排执行。

d. 尽管有上文 a 点规定，在北纬 30°以北的 CCM 专属经济区的捕鱼活动，CCM 应执行本措施或与本措施义务相一致的措施。当 CCM 采用一致的措施时，CMM 应每年在其年度报告第 2 部分中向 WCPFC 提供有关措施的说明。

e. CCM 应规定，如果鲸鲨偶然被围网围住，渔船的船长应：

ⅰ. 确保采取一切合理步骤，确保安全释放。

ⅱ. 向船旗国的有关当局报告，包括被围鲸鲨尾数、被围细节和原因、发生的地点、采取的安全释放步骤，并评估鲸鲨释放时的生命状态。

f. 在采取上述 e 点 ⅱ 项的规定，采取步骤以确保安全释放鲸鲨时，CCM 应鼓励船长遵守 WCPFC《关于安全释放被包围鲸鲨的指南》（WCPFC 关键文件 SC‐10）[①]。

g. 应用第 a 点、e 点 ⅰ 项、f 点规定的步骤时，船员的安全仍然是最重要的。

h. WCPFC 秘书处应将其作为科学观察员方案年度报告的一部分，就本款的执行情况提出报告。

[①] 首次通过时间为 2015 年 12 月 8 日。这一标题在 WCPFC13 上由 WCPFC 决定进行修改，通过采用 SC12 总结报告中 742 段落："SC12 同意把'安全释放包围动物指南，包括鲸鲨'的标题改为'安全释放包围的鲸鲨指南'。"

报告要求

（22）各 CCM 应根据向 WCPFC 提供的科学数据（WCPFC 关键文件数据-01）的条款，提交关于 WCPFC 关键鲨鱼品种[①]数据。

（23）CCM 应在其年度报告第 2 部分中，按照附件 2 的规定，就 CMM 的实施情况向 WCPFC 提供报告。

研究

（24）CCM 应当适当地支持研究和开发策略来避免不必要的鲨鱼捕获（如化学试剂、磁性和其他威慑鲨鱼的方法），如《关于安全释放鲨鱼的最佳处理方法》、鲨鱼的生物学和生态学，在《WCPFC 鲨鱼研究计划》中列出的育幼场的确定、渔具选择性、评估方法和其他优先事项。

（25）SC 须定期就主要鲨鱼品种的种群状况提供意见，以供评估并维护《WCPFC 鲨鱼研究计划》，以评估这些种群的种群状况。如果可能，应与 IATTC 合作进行这项工作。

能力建设

（26）WCPFC 应考虑向发展中的成员国和参与领地提供适当援助，以贯彻国际行动计划，收集关于鲨鱼渔获量和丢弃量的数据。

（27）WCPFC 应当考虑适当援助发展中国家成员和参与领地实施这些措施，为其船队提供《物种识别指南》，并为安全释放鲨鱼提供指南和培训，包括按照 WCPFC《公约》第 7 条，在国家管辖范围内实施这些措施。

审查

（28）根据 TCC/SC 的建议，WCPFC 应审查 CMM 的实施情况以及有效性，考虑 SC 或 TCC 的任何建议，包括本措施中各特定物种的相应的措施，并在 2023 年酌情修改。

（29）该 CMM 将于 2020[②] 年 11 月 1 日起生效，届时将取代 CMM 2010-07、CMM 2011-04、CMM 2012-04、CMM 2013-08、CMM 2014-05。

---

　　① 提供 WCPFC 关键鲨鱼品种数据条款是根据"为指定的 WCPFC 关键鲨鱼品种提供数据和评估的程序（WCPFC 关键文件 SC-08）"设计的，并列于"向 WCPFC 提交科学数据（WCPFC 关键文件数据-01）"中。

　　② 此 CMM 在 2021 年 11 月 1 日前不适用于印度尼西亚。在此之前，所有现存的与鲨鱼和鳐有关的 CMM 应适用于印度尼西亚。

附件 1

详细内容见"C－16－05 鲨鱼管理决议"附件 1 中的附图 1－1。

附件 2

CMM 报告实施情况的模板

各 CCM 年度报告第 2 部分中应包括以下信息：

1. 第 5 条中备选措施的说明（如适用）。

2. 它们对国家行动计划的需要和（或）为养护和管理鲨鱼酌情制订《国家行动计划》NPOA 的现状的评估结果。

3. 酌情执行《FAO 养护和管理鲨鱼国际行动计划》第（6）条中关于《国家行动计划》的详情，其中包括：

（1）NPOA 目标详情。

（2）NPOA 所包括的物种和船队，及其渔获量。

（3）采取措施，尽量减少因捕获鲨鱼而产生的浪费和丢弃，并鼓励释放偶然捕获的活鲨鱼。

（4）NPOA 实施的工作计划和评审过程。

4. 关于第 9 条

（1）是否将鲨鱼或鲨鱼的部分留在悬挂其旗帜的渔船上，如果有，如何处理和储存。

（2）如果 CCM 保留鲨鱼，并选择应用鱼翅自然附着在鱼体上的要求：

与此要求相关的监控和执行系统。

（3）如果 CCM 保留了鲨鱼，并选择采取其他措施，而不是要求鱼翅自然附着在鱼体上：

a. 与此要求相关的监控和执行系统。

b. 详细解释为何船队采用了这一鱼翅处理方式。

5. 第（16）条的管理计划包括：

（1）对鱼类的特定授权，如许可证和 TAC 或其他措施，以将鲨鱼的渔获量限制在可接受的水平。

（2）避免或减少捕获和最大限度释放 WCPFC 禁止保留的活的物种的措施。

6. 第（20）条 d 点提到的作为 CCM 项目的长鳍真鲨和镰状真鲨采样计划的报告。

7. 估计释放的长鳍真鲨和镰状真鲨的数量，这些物种是在 WCPFC《公约》管辖区域捕获的，包括释放时的状态（死或活），这些数据通过科学观察员项目和其他手段收集。

8. 第（21）条 d 点所述的一致措施的说明。

9. 任何鲸鲨被悬挂其旗帜的围网船只围捕的实例，包括第（21）条 e 款 ii 项所规定的详情。

35. 第 2019 - 05 号　WCPFC《公约》管辖区域内与渔业相关的蝠鲼养护与管理措施

中西太平洋渔业委员会（WCPFC）：

根据 WCPFC《公约》：

考虑到《FAO 养护和管理鲨鱼国际行动计划》呼吁各国通过区域渔业管理组织合作，确保鲨鱼资源的可持续性。

认识到，中西太平洋（WCPO）鲨鱼和蝠鲼的生态和文化意义。

注意到，蝠鲼和蝠鲼属列在《野生洄游动物物种养护公约》的附录 I 和附录 II 中，该《公约》的各缔约方对此类物种的养护有一系列义务。

进一步注意到，蝠鲼和蝠鲼属也列在《濒危野生动植物物种国际贸易公约》的附录 II 中，在特定条件下应严格控制其贸易，尤其是该贸易不能对野生物种的生存造成不利影响。

承认 WCPFC 第 13 届年会，指定 6 种蝠鲼和蝠鲼属为主要鲨鱼物种进行评估，并呼吁为蝠鲼和蝠鲼属制定安全释放指南。

进一步承认 WCPFC 第 14 届年会，通过关于围网渔业和延绳钓渔业安全释放蝠鲼和蝠鲼属的最佳处理方式的非约束性指南。

注意到，科学委员会第 12 届年会确认了 WCPFC 渔业对蝠鲼科的影响、生态问题和数据可获得性。

注意到，科学委员会第 13 届年会确认，作为特别关心物种，蝠鲼和蝠鲼属所有要求收集的数据属于科学观察员计划最低标准数据领域。

关注到，包括蝠鲼和蝠鲼属在内的蝠鲼科物种被认为容易过度捕捞，因为它们生长缓慢、性成熟晚、妊娠期长，而且通常只生几只幼崽。

还关注到，从沿海区域到公海的不同渔业对这些物种可能产生的影响。

根据 WCPFC《公约》第 10 条通过以下养护与管理措施：

（1）本养护与管理措施（CMM）适用于在 WCPFC《公约》管辖区域的公海和/或专属经济区作业的悬挂成员、合作非缔约方及参与领地（合称 CCM）旗帜的、授权在 WCPFC《公约》管辖区域内捕捞高度洄游鱼类种群的所有渔船。

（2）在本 CMM 中，"mobulid rays"指的是蝠鲼科物种，包括蝠鲼科前口蝠鲼属和鲼科蝠鲼属。

（3）CCM 应禁止其渔船在 WCPFC《公约》管辖区域内以蝠鲼科为目标的捕捞或故意对蝠鲼科物种投网。

（4）CCM 应禁止其渔船将在 WCPFC《公约》管辖区域内捕获的部分或整个蝠鲼科尸体留在船上、转运或卸岸。

（5）CCM 应要求其渔船在可行的范围内，以对捕获个体造成最小伤害的方式尽快释放出存活和未受到伤害的蝠鲼科物种。CCM 应鼓励其渔船在考虑船员安全的同时，实施附件 1 中详细说明的处理方式。

（6）尽管有第（4）条规定，但在作为围网渔船作业的一部分无意中捕获和卸到船上的蝠鲼科物种的情况下，该船必须在靠岸或转运时将所有蝠鲼科物种交给负责的政府部门或其他主管部门，或在可能的情况下丢弃。以这种方式交出的蝠鲼科物种不能出售或交换，但可以捐赠给国内供人们食用。

（7）CCM 应就本 CMM 的实施向 WCPFC（在其年度报告第 2 部分）提出建议。

（8）CCM 应确保渔民了解正确的缓解、识别、处理和释放技术，并应鼓励他们随船携带安全释放蝠鲼科物种的所有必需设备。为此，鼓励 CCM 使用附件 1 中的处理方式。

（9）鼓励 CCM 调查蝠鲼科物种在船上和释放后的死亡率，包括但不限于，应用卫星标记计划调查该措施的有效性和更有效的现场释放方法。

（10）应当准许科学观察员收集在 WCPFC《公约》管辖区域捕获的，在起网过程中死亡的蝠鲼科物种的生物样本。

（11）该措施将于 2021 年 1 月 1 日生效。

附件 1

安全释放蝠鲼科的最佳操作方式

围网

应当做的：

1. 尽可能在蝠鲼还能自由游动的时候释放（例如，倒出网具，把浮子拉到水下，剪开网衣）。

2. 对于太大而无法用人力安全提起的大型（＞60千克）蝠鲼，最好使用专用的大网目货物网或帆布吊索或SC08-EB-IP-12文件中建议的类似装置吊出并释放（Possion et al.，2012，降低被热带金枪鱼围网无意捕获到的鲨鱼和蝠鲼死亡率的最佳实践）。最好在每次作业前准备好释放网或装置。

3. 对于小型（＜30千克）和中型（30～60千克）蝠鲼，最好由2人或3人操作，并由其双翼两侧提起，或最好使用专用吊架/担架，同时确保船员的安全。

4. 当蝠鲼缠络在网衣中时，应小心地将网衣从缠络处剪开，并将其尽快释放入海中，同时确保船员的安全。

不应当做的：

1. 在起网结束前，不要将蝠鲼留在甲板上，然后再将其放回海中。

2. 不要在蝠鲼体上打孔（例如，通过缆绳或线来提起蝠鲼）。

3. 不要通过其"头叶"或尾部，或将钩子或手插入鳃缝或气门来勾住、拖曳、转移、提起或拉动蝠鲼。

延绳钓

应当做的：

1. 对于小型蝠鲼，轻轻拉上船并将钓钩退出以移除尽可能多的渔具。如果钓钩嵌入体内，要么用断线钳切断钓钩，要么将钓钩上的线剪断，轻轻地将其放回海中。

2. 对于中型到大型（＞30千克）蝠鲼，要将其留在水中，使用脱钩器将钓钩取下，或使用长柄断线钳将渔具尽可能地在靠近钓钩处剪断（最理想的情况是在动物身上留下＜0.5米的线）。

不应当做的：

1. 不要撞击蝠鲼或猛击其任何表面以使其脱去钓线。

2. 不要试图通过拉动支线或使用脱钩器移除深勾在蝠鲼体内或吞入的钓钩。

3. 不要尝试将中型到大型（＞30千克）蝠鲼提上船。

4. 不要剪断尾部。

5. 不要通过其"头叶"或尾部，或将钩子或手插入鳃缝或气门来勾住、拖曳、转移、提起或拉动蝠鲼。

其他建议：

了解到任何捕捞作业都可能捕获到蝠鲼，因此可以预先准备若干工具（例如，用于搬运或提拉的帆布或网索或担架，用于围网渔业中用来遮盖舱口/料斗的大网目网片或网格，延绳钓渔业中的长柄断线钳和脱钩器）。

36. 第 2019 - 06 号　遵守监督机制

中西太平洋渔业委员会（WCPFC）：

根据 WCPFC《公约》：

忆及 WCPFC 为了实现 WCPFC《公约》的目的，已通过了大量的养护与管理措施。

注意到，根据 WCPFC《公约》第 25 条，WCPFC 成员已执行本《公约》条文以及 WCPFC 通过的所有养护与管理措施。

注意到，根据国际法，WCPFC 成员、合作非缔约方及参与领地对其渔船和国民有责任行使有效的管控和管辖措施。

认识到，WCPFC《公约》第 24 条要求 WCPFC 成员采取必要措施，确保悬挂其旗帜的渔船遵守 WCPFC《公约》条文和 WCPFC 依照 WCPFC《公约》所通过的养护与管理措施，以及租船国对作为该国国内船队一部分的租用渔船所承担的义务。

注意到，WCPFC 应当按照负责任、开放、透明和非歧视的态度，获得任何与认定和问责 WCPFC 成员、合作非缔约方及参与领地（合称 CCM）不遵守管理措施有关的信息。

承认 WCPFC《公约》第 30 条要求 WCPFC 充分承认发展中国家，特别是发展中小岛国（SIDS）及领地的特殊需求，包括财务、技术和能力建构协助的条文。

承认执行养护与管理措施 2013 - 07，该措施赋予可操作的、可充分承认 WCPFC《公约》管辖区域 SIDS 和领地的特殊需求，特别是对履行其义务可能需要的协助。

进一步承认执行养护管理措施 2013 - 06，通过适用标准来决定一提案对于 WCPFC《公约》管辖区域 SIDS 和领地的影响性质及程度，以确保其可以履行义务，并确保任何措施不会直接或者间接地给 SIDS 和领地转嫁养护行动的不合比例的负担。

回顾 WCPFC《公约》第 14 条第（1）项 b 款，内容包括技术及纪律分委员会（TCC）有关监控和审查 CCM 遵守 WCPFC 所通过的养护与管理措施以及根据实际情况需要提出建议的特定权力。

认识到 CCM 有效地履行 WCPFC《公约》条文和 WCPFC 所通过的养护与管理措施的责任，以及有必要改善此类履行情况并确保履行这些义务。

回顾第 2 届金枪鱼类区域性渔业管理组织（RFMO）联合会议的建议，该建议要求所有 RF-MO 应当引入健全的遵守审查机制，每年深入审查每一成员的遵守情况。

认识到 WCPFC 通过的监测、管控与侦察（MCS）和执法机制，除此之外，还有 2010 - 06 号"建立推定在中西太平洋从事非法的、不报告的及不受管制的（IUU）捕捞渔船清单"、在线案件申报系统、WCPFC《公约》第 25 条，这些均需考虑个别船只的遵守情况。

依据 WCPFC《公约》第 10 条，通过下列养护与管理措施，建立 WCPFC 遵守监督机制：

第一部分　目的

（1）WCPFC 遵守监督机制（CMS）的目的是确保 WCPFC 成员、合作非缔约方及参与领地（合称 CCM），履行和遵守根据 WCPFC《公约》和 WCPFC 通过的养护与管理措施（CMM）应尽的义务。CMS 的另一目的为评估船旗 CCM 所有渔船是否涉嫌违规，而非按照个别船只来评估其遵守情况。

（2）设计本机制用来：

a. 评估 CCM 对其 WCPFC 义务的履行情况。

b. 认定可能需要的技术协助或者能力建设范围，以协助 CCM 遵守相关规定。

c. 认定为了有效履行而可能需要改进或者修订养护与管理措施的内容。

d. 考虑 CCM 不遵守的原因和程度、严重性、后果和频率，通过一系列可能的改善和/或者预防性选项来回应不遵守情况，以及根据实际需要，适当促进 CCM 遵守养护与管理措施和 WCPFC 的其他义务①。

e. 监控和解决 CCM 不履行其 WCPFC 义务的未决案件。

第二部分　原则

（3）为应用本措施，CMS 的执行和其相关程序应该按以下原则实施：

a. 有效性：有效地达成本 CMM 有关评估 CCM 的遵守情况，以及协助 TCC 实践 WCPFC《公约》第 14 条第（1）项 b 款。

b. 效率：避免将不必要的行政负担或者花费加诸 CCM、WCPFC 或者秘书处，并协助 TCC 认定和建议移除重复的报告义务。

c. 公平性：例如，通过确定明确的义务、预期的绩效，确保持续，并且基于可得信息真实地审查和确保 CCM 获得参与该程序的机会，以确保公平性。

d. 遵守合作：假如条件允许，通过支持、合作和非敌对的方式，包括考虑能力提升的需求或者其他质量改善和纠正行动，以达到确保长期遵守本 CCM 的目标。

第三部分　范围和适用

（4）WCPFC，在 TCC 协助下，应该评估 CCM 对于源自 WCPFC《公约》和 WCPFC 所通过的养护与管理措施义务的遵守情况，并按本部分所述方式认定 CCM 不遵守的情况。

（5）CMS 不得损害任何 CCM 执行其国内法或者根据该 CCM 的国际义务制定国内法采取更严格的措施的权利、管辖权和职责。

（6）一旦 WCPFC 建立并同意以风险为基础的评估方式，WCPFC 应该每年通过该方式更新下一年度应该审查的义务。在该方式建立之前，WCPFC 在考虑下一年度需要审查的义务时，应该考虑下列因素：

a. WCPFC，包括分委员会的需求和优先项目。

b. 高比例未遵守或者 CCM 持续多年未遵守特定义务的证据。

c. 以风险为基础的方式（待建立）认定的额外议题。

d. 当 CCM 未遵守 CMM（或者来自 CMM 的共同义务）时，可能对 WCPFC《公约》或者按照 WCPFC《公约》通过的特定措施的目标构成潜在风险。

（7）WCPFC 应该按第（6）条认定的优先义务对 CCM 前一年度的遵守情况进行评估。这类评估应该按照以下标准制定：

a. 对于 CCM 层级的数量限制或者共同的 CCM 数量限制，如捕捞能力、捕捞努力量或者渔获量的限制，可以查找核实的数据以证明未超过该限额。

b. 对于其他义务：

---

① 按本措施第 46 条（d）所述的认定矫正行动的程序。

ⅰ. 履行：当一项义务适用时，CCM 应该提供信息，显示已按其国内政策和程序通过具有约束力的措施来履行该义务。

ⅱ. 监督和确保遵守：CCM 应该提供信息，显示其具有监督系统或者程序，以便监督船只和人员是否遵守这类具有约束力的措施、具有回应未遵守事件的系统或者程序，并且已对潜在违规情况采取行动。

（8）按本机制准备、发送和讨论遵守信息，应该按保护、散布、存取 WCPFC 汇总的公开和非公开领域数据及信息的有关规则和程序进行。就此而言，遵守监督报告草案和暂定遵守监督报告，不应该属于公开领域的资料，最终版本的遵守监督报告则应该为公开资料。

第四部分　WCPFC 在线遵守案件申报系统

（9）WCPFC 秘书处应该确保 WCPFC 在线遵守案件申报系统是一个安全、可供查询的系统，可以用来储存、管理和公布可得信息，协助 CCM 追踪悬挂其旗帜的船只的涉嫌违规事件。

（10）船旗 CCM 应该针对在线遵守案件申报系统内的每个案件提供以下资料：

a. 是否已开始调查（是/否）？

b. 如果为是，目前调查状态如何（持续进行中/已完成）？

c. 如果涉嫌违规事项来自区域性观察员报告，是否已取得区域性观察员报告（是/否）？

d. 如果为否，已采取哪些步骤以取得区域性观察员报告？

e. 调查结果如何（结案——不违规；违规——不惩处；违规——已惩处）？

ⅰ. 如果不违规，请提供简要说明。

ⅱ. 如果违规但不惩处，请提供简要说明。

ⅲ. 如果违规已惩处，请问如何惩处（例如，处罚/罚款、许可证制裁、口头或者书面警告等）和惩处程度为何（例如，罚款金额、制裁期间等）。

（11）船旗 CCM 应该在在线遵守案件申报系统内提供调查进度的更新信息，直到调查完成为止。

（12）与一案件相关的 CCM 应该获准审查这类悬挂其他旗帜船只的案件。相关的 CCM 应该包括向船旗 CCM 提出该案件的 CCM，如果条件允许，还包括沿海 CCM、区域性观察员计划提供者以及租船 CCM。

（13）当在线遵守案件申报系统输入一案件时，WCPFC 秘书处应该通知相关 CCM。

第五部分　发展中国家的特殊需求

（14）尽管有第（4）条，当 SIDS 或者参与领地或者印度尼西亚或者菲律宾通过评估得出不能履行义务的原因为缺乏能力①时，该 CCM 应该向 WCPFC 秘书处提交能力发展计划和《遵守监督报告草案》（dCMR），其中：

a. 清楚地指出和解释妨碍该 CCM 履行义务的原因。

b. 指出该 CCM 为履行义务所需的能力协助。

c. 估算与协助有关的成本和/或者技术资源，假如条件允许，包括需要的资金和技术协助资源。

d. 假如能够提供认定的所需的协助，设定该 CCM 将能够履行义务的预计时间。

---

① 任何 CCM 可以通过 CMS 认定能力协助需求。然而，第 14 条至第 16 条仅适用本条所指的 CCM。

（15）CCM 应该和 WCPFC 秘书处共同合作起草能力发展计划。该计划应该附上该 CCM 关于《遵守监督报告草案》的评估内容。

（16）当 TCC 承认任一 SIDS 或者参与领地，或者印度尼西亚或者菲律宾的《遵守监督报告草案》所认定的能力协助需求，并且该需求确实阻止该 CCM 履行一特定义务时，TCC 已确定第（14）条中各要点已包括在能力发展计划中时，TCC 应该评定该 CCM 的特定义务为"需要能力协助"。TCC 应该建议 WCPFC 允许能力发展计划运作到规定的预计时间结束，并且能力协助已提供。

（17）该 CCM 每年应该在其年度报告第 2 部分报告其能力发展计划的进展，直到该计划预计时间结束为止，该 CCM 的特定义务仍将被评定为"需要能力协助"。

（18）当能力发展计划中认定由 WCPFC 协助该 CCM，则 WCPFC 秘书处应该向 TCC 提交这类协助的年度报告。

（19）假如一 CCM 通知 WCPFC 已获得所需的能力协助，适用该能力发展计划的义务应该视为完成，该 CCM 对该义务的遵守情况应该按照附件 1 标准进行评估。

（20）除非 SIDS 或者参与领地或者印度尼西亚或者菲律宾修订按照第（16）条在 dCMR 中提出的"能力发展计划"，并且 TCC 已确认内容包含第（14）条所述的所有要点，否则当原计划时间到期后，该 CCM 对该义务的履行情况应该按照附件 1 标准进行评估。

（21）WCPFC 承认发展中 CCM 国家，特别是 SIDS 和参与领地的特殊需求，并主动地寻求与这些 CCM 接洽和合作，以便促进其有效履行本机制，包括：

a. 确保提供建议和协助这些 CCM 的政府间分区域组织可以通过参加本机制所建立的程序，包括以观察员身份参加任何工作小组，并按照 WCPFC 议事规则第 36 条的规定参与，以及获取所有相关信息。

b. 为了改善 WCPFC 根据 WCPFC《公约》所制订的养护与管理措施的遵守情况和履行义务的情况，可以提供适当的协助，包括考虑能力建设和技术协助等。

第六部分　TCC 年会召开之前

（22）执行秘书在 TCC 年会召开前，应该准备 dCMR，其中包括每一 CCM 的 dCMR，以及与 WCPFC《公约》或者 WCPFC《公约》所管理渔业活动有关的养护与管理措施共同义务的章节。

（23）每一 dCMR 应该反映有关 CCM 履行第（6）条所述义务的信息，以及假如条件允许，还应该包括所有潜在的遵守情况的议题。这类信息应该由 CCM 根据养护与管理措施从其他 WCPFC 要求提交的报告中获得，例如：

a. 经由信息收集计划，包括但不限于公海转载报告、区域性观察员计划数据和信息、渔船监控系统信息、公海登临与检查机制报告和租船通报所得到的信息。

b. 年度报告中所涵盖并且无法以其他方式获得的信息。

c. 假如条件允许，还应该包括前一年度有关遵守情况的所有信息。

（24）《遵守监督报告草案》应该呈现每一 CCM 履行义务的信息，供 TCC 审查其履行情况。

（25）执行秘书应该每年在 TCC 年会召开前至少 55 天给每一 CCM 传送 dCMR。

（26）同时，执行秘书应该从在线遵守案件申报系统中取得并发送给：

a. 每一船旗 CCM，认定在线遵守案件申报系统中上一年该船旗国涉嫌违规的情况并传送给该船旗 CCM，以便该 CCM 审查其 dCMR。按照第（12）条的描述，也应该提供给相关 CCM 同样的信息。

b. 所有 CCM，每年应根据第（10）条的要求，结合前 5 年报告的所有船队的信息进行汇总，提交汇总报告。附件 2 中的模板包括了基础数据，这些数据将用来作为评估 CCM 履行义务的指标，期望能认定该 CCM 在执行过程中存在的困难，并提供针对性的协助。TCC 应该将该信息连同《遵守监督报告草案》一并考虑。

（27）每一 CCM 收到其《遵守监督报告草案》后，假如条件允许，可以在每年 TCC 年会召开 28 天前回复执行秘书，以：

a. 根据其《遵守监督报告草案》包含的信息，提供额外信息、说明、修订或者更正。

b. 确定关于履行任何义务的任何特别困难。

c. 确定所需的技术协助或者能力，来协助该 CCM 履行义务。

（28）相关 CCM 可以持续在在线遵守案件申报系统内提交额外信息或者说明。这类额外信息或者说明应该在 TCC 年会召开前至少 15 天提供，执行秘书应该使用通函将第（26）条所指的更新版本文件告知所有相关 CCM。

（29）为协助履行第（27）条和第（28）条义务，WCPFC 鼓励船旗和其他相关 CCM 主动接洽并寻求合作。

（30）执行秘书应该至少在 TCC 年会召开前 15 天，按照 WCPFC 同意的格式进行汇总，并且以通函通知所有 CCM，包括任何潜在的遵守情况问题，评估有关 CCM 遵守状态需要更多的信息，以及按照本措施第（28）条所提供的信息完整的《遵守监督报告草案》。

（31）TCC 应该按照《遵守监督报告草案》中所含信息，以及 CCM 按照本措施第（27）条所提供的信息审查《遵守监督报告草案》，并确定各 CCM 所有潜在的遵守情况问题。CCM 也应提供与履行其义务相关的额外信息给 TCC。

第七部分 于 TCC 年会时编写临时遵守监督报告

（32）

a. 考虑到根据第 14～16 条制订的任何能力发展计划、第（26）b 款所述的汇总报告和其他信息、CCM 提供的任何附加信息，以及在适当情况下，为实施 WCPFC《公约》非政府组织或其他与以下事项有关的组织提供的任何附加信息，TCC 应编制一份《临时遵守监督报告》（临时报告），其中应包括所有适用的义务的履行情况，以及对 CCM 需要采取的任何纠正措施或 WCPFC 将采取的措施的建议，根据其已确定的与 CCM 相关的潜在遵守问题，并使用本措施附件 1 中规定的评估遵守情况的标准和考虑因素。

b. 在编写临时报告时，TCC 不应评估个别船只的遵守情况。

（33）在审议第（26）b 款所述的汇总报告时，连同报告草稿一起审议，并在确定 CCM 存在执行方面的问题时，TCC 应与 CCM 协商：

a. 确定应对问题可能需要的任何有针对性的援助。

b. 确定解决问题的时间表。

c. 向 WCPFC 报告 CCM 如何能够令人满意地履行其义务。

d. 如果 CCM 是发展中小岛国家或参与领土或印度尼西亚或菲律宾，应适用本措施第五部分。

（34）在审议第（26）条 b 款所述的汇总报告以及报告草稿时，如果在线遵守案件申报系统中的案例已存在两年或两年以上，还没有定论，且不受第（33）条的约束，则 TCC 应与 CCM 协商：

a. 确定改进或解决这些案件需要什么。

b. 确定案件解决的时限。

c. 向 WCPFC 报告 CCM 如何能够令人满意地履行其义务。

（35）临时评估每个 CCM 的遵守情况应以一致通过的方式决定。如果经过一切努力，就一个特定的 CCM 履行其义务情况未能达成一致，临时报告中应表明绝大多数和少数 CCM 的观点。临时评估应当反映大多数 CCM 的观点，少数 CCM 的观点也要被记录下来。

（36）尽管有以上第（35）条，如果所有其他 CCM 同意了评估结果，CCM 不能不接受对自己的遵守情况的评估结果。如果 CCM 不同意评估结果，其观点应当反映在临时或最终的遵守监督报告中。

（37）当一 CCM 错过报告截止期限①，但已提交所要求的信息时，那么 TCC 将认定这种行为是符合义务要求的，除非该 CCM 有需要特别关注的情况，或者 WCPFC 秘书处按照收到的新信息做出相关情况的更新。

（38）临时报告内容也应该包含执行摘要，以及含有第（10）条中提出的相关信息的汇总数据的表格（模板见附件3），包括 TCC 对下列内容的建议或者观察：

a. 确定任何应当被审查的 CMM 或者义务，包括被认定的所有特定修改或者改善，来处理 CCM 在履行其义务时遇到的困难，尤其是当 TCC 已认定的措施或者义务在诠释上有模糊之处，或者难以监督或者执行时。

b. CCM，特别是发展中小岛国成员和参与领地，所指出的能力建设需求或者其他执行的障碍。

c. 通过以风险为基础的评估方式来审查后续年度将优先审查的义务（一旦以风险为基础的评估方式建立）。

（39）临时报告应该在 TCC 上定稿，并提交给 WCPFC 年会供 WCPFC 讨论。

（40）CCM 需要在 TCC 年会召开后 21 天内提供额外信息。这些额外信息仅限于秘书处用来填补 CCM 空缺信息能填补。本条不适用于实质议题。TCC 应该考虑 CCM 是否通过提交额外信息履行了其义务。

（41）WCPFC 秘书处应在提交额外信息截止日期后 21 天，根据第（40）条所述的 CCM 提供的额外信息，更新 CCM 的遵守状态。这些更新的摘要应连同 pCMR 一起提交给 WCPFC 进行审议。

第八部分　年会期间流程

（42）每年 WCPFC 年会召开期间，WCPFC 应该考虑 TCC 所建议的临时报告，以及 CCM 所提交的有关 TCC 在审查该 CCM 的特定义务时以不公开方式认定该 CCM 的任何意见。

（43）TCC 年会召开之后考虑按照第（42）条中提及的情况进行审查，WCPFC 应该通过最终版本的遵守监督报告。

---

① 为达到本机制的目的，所有报告的截止期限将根据世界标准时间（UTC），除非该 CMM 另外设立特定的截止期限。

（44）最终版本的遵守监督报告应该包含每一 CCM 对每一审查义务和任何需要纠正行动的遵守状态，并且包括执行摘要来说明 WCPFC 对于本措施第（38）条所列议题，以及含有第（10）条中提出的相关信息的汇总数据的表格的所有建议或者观察情况。

（45）每一 CCM 应该在其年度报告第 2 部分中包含对所有历年遵守监督报告中认定的未遵守情况所采取的行动。

第九部分　未来工作

（46）WCPFC 谨此承诺进行多年期的工作计划任务来强化 CMS，目标是通过简化程序提高本机制的效率和效力。本工作计划应当包括建立支持遵守监督机制执行的指南和操作程序，除此之外，还应该包括：

2020 年间

a. 建立稽核点以阐明 WCPFC 根据 CMS 负有的责任，并确定供所有提案支持者使用的核对清单，包括供 WCPFC 考虑的潜在稽核点清单。

b. 寻找便于改善遵守案件申报系统可能的技术解决方案的投资。

2020—2021 年

a. 建立以风险为基础的审查架构，以报告遵守情况的评估结果，确保义务与 WCPFC 的目标相符。

b. 制订纠正措施，在发现 CCM 不遵守时，鼓励和激励其遵守 WCPFC 的规定。

c. 制订以观察员身份参加 WCPFC 及其附属机构审议遵守监督报告的非公开会议的指南。

（47）TCC 应该考虑所有工作计划和资源需求，来协助 WCPFC 秘书处在此议题方面的工作。

第十部分　适用和审查

（48）根据"第九部分　未来工作"的进展情况，或其他必要的改进和调整，可以在 2020 年审查和改进这一措施。

（49）本措施将于 2021 年 12 月 31 日到期。

附件 1

详细内容见附表 1-1。

附表 1-1　遵守情况表

遵守情况①	2019 标准 临时标准	标准 稽核点确定后	回应
遵守	假如都符合下列准则，那么 CCM 将被视为遵守： a. 在期限内提交资料或者进行报告 b. 通过国内法或者规定履行义务 c. 通过经过同意的格式，假如条件允许，提交所有要求的必要信息或数据	符合稽核点标准	不
不遵守	假如发生下列任何一种情况，CCM 应该被视为不遵守： a. 一 CCM 未能遵守一项义务或者未明确归类为显著不遵守状态的义务 b. 针对提交信息或者数据的义务，提交不完整或者不正确的信息或者数据 c. 当 TCC 不认为能力发展计划或者船旗 CCM 调查有进展，或者使用错误格式时 d. CCM 未在规定期限内提交数据或者进行报告	未符合稽核点标准	每一 CCM 应该在其年度报告第 2 部分说明其所采取处理遵守监督报告认定不遵守的任何行动 行动包括下列任一或者多项内容： a. CCM 必须处理该议题以便在下次遵守情况评估时能够遵守 b. CCM 应该给秘书处提交遵守情况报告 c. WCPFC 所决定的其他需回应的内容
显著不遵守	假如发生下列任一情况，CCM 应该被视为显著不遵守： a. 超过 WCPFC 制订的渔获量或者捕捞努力量限制 b. 未提交年度报告第 2 部分 c. 连续两年或者以上经评估为持续不遵守一项义务 d. WCPFC 认定为显著不遵守的任何其他不遵守情况	a. 不遵守高风险的优先义务和相关稽核点 b. 屡次不遵守一项义务连续两年或者两年以上 c. 任何其他 WCPFC 认定的显著不遵守	每一 CCM 应该在其年度报告第 2 部分说明其为遵守监督报告认定不遵守所采取的任何行动 行动包括下列任一或者多项内容： a. CCM 必须处理该议题以便在下次遵守情况评估时遵守 b. WCPFC 所决定的其他需回应的内容
需要的能力协助	当 SIDS 或者参与领地或者印度尼西亚或者菲律宾不能履行一项义务，并且发生以下情况时，将被视为需要能力协助： a. 该 CCM 已在 TCC 年会召开前连同其 dCMR 提交能力建设计划给 WCPFC 秘书处 b. TCC 确认该计划包含第（14）条的所有要点	当 SIDS 或者参与领地或者印度尼西亚或者菲律宾因缺乏能力而不能履行所评估的义务时，该 CCM 应该在 TCC 年会召开前，将能力发展计划和遵守监督报告草案提交给秘书处	a. 该 CCM 应该完成针对该义务的能力发展计划以履行该义务 b. 每年在年度报告第 2 部分报告该计划的进展，直至该计划结束
养护与管理措施审查	义务的要求不够明确	义务的要求不够明确	WCPFC 应该审视该义务并阐明其要求

① 本附件适用于每一条义务的遵守情况。

附件 2

第（26）条 b 项所述汇总报告的两个部分的模板

A 部分：与 WCPFC 在线遵守案件申报系统[①]**中的每个列表相关的汇总表模板**

汇总表源自在线遵守案件申报系统，旨在按 CCM 对在线遵守案件申报系统中的遵守案件的响应主题提供摘要。

附件（1）

船旗 CCM 对第（26）条 b 项在 WCPFC 在线遵守案件申报系统中通知的要求调查的响应汇总表（数据基于公海登临检查报告、空中监视或港口检查报告以及区域性观察员安全事故报告）。

附表 2-1 根据调查情况，CCM 对所有第（26）条 b 项所列案件进行调查的数量

		通知的船旗 CCM	船旗 CCM 调查已完成				遵守案件总数
			违规-不处罚	违规-处罚	违规-警告	未违规	
CCMxx	年份 2017						
	年份 2018						
⋮	⋮						

附表 2-2 第 26 条 b 项按主题[*]和 CCM 分类的涉嫌违规情况汇总表，按调查状态显示案件数量

		通知的船旗 CCM	船旗 CCM 调查已完成				遵守案件总数
			违规-不处罚	违规-处罚	违规-警告	未违规	
CMM/CMM 第 A 段	年份 2017	CCMxx					
		CCMxy					
	年份 2018	CCMxx					
⋮	⋮	⋮					

* 例如，与兼捕渔获物相关、渔船相关，以及 VMS 报告和其他。

附件（2）

基于 ROP 数据的 WCPFC 在线遵守案例申报系统中通知的 FAD 作业涉嫌违规的船旗 CCM 响应汇总表，包括 ROP 数据表明在特定时间段内和/或在 WCPFC《公约》区域特定水域内 FAD 作业的案件，当时对 FAD 作业的禁令已生效。

附表 2-3 所有的 FAD 作业次数中由 CCM 按年度列出的涉嫌违规案件数，按调查进展情况列出的案件数和收到区域性观察员报告的案件数

		通知船旗 CCM	船旗 CCM 正在调查	船旗 CCM 调查已完成	遵守案例总数	接收到的 ROP 观察员报告的案件数
CCMxx	年份 2017					

---

① 更新 WCPFC-TCC15-2019-dCMR02_rev1 2019 年（2019 年 9 月 17 日）在 WCPFC 在线遵守案例申报系统中通知的涉嫌违规行为的船旗 CCM 响应汇总表。

（续）

		通知船旗 CCM	船旗 CCM 正在调查	船旗 CCM 调查已完成	遵守案例总数	接收到的 ROP 观察员报告的案件数
	年份 2018					
⋮	⋮					

附表 2 - 4　按主题* 和 CCM 分类的禁止使用 FAD 捕捞热带金枪鱼涉嫌违规汇总表，按调查进展情况显示案件数

		通知船旗 CCM	船旗 CCM 正在调查	船旗 CCM 调查已完成				遵守案件总数
				违规-不处罚	违规-处罚	违规-警告	未违规	
年份 2017	CCMxx							
	CCMxy							
⋮	⋮							

注：* 例如，3 个月的 FAD 禁渔期（7 月 1 日至 9 月 30 日）、第 4 个月的 FAD 禁渔期（10 月 1 日至 31 日）、公海 FAD 禁渔。

附件（3）

基于 ROP 数据的 WCPFC 在线遵守案件申报系统中通知的船旗 CCM 对涉嫌妨碍区域性观察员的违规行为的响应汇总表，包括 ROP 数据中报告妨碍区域性观察员事件的情况。

附表 2 - 5　CCM 按年度列出的所有涉嫌妨碍区域性观察员的违规行为案件数，显示按调查进展情况列出的案件数和收到区域性观察员报告的案件数

		通知船旗 CCM	船旗 CCM 正在调查	船旗 CCM 调查已完成	遵守案件总数	接收到的 ROP 观察员报告的案件数
CCMA	年份 2017					
	年份 2018					
⋮	⋮					

附表 2 - 6　按主题* 和 CCM 分类的涉嫌妨碍区域性观察员的违规行为汇总表，按调查进展情况显示案件数

		通知船旗 CCM	船旗 CCM 正在调查	船旗 CCM 调查已完成				遵守案件总数
				违规-不处罚	违规-处罚	违规-警告	未违规	
年份 2017	CCMxx							
	CCMxy							
⋮	⋮							

注：* 例如，3 个月的 FAD 禁渔期（7 月 1 日至 9 月 30 日）、第 4 个月的 FAD 禁渔期（10 月 1—31 日）公海 FAD 禁渔。

RS - A：经营人员或任何船员是否攻击、妨碍、抵抗、延迟、拒绝登船、恐吓或干扰区域性观察员履行其职责。

RS - B：要求区域性观察员不报告的事件。

RS - D：在船上时，经营人是否没有向区域性观察员或区域性观察员派出机构免费提供相当于干部船员标准的食物，合理的标准的住宿和医疗设施。

附件（4）

基于 ROP 数据的 WCPFC 在线遵守案件申报系统中，船旗 CCM 对涉嫌违规捕捞鲨鱼行为的回复汇总表，包括 ROP 数据指出的船只部分或全部保留禁止捕捞的鲨鱼的案件，或可能指出割鲨鱼的鱼翅活动的主要的代码的案件。

附表 2-7 CCM 按年度列出的所有涉嫌违规捕捞鲨鱼案件的数量，显示按调查进展情况列出的案件数和收到区域性观察员报告的案件数

		通知船旗 CCM	船旗 CCM 正在调查	船旗 CCM 调查已完成	遵守案件总数	接收到的区域性观察员报告的案件数
CCMxx	年份 2017					
	年份 2018					
⋮	⋮					

附表 2-8 按主题、按 CCM 和年度列出的涉嫌违规捕捞鲨鱼案件的汇总表，按调查进展情况显示案件数

		通知船旗 CCM	船旗 CCM 正在调查	船旗 CCM 调查已完成				遵守案件总数
				违规-不处罚	违规-处罚	违规-警告	未违规	
年份 2017	CCMxx							
	CCMxy							
⋮	⋮							

注：

CMM 2010-07、09：CCM 应采取必要措施，禁止其渔船在违反本《养护与管理措施》(CMM) 的情况下保留、转载、卸岸或交易任何捕获的鲨鱼的鱼翅。

CMM 2011-04：①各成员、合作非缔约方及参与领土（合称 CCM）应禁止悬挂其旗帜的船只和根据租船协议向 CCM 提供的船只在 WCPFC《公约》所管辖的渔业中全部或部分保留在船上、转载、储存在渔船上或卸岸任何长鳍真鲨。②CCM 应要求所有悬挂其旗帜的船只和根据租船安排的船只在鲨鱼被拉到船舷后尽快释放任何捕获的长鳍真鲨，并以对长鳍真鲨造成伤害尽可能小的方式释放。

CMM 2013-08：①委员会成员、合作缔约方及参与领土（合称 CCM）应禁止悬挂其旗帜的船只和根据租船协议向 CCM 提供的船只在 WCPFC《公约》所管辖的渔业中全部或部分保留在船上、转载、储存在渔船上或卸岸任何捕获的全部或部分镰状真鲨。②CCM 应要求所有悬挂其旗帜的船只和根据租船安排的船只当镰状真鲨被拉到船舷边时尽快释放，并以对镰状真鲨造成尽可能小的伤害的方式释放。

附件（5）

基于 ROP 数据的 WCPFC 在线遵守案件申报系统中通报的船旗 CCM 对鲸目动物和鲸鲨涉嫌国际违规的回应汇总表。包括 ROP 数据表明一艘围网渔船与个别鲸目动物或鲸鲨之间在一个航次中发生一次或多次相互作用的案件（由于情况是按个别物种和重要代码划分的，每次观察到的航次中可能有多个案件）。

WCPFC 的相关要求包括：如果在投网开始前发现鲸鲨或鲸目动物，禁止围网渔船放网；要求报告任何意外围网事件；安全释放指南。

附表 2-9 按 CCM、按年度列出的所有围网涉嫌违规对鲸鲨下网的案件数，显示按调查进展情况列出的案件数和收到区域性观察员报告的案件数

		通知船旗 CCM	船旗 CCM 正在调查	船旗 CCM 调查已完成	遵守案件总数	接收到的区域性观察员报告的案件数
CCMxx	年份 2017					
	年份 2018					
⋮	⋮					

附表 2-10　按主题和 CCM 分类的涉嫌围网违规作业的汇总表，按调查进展情况显示案件数量

		通知船旗 CCM	船旗 CCM 正在调查	船旗 CCM 调查已完成				遵守案件总数
				违规-不处罚	违规-处罚	违规-警告	未违规	
年份 2017	CCMxx							
	CCMxy							
⋮	⋮							

注：

CMM 2011-03：如果在围网开始放网前发现鲸目动物，CCM 应禁止悬挂其旗帜的船只在 WCPFC《公约》管辖区域的公海和专属经济区内针对与鲸目动物依附的金枪鱼群投放围网。

CMM 2012-04：本措施适用于 WCPFC《公约》管辖区域的公海和专属经济区。如果在围网开始放网前发现鲸目动物，CCM 应禁止悬挂其旗帜的船只针对与鲸目动物依附的金枪鱼群投放围网。

附件（6）

附表 2-11　目前在 WCPFC 在线遵守案件申报系统中接到区域性观察员通知的船旗 CCM 对该通知问题响应汇总表（妨碍区域性观察员的违规除外）

		通知船旗 CCM	船旗 CCM 正在调查	船旗 CCM 调查已完成				遵守案件总数
				违规-不处罚	违规-处罚	违规-警告	未违规	
预通知代码	年份							
⋮	⋮							

注：① 该表应包括向所有 CCM 通知的汇总数据（妨碍区域性观察员的违规除外），这些数据是由一名区域性观察员在 WCPFC 区域性观察员观测航次监测摘要中以肯定的方式回答的，或者包含在 SPC/FFA 通用表 3 中。

② WCPFC14 接受 TCC13 的建议，即在未来几年内，除了与区域性观察员干扰或阻挠有关的情况外，不考虑 ROP 预先通知清单所载信息，以评估与之相关的任何义务（WCPFC14 最终 CMR）。

③ WCPFC ROP 预先通知代码：

LC-A：在渔捞日志中不准确地记录保留的"目标物种"。

LC-B：不准确地记录"目标物种"的丢弃。

LC-C：记录物种不准确。

LC-E：不准确地记录兼捕渔获物物种的丢弃。

LC-F：不准确地记录保留的兼捕渔获物物种。

LP-A：在渔捞日志中不准确地记录投网、起网和渔获物的船位。

WC-b：高估渔获量。

SI-b：相互作用（未与 SSI 一起卸岸）。

WC-a：未遵守 WCPFC 的任何养护与管理措施。

NR-a：在任何不允许渔船捕捞的区域捕捞。

NR-c：在该渔船上使用了未经许可的设计或渔法。

NR-e：转载或从其他船上转入或转出渔获物。

NR-g：在进入船只无权捕鱼的区域时未收起渔具。

LP-b：在进出专属经济区（穿越专属经济区或从专属经济区进入公海，或从公海进入专属经济区）时未向要求报告船位的国家报告船位。

PN-a：处置任何金属、塑料、化学品或旧渔具。

PN‐b：排放任何油料。

PN‐c：丢失任何渔具。

PN‐d：丢弃任何渔具。

PN‐e：未报告任何丢弃的渔具。

SS‐a：未监听国际安全频率。

B 部分：在 WCPFC 在线遵守案件申报系统中与每个 CCM 相关的汇总表模板

汇总表源自在线遵守案件申报系统，旨在提供每个船旗 CCM 对在线遵守案件申报系统中的遵守案件的响应摘要。

附表 2 - 12　CCMxx

遵守案件申报系统中所有涉嫌违规案件的年度数量，按状态显示每个 CCM 的案件数，并在适用情况下显示收到区域性观察员报告的案件数

		通知船旗 CCM	船旗 CCM 正在调查	船旗 CCM 调查已完成	遵守案件总数	接收到的区域性观察员报告的案件数
FAI	年份 2017					
	年份 2018					
⋮	⋮					

注：

A25：第 25 条（2）款。

FAI：涉嫌 FAD 违规作业。

SHK：涉嫌捕捞鲨鱼。

CWS：涉嫌与鲸目动物与鲸鲨相互作用。OAI：涉嫌妨碍区域性观察员。

附表 2 - 13　基于 ROP 数据的 WCPFC 在线遵守案件申报系统中通知的遵守案件的船旗 CCM 响应汇总表

		通知船旗 CCM	船旗 CCM 正在调查	船旗 CCM 调查已完成				遵守案件总数
				违规-不处罚	违规-处罚	违规-警告	未违规	
CMM/CMM 第 A 段	年份 2017							
	年份 2018							
⋮	⋮							

附表 2 - 14　WCPFC 在线遵守案件申报系统中通知的第（26）条 b 项调查请求的船旗 CCM 响应汇总表

		通知船旗 CCM	船旗 CCM 正在调查	船旗 CCM 调查已完成				遵守案件总数
				违规-不处罚	违规-处罚	违规-警告	未违规	
CMM/CMM 第 A 段	年份 2017							
	年份 2018							
⋮	⋮							

附件 3

附加到临时 CMR 的汇总表模板［注：汇总表是以前报告中的汇总表，包括按义务（非 CCM）列出的汇总表。包括以下信息：已通知的船旗 CCM；船旗 CCM 正在进行的调查；船旗 CCM 已完成的调查（包括违规-未制裁、违规-制裁、违规-警告、未违规）；总计］

附表 3-1　所有涉嫌违规案件数，根据每年的区域性观察员报告的数据，显示按调查状况和收到区域性观察员报告的案件数

		通知船旗 CCM	船旗 CCM 正在调查	船旗 CCM 调查已完成	遵守案件总数	接收到的区域性观察员报告的案件数
年份 2015	FAI					
年份 2016						
⋮	⋮					

注：

FAI：涉嫌 FAD 作业违规。

OAI：涉嫌妨碍区域性观察员。

SHK：涉嫌违规捕捞鲨鱼。

CWS：涉嫌与鲸目动物和鲸鲨相互作用。

附表 3-2　船旗 CCM 对作为第（26）条 b 项事项通知 WCPFC 的涉嫌违规行为的调查结果汇总表，或按 CMM/义务分组的区域性观察员数据，以及按年度、调查状态显示的案件数量汇总表

		通知船旗 CCM	船旗 CCM 正在调查	船旗 CCM 调查已完成				遵守案件总数
				违规-不处罚	违规-处罚	违规-警告	未违规	
CMM/CMM 第 A 段	年份 2017							
	年份 2018							
⋮	⋮							

注：为了便于阅读，CMM/义务分组可以用类似主题的表格表示。例如，FAD 的违规作业、兼捕渔获物违规、妨碍区域性观察员和安全事故、与渔船相关、VMS 报告、其他。

37. 第 2019 - 07[①] 号　建立中西太平洋从事非法的、不报告的及不受管制的捕捞渔船名单

中西太平洋渔业委员会（WCPFC）：

回顾 FAO 理事会于 2001 年 6 月 23 日通过了《预防、制止和消除非法的、不报告的及不受管制的捕捞国际行动计划》（IPOA - IUU）。该计划规定对进行非法的、不报告的及不受管制的（IUU）捕捞的渔船的认定应遵循商定的程序，并以公平、透明和非歧视的方式应用。

关注 WCPFC《公约》管辖区域内 IUU 捕捞损害 WCPFC 所通过的养护与管理措施的有效性。

进一步关注参与此类捕捞活动的船东有可能重新改换其船旗，以避免遵守 WCPFC 所通过养护与管理措施。

决定通过对渔船采取措施应对 IUU 捕捞增加的挑战，但不影响根据 WCPFC 相关文件对 CCM 和非 CCM 采取的进一步措施。

考虑到，其他区域性金枪鱼渔业组织应对这一问题所采取的行动。

意识到，有必要优先应对进行 IUU 捕捞渔船的问题。

注意到，必须根据所有相关国际渔业文件及其他包括根据世界贸易组织（WTO）协定确立的权利和义务在内的国际义务，开展预防、阻止及消除 IUU 捕捞的工作。

回顾关于 WCPFC 成员的义务、遵守及执行规定的 WCPFC《公约》的第 23 条和第 25 条。

根据 WCPFC《公约》第 10 条，采取以下养护与管理措施：

IUU 捕捞的认定

（1）每次年会上，WCPFC 将认定那些在 WCPFC《公约》管辖区域内以损害 WCPFC《公约》和现行 WCPFC 措施有效性的方式参与 WCPFC《公约》所管理物种捕捞活动的渔船，并应根据本养护措施中规定的程序和标准建立此类渔船的名单（IUU 渔船名单），必要时应在随后几年内进行修订。

（2）该认定应适当地记录，尤其是来自委员会成员、合作非缔约方及参与领地（合称 CCM）与 WCPFC 现行养护措施有关的报告，依据相关贸易统计获得的贸易信息，如 FAO 数据、统计文件和其他国家或国际可核查的统计数据，以及从港口国获得和/或从渔场收集的任何其他适当的记录信息。来自 CCM 的信息应以 WCPFC 批准的格式提供。

（3）就本养护措施而言，渔船捕捞 WCPFC《公约》所管理物种即被认定为已在 WCPFC《公约》管辖区域内进行 IPOA 中所描述的 IUU 捕捞，在 WCPFC《公约》管辖区域内，当 CCM 出示此类渔船相关的适当的记录信息时，尤其是：

a. 在 WCPFC《公约》管辖区域内，捕捞了 WCPFC《公约》所管理物种，这些捕捞渔船既不在 WCPFC 批准的渔船记录中，也不是仅在其船旗国管辖的水域内捕捞的渔船。

b. 未经沿海国许可或违反其法律法规，在该国管辖水域内进行捕捞活动。

c. 未按照 WCPFC 养护措施记录或报告其在 WCPFC《公约》管辖区域内的渔获量，或做出

---

① 本 CMM 修订并替代 CMM 2010 - 06。

虚假报告。

d. 以损害 WCPFC 养护措施的方式捕捞或将小于正常尺寸的渔获物卸岸。

e. 在禁渔期或禁渔区内以损害 WCPFC 养护措施的方式捕捞。

f. 以损害 WCPFC 养护措施的方式使用违禁渔具。

g. 与 IUU 渔船名单内的渔船进行转载、联合作业、支持或补给。

h. 无国籍且在 WCPFC《公约》管辖区域内捕捞 WCPFC《公约》所管理的物种。

i. 参与损害 WCPFC《公约》规定或任何其他 WCPFC 养护措施的任何其他捕捞活动。

j. 受 IUU 渔船名单上任何渔船的所有人控制（适用于本条的程序见附件 1）。

涉嫌 IUU 捕捞信息

（4）CCM 应至少在技术及法律委员会（TCC）年会召开前 70 天，将其本年度或上一年在 WCPFC《公约》管辖区域内被认定进行 IUU 捕捞的渔船名单转交给执行秘书，并附上如第（2）条所提供的有关此 IUU 捕捞认定的适当的记录信息。

（5）在将推定的 IUU 渔船名单转交给执行秘书之前或同时，CCM 应直接或通过执行秘书将有关渔船列入该名单的情况通知相关船旗国，并提供相关适当记录信息的副本。船旗国应立即确认收到通知。如果在发送日起 10 天内未收到确认，CCM 应通过另一种通信方式重新发送该通知。

WCPFC IUU 渔船名单草案

（6）执行秘书应拟订一份 IUU 渔船名单草案，其中应包括根据第（4）条收到的渔船名单和适当的记录信息，以及执行秘书可支配的任何其他适当的记录信息，并在 TCC 年会召开前至少 55 天，将其连同所提供的所有佐证材料一起传送给所有 CCM 以及有渔船被列入名单的非 CCM。

（7）执行秘书应要求在 IUU 渔船名单草案中有渔船的每个 CCM 和非 CCM 通知渔船所有人将其渔船列入该名单的情况和将其确认纳入 IUU 渔船名单的后果。

（8）在收到 IUU 渔船名单草案后，CCM 应当密切监视该名单中的渔船，以便追踪其活动以及船名、船旗或注册所有人的可能变动。

（9）有渔船被列入名单的 CCM 和非 CCM 应酌情在 TCC 年会召开前至少 10 天将其意见传送给执行秘书，包括适当的记录信息，以表明渔船是以与 WCPFC《公约》养护措施或在某国管辖范围内的水域中捕捞时与该国的法律法规一致的方式捕捞，或仅捕捞 WCPFC《公约》未管理的物种。

（10）执行秘书应在 TCC 年会召开前至少 7 天，将有关 IUU 渔船名单草案再次发送给有关的 CCM 和非 CCM，以及根据上述第（4）条和第（9）条提供的所有适当记录信息。

（11）CCM 和非 CCM 可以随时将有关 IUU 渔船名单草案中任何渔船的任何其他适当记录信息提交给执行秘书。执行秘书应在收到此类补充材料后立即将其发送给所有有关的 CCM 和非 CCM。

临时的和当前的 IUU 渔船名单

（12）上一年通过的 WCPFC IUU 渔船名单，以及有关该名单的任何新的适当记录信息，包括闭会期间的修正案，均应与 IUU 渔船名单草案和第（6）条中概述的信息一起发送给相关的 CCM 和非 CCM。

（13）在当前 WCPFC IUU 渔船名单上有渔船的 CCM 和非 CCM 应当在 TCC 年会召开前至

少 30 天发送，但可以随时向执行秘书提交有关当前 WCPFC IUU 渔船名单上任何渔船的适当记录信息。适当时，包括第（25）条提供的适当记录信息。执行秘书应在 TCC 年会召开前两周向有关 CCM 和非 CCM 再次发送当前的 WCPFC IUU 渔船名单，以及根据第（12）条和本条提供的所有信息。

（14）TCC 在其年会上应：

a. 在考虑了 IUU 渔船名单草案和根据第（6）条、第（10）条、第（11）条所发送的适当记录信息后，通过临时 IUU 渔船名单。

b. 在考虑了当前 WCPFC IUU 渔船名单和根据第（12）条和第（13）条所发送的适当记录信息后，如果有的话，向 WCPFC 建议应从当前的 WCPFC IUU 渔船名单中移除的渔船。

（15）如果渔船的船旗国表明以下情况，则 TCC 不应将该船列入临时 IUU 渔船名单：

a. 渔船是以与 WCPFC《公约》养护措施或在某国管辖范围内的水域中捕捞时与该国的法律法规一致的方式捕捞，或仅捕捞 WCPFC《公约》未管理的物种。

b. 针对上述有疑问的 IUU 捕捞已采取有效行动。尤其是，例如，起诉或采取适当严厉的制裁。

c. 有关进行 IUU 捕捞的渔船的案件处理，最初提交该渔船列入名单的 CCM 和所涉船旗国已表示满意。

（16）如果发出通知的 CCM 不遵守第（5）条规定，则 TCC 不应将渔船列入临时 IUU 渔船名单。

（17）只有当船旗国向执行秘书提交本措施第（25）条提供的信息，TCC 才建议将其从当前的 WCPFC IUU 渔船名单中移除。

（18）在第（14）条中提到的审查后，TCC 应将临时 IUU 渔船名单提交 WCPFC 审议，并酌情提出对当前的 WCPFC IUU 渔船名单进行变更的提案。

（19）IUU 渔船名单草案，临时 IUU 渔船名单和 WCPFC IUU 渔船名单应包含每艘渔船的以下详细信息：

a. 船名和之前的船名，如果有的话。

b. 船旗和之前的船旗，如果有的话。

c. 船东和之前的船东，包括受益船东。

d. 渔船经营者及以往的经营者，如果有的话。

e. 进行 IUU 捕捞时的船长，以及船长的国籍。

f. 呼号和之前的呼号，如果有的话。

g. 劳氏登记号码/国际海事组织船舶识别号码。

h. 照片，如果有的话。

i. 首次列入 IUU 渔船名单的日期。

j. 证明有理由将该渔船列入 IUU 渔船名单的活动概要，及所有证明这些活动的相关文件。

WCPFC IUU 渔船名单

（20）WCPFC 应在其年会上审查临时 IUU 渔船名单，并考虑到与临时 IUU 渔船名单上的渔船有关的任何新的适当记录信息，以及根据以上第（18）条提出的修订当前 WCPFC IUU 渔船名单的任何建议，并通过新的 WCPFC IUU 渔船名单。CCM 和非 CCM 应在 TCC 年会召开前至少两周，尽最大可能提供任何新的适当记录信息。

（21）在通过新的 WCPFC IUU 渔船名单后，WCPFC 应要求有渔船在 WCPFC IUU 渔船名单上的 CCM 和非 CCM：

a. 通知渔船所有人已将其渔船列入 WCPFC IUU 渔船名单，以及因列入该名单而产生的后果。

b. 采取一切必要措施消除这些 IUU 捕捞，包括在必要时撤销这些渔船的注册或捕捞许可证，并将在这方面采取的措施向 WCPFC 报告。

（22）CCM 应根据其适用的立法，国际法和每个 CCM 的国际义务，并根据 IPOA - IUU 第 56 条和第 66 条采取一切必要的非歧视性措施：

a. 确保悬挂其旗帜的渔船、补给船、母船或货船不与 WCPFC IUU 渔船名单上的任何渔船进行转运或联合捕捞作业、支持或补给。

b. 确保自愿进入港口的 WCPFC IUU 渔船名单上的渔船无权卸岸、转载、加油或补给，但在进入时需进行检查。

c. 禁止租用 WCPFC IUU 渔船名单内的渔船。

d. 拒绝按照 CMM 2018 - 06 养护与管理措施 A 部分中第 1f 条或其替代措施将其船旗授予 WCPFC IUU 渔船名单上的渔船。

e. 禁止与 WCPFC IUU 渔船名单上的渔船进行商业交易、进口、卸岸和/或转运 WCPFC《公约》所管理的物种。

f. 鼓励贸易商、进口商、运输商和其他有关各方避免与 WCPFC IUU 渔船名单上的渔船进行涉及其捕获的 WCPFC《公约》管理物种的交易和转运。

g. 收集、与其他 CCM 交换任何适当的信息，目的是从 WCPFC IUU 渔船名单上的渔船中寻找、控制和防止 WCPFC《公约》管理物种的虚假进口/出口证明。

（23）执行秘书应采取任何必要措施，以确保 WCPFC IUU 渔船名单的公开，并与任何适用的保密要求保持一致，包括公布在 WCPFC 网站。此外，执行秘书应将 WCPFC IUU 渔船名单转交 FAO 和其他区域渔业组织，以加强 WCPFC 与这些组织之间的合作，以预防、阻止和消除 IUU 捕捞。

（24）在不损害 CCM 和沿海国家按照国际法，包括适用的 WTO 义务，采取适当行动权利的情况下，CCM 不得根据第（6）条或第（14）条对 IUU 渔船名单草案或临时 IUU 渔船名单上的渔船，或根据第（17）条和第（20）条已从 WCPFC IUU 渔船名单移除的渔船采取任何单方面贸易措施或其他制裁措施，理由是这些渔船参与了 IUU 捕捞。

WCPFC IUU 渔船名单的更改

（25）在 WCPFC IUU 渔船名单上有渔船的 CCM 和非 CCM 可以在休会期间的任何时间要求将渔船从该名单中移除，通过向执行秘书提交适当记录信息以证明：

a. 其已采取措施以确保该渔船遵守所有 WCPFC 养护与管理措施。

b. 在监视和控制 WCPFC《公约》管辖区域内渔船的捕捞方面，它将能够有效承担船旗国的职责。

c. 针对由于进行 IUU 捕捞导致该船被列入 WCPFC IUU 渔船名单采取了有效行动，包括起诉或施加足够严厉的制裁。

d. 渔船已改变所有权，并且新船东可以确定先前船东对该船不再具有任何法律、财务或实际利益或对其进行控制，并且新船东未参与 IUU 捕捞。

e. 有关进行 IUU 捕捞的一个或多个渔船的案件的处理，原提交该渔船列入 IUU 渔船名单的 CCM 和所涉船旗国已表示满意。

（26）执行秘书将在收到移除请求后的 15 天内将移除请求及所有证明信息发送给 CCM。CCM 应立即确认收到移除请求。如果在发送之日起 10 天内未收到任何确认信息，执行秘书应重新发送移除请求，并应使用可用的其他方式来确保其已收到该请求。

（27）每位 WCPFC 成员均应审查移除请求，并在收到执行秘书通知后 40 天内以书面形式将其决定及其理由通知执行秘书。应根据议事规则第 30 条就移除渔船的请求做出决定。

（28）如果 WCPFC 成员同意在第（27）条规定的期限内从 WCPFC IUU 渔船名单中移除该渔船，则执行秘书将通知 CCM、非 CCM、FAO 和其他区域渔业管理组织，并将该渔船从在 WCPFC 网站上发布的 WCPFC IUU 渔船名单中移除。

（29）如果 WCPFC 成员不同意将渔船从 WCPFC IUU 渔船名单中移除的请求，则该渔船将被保留在 WCPFC IUU 渔船名单中，执行秘书将通知提出该移除请求的 CCM 和/或非 CCM。

（30）本养护与管理措施应由 TCC 审查并酌情修订。

附件 1

WCPFC CMM 2010－06 养护与管理措施第（3）条 j 款适用程序

WCPFC 在应用本 CMM 的第（3）条 j 款时应遵循这些程序。这些程序必须协调一致，并且不得与本 CMM 中概述的程序，以及 TCC 和 WCPFC 的规则及职责相冲突。

所有权和控制权

1. 就这些程序而言，拥有和控制渔船的法人或自然人或实体/多个实体（记录船东）是那些在 WCPFC 渔船记录中的渔船或 WCPFC 临时登记册上非缔约方的运输船和油船的船东。如果一艘船不在这些名单中的任何一个上，则记录的所有人是该船的国家注册文件上显示的船东。

2. 就这些程序而言，若在 WCPFC 渔船记录或非缔约方运输船和油船的 WCPFC 临时登记册上所显示的一个或多个法人或自然人或实体/多个实体是相同的，则该渔船应被视为具有相同的记录船东。如果一艘船不在这些名单中的任何一个上，则在该船的国家注册文件上显示的一个或多个法人或自然人或实体/多个实体相同的情况下，记录船东是相同的。

3. 为考虑是否根据本 CMM 第（3）条 j 款和第（25）条 d 款，在临时 WCPFC IUU 渔船名单中添加或从 WCPFC IUU 渔船名单中移除一艘或多艘渔船，除非新的记录船东提供适当记录信息证明 WCPFC 同意渔船所有权已经改变，即之前的记录船东不再具有任何法律、财务或实际利益，以及新的记录船东未参与任何 IUU 捕捞，否则记录船东将不会认为已经变动。

渔船的认定与提名

4. 就这些程序而言，如果某渔船满足以下（1）款以及（2）款或（3）款中的条件，则可以由 CCM 根据本 CMM 第（3）条 j 款提名该渔船：

（1）拟提名的渔船：

a. 当前正在 WCPFC《公约》管辖区域作业。

b. 自将基础渔船列入 WCPFC IUU 渔船名单［如下文（2）款中所定义］的违规发生之日起，一直在 WCPFC《公约》管辖区域作业。

c. 自违规之日起或以来的任何时候，导致基础渔船［（2）款中所定义］列在 WCPFC IUU 渔船名单中、WCPFC 渔船记录中或非缔约方的运输船和油船的 WCPFC 临时登记册上。

（2）记录船东是当前在 WCPFC IUU 渔船名单中的 3 艘或更多渔船的记录船东（以下简称"基础渔船"）。

（3）记录船东在最近两年或更长时间有被列入 WCPFC IUU 渔船名单的 1 艘或多艘渔船（以下简称"基础渔船"）。

5. 就这些程序而言，与满足第 4 条（1）款条件的基础渔船具有相同的记录船东所拥有的所有其他渔船或部分渔船应一并考虑，全部置于或全都不置于 WCPFC IUU 渔船名单中。类似地，所有符合第 4 条（1）款条件的基础渔船的记录船东所拥有的所有的其他渔船或部分渔船将被视为一个整体，全部从或全都不从 WCPFC IUU 渔船名单中移除。

提供的信息

6. CCM 应提交适当的记录信息证明他们希望根据本 CMM 第（3）条 j 款提名的渔船符合第 4 条规定的标准。CCM 应在 TCC 年会召开前 70 天将此信息以及提名的渔船名单（以下称为"3j 渔船"）提交给执行秘书。

7. 在将 3j 渔船名单发送给执行秘书之前或同时，CCM 应直接或通过执行秘书将有关渔船列入该 3j 渔船名单的情况通知相关船旗国，并提供一份有关适当记录的信息副本。船旗国应立即确认收到通知。如果在发送之日起 10 天内未收到确认，则 CCM 应通过另一种通信方式重新发送该通知。

WCPFC IUU 渔船名单草案

8. 执行秘书应将按照本 CMM 条款拟订并发送 IUU 渔船名单草案，包括那些已经由 CCM 提名的 3j 渔船。

9. 执行秘书应将 3j 渔船列入 IUU 渔船名单草案，并通知有关船旗国，并将这些渔船被确认在 IUU 渔船名单上的后果通知有关船旗国。

10. 在适当的情况下，在 IUU 渔船名单草案中有 3j 渔船的有关船旗国可在 TCC 年会召开前至少 10 天向执行秘书发送适当记录信息，表明 3j 渔船不符合本附件第 4 条中有关程序概述的标准。执行秘书应在收到此类信息后立即将其发送给所有 CCM。

11. 发展中小岛 CCM 可以在 TCC 年会召开之前或 WCPFC 年会召开之前的任何时候向执行秘书提供补充信息，告知提议的此类 3j 渔船列入 IUU 渔船名单将限制发展中小岛 CCM 的国内加工、转运设施或相关渔船的运营，或将损害 FFA 成员国的现有投资。执行秘书应在收到此类信息后立即将其发送给所有 CCM。

临时及当前 WCPFC IUU 渔船名单

12. TCC 在其年会上，对 IUU 渔船名单草案中的 3j 渔船，应：

（1）如果有的话，考虑由 CCM 或非 CCM 提供的适当记录信息，以及与基础渔船有关的调查、司法或行政程序的状态，以及此类诉讼中记录船东在调查、司法或行政程序方面的合作和回应的任何相关信息。

（2）考虑发展中小岛 CCM 可能根据第 11 条提交与 3j 渔船有关的信息。

（3）在考虑了这些信息后，决定是否将提名的 3j 渔船按照本 CMM 规定包括在制订的临时 WCPFC IUU 渔船名单中。

13. 适当时，在当前 WCPFC IUU 渔船名单上有 3j 渔船的有关船旗国可在 TCC 年会召开前至少 20 天提供适当记录信息，但可随时向执行秘书提交适当记录信息，证明 3j 渔船不符合本附件第 4 条有关程序中概述的标准或任何其他相关信息，包括本附件第 1 条中规定的适当记录信息。执行秘书应在收到此类信息后立即将其发送给所有 CCM。

14. 如果任何 CCM 提供了适当的记录信息，即该船与根据本附件第 4 条触发提名的基础渔船不再具有共同的记录船东，则 TCC 不得将 3j 渔船列入临时 WCPFC IUU 渔船名单。

15. 在 TCC 年会上，对当前 WCPFC IUU 渔船名单上的 3j 渔船，应：

（1）如果有的话，考虑由 CCM 或非 CCM 提供的适当记录信息，以及与基础渔船有关的调查、司法或行政程序的状态，以及在此类诉讼中记录船东在调查、司法或行政程序方面的合作和回应的任何相关信息。

（2）在考虑了适当记录信息后，向 WCPFC 建议是否应将 3j 渔船从 WCPFC IUU 渔船名单中移除。

16. 如果适当记录信息有以下情况，TCC 应建议从当前 WCPFC IUU 渔船名单中移除 3j 渔船：

（1）提供这些渔船不再与根据第 4 条触发提名的基础渔船具有共同的记录船东。

（2）提供证明，在解决与触发 3j 渔船提名的基础渔船有关的问题上已经取得重大进展，并且原提交 3j 渔船的 CCM 已经表示满意。

WCPFC IUU 渔船名单

17. 一旦 3j 渔船被列入临时 WCPFC IUU 渔船名单，则应根据本 CMM 第 20～24 条将其视为该名单的一部分，并在适当情况下视为 WCPFC IUU 渔船名单的一部分。

WCPFC IUU 渔船名单的修订

18. 有关船旗国可在闭会期间随时向执行秘书提交适当的书面信息，要求将 3j 渔船从 WCPFC IUU 渔船名单中移除：

（1）渔船不再与根据本附件第 4 条触发提名的基础渔船具有共同的记录船东。

（2）解决与触发 3j 渔船提名的基础渔船有关的问题已取得重大进展，并且原提交 3j 渔船的 CCM 已经表示满意。

19. 发展中小岛 CCM 也可以在闭会期间随时要求将 3j 渔船从 WCPFC IUU 渔船名单中移除，通过向执行秘书提交信息表明 3j 渔船名单给国内加工业务、转运设施或发展中小岛 CCM 的相关渔船造成了不成比例的负担，或已经损害了 FFA 成员国的现有投资。

20. 对 3j 渔船的移除请求应按照本 CMM “WCPFC IUU 渔船名单的更改”部分第 26～29 条规定处理。

21. 如果将基础渔船从 WCPFC IUU 渔船名单中移除，则与基础渔船记录船东相同的记录船东完或部分拥有的所有其他渔船，及根据 3j 渔船处理程序纳入的渔船将同时自动移除。

38. 第 2019 - 08[①] 号 租船通报制度

中西太平洋渔业委员会（WCPFC）：

承认租赁的渔船对中西太平洋渔业可持续发展的重要贡献。

考虑到，确保租船安排不会助长 IUU 捕捞或削弱 WCPFC 养护与管理措施的有效性。

认识到，WCPFC 有必要制订租船安排程序。

根据 WCPFC《公约》第 10 条通过：

（1）本措施条款适用于 WCPFC 成员和参与领地，为了在 WCPFC《公约》管辖区域内以从事捕捞作业为目的，通过租用、租赁或通过其他机制取得第（4）条所述的资格的渔船，这些渔船悬挂其他国家或者捕鱼实体的旗帜，作为租船的 WCPFC 成员或参与领地国内船队的一部分。

（2）在 15 天内或在任何情况下，按照租船安排的渔业活动开始前 72 小时内，租船的 WCPFC 成员或参与领地，应该把所有按照本措施被视为租用的渔船的信息向 WCPFC 执行秘书通报，假如条件允许，以电子版的方式向 WCPFC 执行秘书报告每一艘租用渔船的下列信息：

a. 渔船船名。

b. WCPFC 识别号码（WIN）。

c. 船东姓名及地址。

d. 租船人姓名和地址。

e. 租船安排的期限。

f. 渔船的船旗国。

执行秘书在收到这类信息后，应该立即通报船旗国。

（3）每一租船的 WCPFC 成员或参与领地，应在 15 天内或在任何情况下，在租船安排的渔业活动开始前 72 小时内，向 WCPFC 执行秘书和船旗国通报：

a. 第（2）条所提任何新增租用的渔船的资料。

b. 关于第（2）条租用渔船信息的任何变更。

c. 任何先前按照第（2）条通报的租用渔船的终止日期。

（4）仅列在 WCPFC 授权渔船名单或 WCPFC 非 WCPFC 成员、合作非缔约方及参与领地（合称 CCM）运输船和油轮临时名单中，且未列在 WCPFC IUU 渔船名单或其他区域性渔业管理组织 IUU 渔船名单中的渔船才有资格被租用。

（5）WCPFC 执行秘书应向所有 CCM 提供第（2）条及第（3）条所要求的信息。

（6）每年 WCPFC 执行秘书应向 WCPFC 提交通报的所有租船摘要以供审查。如有必要，WCPFC 应审查并修改本措施。

（7）除其他养护与管理措施有明确规定外，按照本养护与管理措施被租用渔船的渔获量和捕捞努力量应归属于租船的 WCPFC 成员或参与领地。除非其他养护与管理措施有明确规定，租船的 WCPFC 成员或参与领地应每年向 WCPFC 执行秘书提交前一年度渔船的渔获量和捕捞努力量。

（8）除非 WCPFC 更新本措施，否则该措施将于 2022 年 2 月 28 日失效。

---

① 通过采用本 CMM（CMM 2019 - 08），WCPFC 废除了已被替代的 CMM 2016 - 05 养护与管理措施。

参 考 文 献

IATTC，2019. The tuna fishery in the Eastern Pacific Ocean in 2018 (revised)：SAC - 10 - 03 - REV [R]. La Jolla：IATTC.

ISC，2017. Stock assessment of albacore tuna in the North Pacific Ocean：Report of the albacore working group [R]. Vancouver：ISC.

ISC，2018. Stock assessment of Pacific bluefin tuna (Thunnus orientalis) in the Pacific Ocean [R]. Yeosu：ISC.

ISC，2019. Report of Nineteenth Meeting of ISC [R]. Taipei：ISC.

ISF，2019. Status of the world fisheries for tuna [R]. Washington，D. C. ：ISSF.

Maunder M N，2019. Updated indicators of stock status for skipjack tuna in the Eastern Pacific Ocean：SAC - 10 - 09 [R]. La Jolla：IATTC.

Minte - Vera C V，Xu H，Maunder M N，2019. Status of yellowfin tuna in the Eastern Pacific Ocean in 2018 and outlook for the future：SAC - 10 - 07 [R]. La Jolla：IATTC.

Tremblay - Boyer L，McKechnie S，Pilling G，et al. ，2017. Stock assessment of yellowfin tuna in the western and central Pacific Ocean：SC13 - 2017/SA - WP - 06 [R]. Rarotonga：WCPFC.

Tremblay - Boyer L，Hampton J，McKechnie S，et al. ，2018. Stock assessment of South Pacific albacore tuna：SC14 - 2018/SA - WP - 05 [R]. Busan：WCPFC.

Vincent M，Pilling G，Hampton J，2018. Incorporation of updated growth information within the 2017 WCPO big-eye stock assessment grid，and examination of the sensitivity of estimates to alternative model spatial structures：SC14 - 2018/SA - WP - 03 [R]. Busan：WCPFC.

Vincent M，Pilling G，Hampton J，2019. Stock assessment of skipjack tuna in the western and central Pacific O-cean：SC15 - 2019/SA - WP - 05 [R]. Pohnpei：WCPFC.

WCPFC，2019. Draft Summary Report of the Fifteenth regular session of the Scientific Committee [R]. Pohnpei：WCPFC.

WCPFC，2019. Estimates of annual catches in the WCPFC statistical area ：WCPFC - SC15 - 2019/ST - IP [R]. Pohnpei：WCPFC.

Xu H，Minte - Vera CV，Maunder M N，et al. ，2018. Status of bigeye tuna in the Eastern Pacific Ocean in 2017 and outlook for the future：SAC - 09 - 05 [R]. La Jolla：IATTC

Xu H，Maunder M N，Lennert - Cody C E，et al. ，2019. Stock status indicators for bigeye tuna in the Eastern Pacific Ocean：SAC - 10 - 06 [R]. La Jolla：IATTC.

图书在版编目（CIP）数据

金枪鱼渔业资源与养护措施. 太平洋 / 宋利明主编.
—北京：中国农业出版社，2021.1
ISBN 978-7-109-27220-0

Ⅰ.①金… Ⅱ.①宋… Ⅲ.①金枪鱼—水产资源—资
源保护 Ⅳ.①S965.332

中国版本图书馆CIP数据核字（2020）第157957号

金枪鱼渔业资源与养护措施——太平洋
JINQIANGYU YUYE ZIYUAN YU YANGHU CUOSHI—TAIPINGYANG

中国农业出版社出版

地址：北京市朝阳区麦子店街18号楼
邮编：100125
责任编辑：杨晓改　　文字编辑：耿韶磊
版式设计：杜　然　责任校对：吴丽婷
印刷：中农印务有限公司
版次：2021年1月第1版
印次：2021年1月北京第1次印刷
发行：新华书店北京发行所
开本：850mm×1168mm　1/16
印张：17.5　插页：2
字数：480千字
定价：98.00元

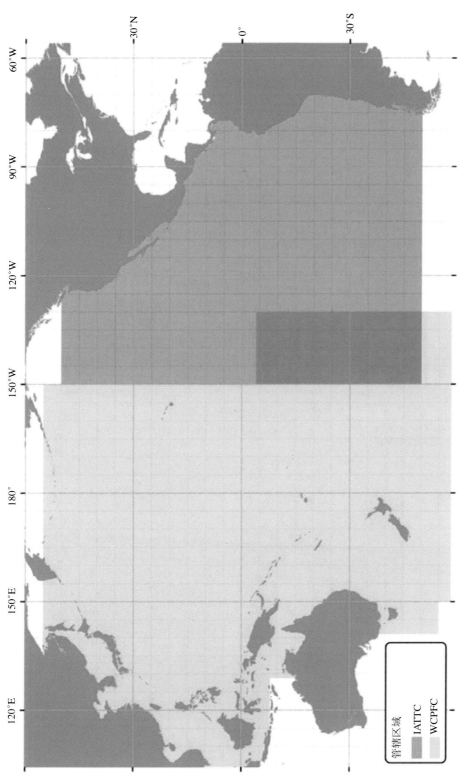

彩图1 美洲间热带金枪鱼委员会（IATTC）和中西太平洋渔业委员会（WCPFC）管辖区域

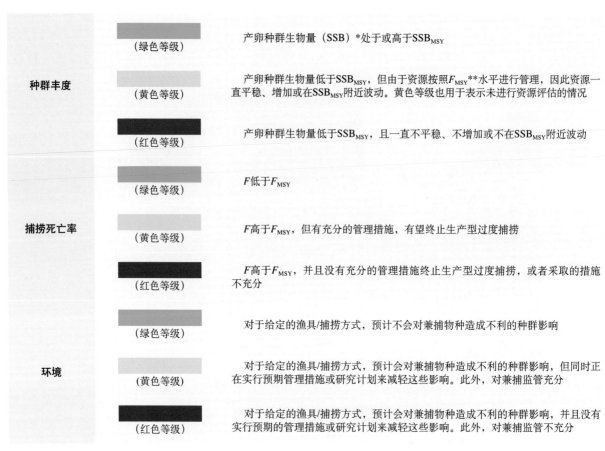

种群丰度	(绿色等级)	产卵种群生物量（SSB）*处于或高于SSB$_{MSY}$
	(黄色等级)	产卵种群生物量低于SSB$_{MSY}$，但由于资源按照F_{MSY}**水平进行管理，因此资源一直平稳、增加或在SSB$_{MSY}$附近波动。黄色等级也用于表示未进行资源评估的情况
	(红色等级)	产卵种群生物量低于SSB$_{MSY}$，且一直不平稳、不增加或不在SSB$_{MSY}$附近波动
捕捞死亡率	(绿色等级)	F低于F_{MSY}
	(黄色等级)	F高于F_{MSY}，但有充分的管理措施，有望终止生产型过度捕捞
	(红色等级)	F高于F_{MSY}，并且没有充分的管理措施终止生产型过度捕捞，或者采取的措施不充分
环境	(绿色等级)	对于给定的渔具/捕捞方式，预计不会对兼捕物种造成不利的种群影响
	(黄色等级)	对于给定的渔具/捕捞方式，预计会对兼捕物种造成不利的种群影响，但同时正在实行预期管理措施或研究计划来减轻这些影响。此外，对兼捕监管充分
	(红色等级)	对于给定的渔具/捕捞方式，预计会对兼捕物种造成不利的种群影响，并且没有实行预期的管理措施或研究计划来减轻这些影响。此外，对兼捕监管不充分

彩图2　颜色等级评定的标准

*对于无法从资源评估中得出产卵种群生物量（SSB）的情况，使用总生物量（B）或其他丰度度量。
**由ISSF科学咨询委员会基于资源评估结果确定。通常，必须为观察两年以上的稳定或增加的趋势。

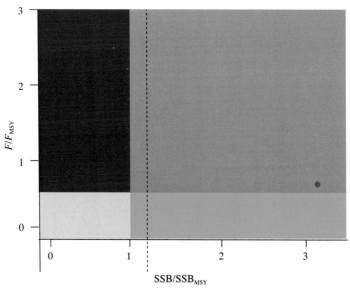

彩图3　最近估计得出的北太平洋长鳍金枪鱼SSB/SSB$_{MSY}$和F/F_{MSY}（蓝色）
注：黑色点线代表限制参考点。

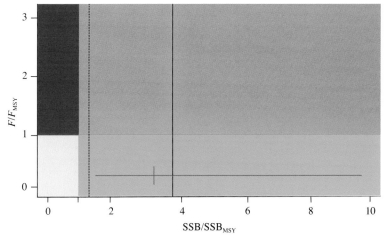

彩图4 最近估计得出的南太平洋长鳍金枪鱼SSB/SSB$_{MSY}$和F/F$_{MSY}$（蓝色）

注：黑色实线代表临时目标参考点，黑色虚线代表限制参考点。注意，X轴已调至SSB/SSB$_{MSY}$范围。

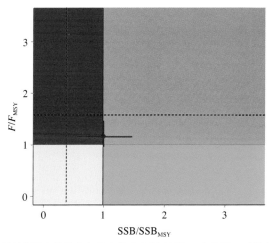

彩图5 最近估计得出的EPO大眼金枪鱼SSB/SSB$_{MSY}$和F/F$_{MSY}$（蓝色，包括范围）

注：黑色实线代表临时目标参考点，黑色点线代表临时限制参考点。注意，资源评估结果是高度不确定的。

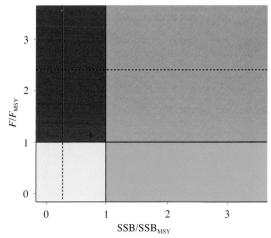

彩图6 最近估计得出的EPO黄鳍金枪鱼SSB/SSB$_{MSY}$和F/F$_{MSY}$（蓝色，包括范围）

注：黑色实线代表临时目标参考点，黑色点线代表临时限制参考点。

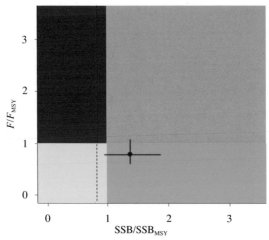

彩图7　最近估计得出的WCPO大眼金枪鱼SSB/SSB$_{\text{MSY}}$和F/F_{MSY}（蓝色，包括范围）

注：黑色点线代表限制参考点。

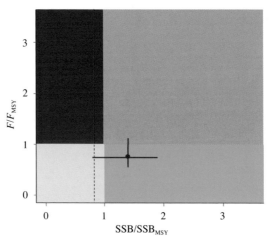

彩图8　最近估计得出的WCPO黄鳍金枪鱼SSB/SSB$_{\text{MSY}}$和F/F_{MSY}（蓝色，包括范围）

注：黑色点线代表限制参考点。

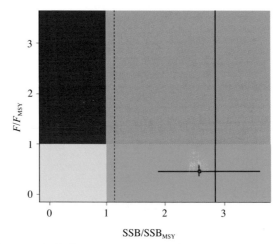

彩图9　最近估计得出的WCPO鲣SSB/SSB$_{\text{MSY}}$和F/F_{MSY}（蓝色）

注：黑色实线代表临时目标参考点，黑色点线代表限制参考点。

注：所有彩图均引自*Status of the world fisheries for tuna*, 2019。